機動學

張充鑫 編著

全華圖書股份有限公司

相關叢書介紹

書號：0267803
書名：機構學(修訂三版)
編著：詹鎮榮
20K/328 頁/320 元

書號：05389017
書名：機動學(修訂版)
　　　(附 MATLAB 範例光碟片)
編著：馮丁樹
20K/544 頁/450 元

書號：0385775
書名：機械設計製造手冊
　　　(第六版)(精裝本)
編著：朱鳳傳.康鳳梅.黃泰翔
　　　施議訓.劉紀嘉
32K/536 頁/520 元

書號：0273401
書名：產品機構設計(修訂版)
編著：顏智偉
20K/256 頁/300 元

書號：01025
書名：實用機構設計圖集
日譯：陳清玉
20K/176 頁/160 元

書號：01138
書名：圖解機構辭典
日譯：唐文聰
20K/256 頁/180 元

◎上列書價若有變動，請
　以最新定價為準。

流程圖

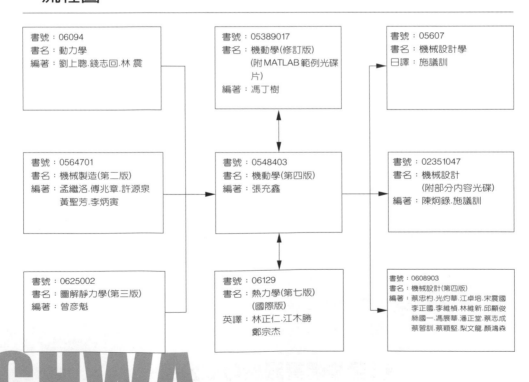

書號：06094
書名：動力學
編著：劉上聰.錢志回.林 震

書號：05389017
書名：機動學(修訂版)
　　　(附 MATLAB 範例光碟片)
編著：馮丁樹

書號：05607
書名：機械設計學
日譯：施議訓

書號：0564701
書名：機械製造(第二版)
編著：孟繼洛.傅兆章.許源泉
　　　黃聖芳.李炳寅

書號：0548403
書名：機動學(第四版)
編著：張充鑫

書號：02351047
書名：機械設計
　　　(附部分內容光碟)
編著：陳炯錄.施議訓

書號：0625002
書名：圖解靜力學(第三版)
編著：曾彥魁

書號：06129
書名：熱力學(第七版)
　　　(國際版)
英譯：林正仁.江木勝
　　　鄭宗杰

書號：0608903
書名：機械設計(第四版)
編著：蔡忠杓.光灼華.江卓培.宋震國
　　　李正國.李維楨.林維新.邱顯俊
　　　絲國一.馮展華.潘正堂.蔡志成
　　　蔡智訓.蔡穎堅.梨文龍.顏鴻森

　　民國七十一至七十五年間，著者在新竹工業技術研究院機械工業研究所從事機械設計與綜合切削中心機(Machining center)的設計，開發兼計劃主持人的工作。服務期間，深感機構在機械設計乃至自動化機械工業的重要性，所以利用工作之餘編撰了機動學(上)、(下)共兩冊的書，供大專院校機械科系學生使用。由於書中內容豐富條理分明，廣獲莘莘學子的好評。近年來由於工業進步神速，各種功能多且機構複雜的新產品不斷地問市，如汽車及資訊科技產品等，使得人們除了目不暇給外，也帶給了我們不少的舒適感，更由於時代的改變、課程的不斷修訂，機動學(機構學)從以前的上下學期每星期兩節課，民國94年開始，改成只有一學期每週三節課，課程內容減少了 30%左右，為了因應這種新趨勢，本機動學必須由原來的上下兩冊，濃縮成全一冊，以適應新課程的需要。因此本書係依照教育部及各校新課程的需要重新編撰而成，主要目的為提供專科及大學作教科書之用，其內容為理論與實務兼顧，對於工業上實際應用之相關知識，亦以適當的介紹，故本書亦可供一般機械工程師作為參考之用。

　　學習機動學(機構學)的主要目的在於明瞭機器中各種機件的特性，機構的種類及其用途，並研究機構運動時，其相互配合之情形，並涉及位移、速度與加速度等時間與空間的問題，使學者熟習機械運動之原理及簡單機構之應用，以備將來步入社會有所理解，進而若從事機械設計或機械工程相關工作時能有效的選用機構、維修、操作或改進新的機構，以造福人群。

　　本書之編撰，主要參考原著(Elements of mechanism，Doughtie & James 原著，Printed in John Wiley Co. New York)所著的機構學為版本，並依據著者多年的教學及從事機械設計的實務經驗，因應讀者學習或自修的需要編寫而成。本書共有9章，書中依CNS標準皆採公制，所有名詞亦依教育部公布之機械工程名詞與教學名詞為依據，每一名詞第一次出現時皆附以英文名稱，且於每章之後皆設計有練習題，以收學習之效。作者才疏學淺，內容難免有疏漏及欠妥之處，盼讀者及先進不吝指教。

編者謹誌於台北

編輯部序 ─────── Preface

「系統編輯」是我們的編輯方針，我們所提供給您的，絕不只是一本書，而是關於這門學問的所有知識，它們由淺入深，循序漸進。

學習機動學的主要目的在於明瞭機器中各種機件的特性，機構的種類並研究機構運動時，其相互配合之情形，並涉及位移、速度與加速度間的問題，使學者熟習機械運動之原理及簡單機構之應用，以備將來有所理解，進而若從事機械設計或機械製造工作時，能有效的選用與維修原有或新機構，以造福人群。

本書依CNS標準皆採公制，所有名詞亦依教育部公布之機械工程名詞與教學名詞，每一名詞第一次出現時皆附以英文名稱，且於每章之後皆設計有練習題，以收學習之效。適合大學、科大及技術學院機械科系之「機動學」課程。

同時，為了使您能有系統且循序漸進研習相關方面的叢書，我們以流程圖方式，列出各有關圖書的閱讀順序，以減少您研習此門學問的摸索時間，並能對這門學問有完整的知識。若您在這方面有任何問題，歡迎來函聯繫，我們將竭誠為您服務。

目　錄

目　錄

3　速度分析　　3-1

4　加速度分析　　4-1

目　錄

目　錄

目 錄

8　撓性傳動機構　　8-1

目　錄

Chapter 1

機動學概論

1-1 機件、機構、機器與機械之定義

1. 機件(Machine parts)

　　機件常稱做是機械元件，它是構成機械的最基本元素，一般泛指規格化的零件，即使用目的具有共同性的零件。通常機件皆假設為剛體(Rigid body)，其定義為受力後體內任何兩點間距離永不改變者稱之。常用的機件大致分為下列幾種：

(1) 固定用機件：如軸承、機架等支持機件活動或限制機件之運動者。

(2) 結合用機件：如螺釘、螺帽等，用以連結各機件者。

(3) 運動傳達用機件：如軸或齒輪，它們用以傳達動力或改變運動形式，如圖 1-1 所示。

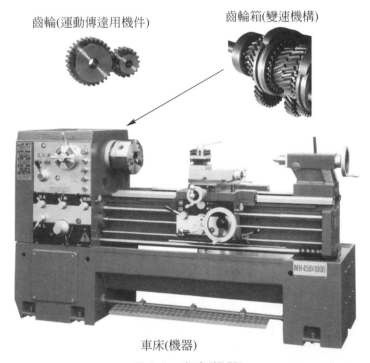

齒輪(運動傳達用機件)　　齒輪箱(變速機構)

車床(機器)

圖 1-1　車床(機器)

(4) 控制用機件：如彈簧或連桿等，用以緩衝振動或傳達力量者。

(5) 流體輸送用機件：如各種泵(Pump)、電磁閥(Solinoid)及油壓馬達等。

2. 機構(Mechanism)

　　　機構是由一組機件組合，當一個機件固定不動，而其中一機件接受能量依一定規律運動時，能迫使其餘機件產生一種可以確切預期之運動，如圖 1-1 的車床主軸齒輪變速機構。此等謂之機構，乃是其能傳達預期之運動或改變運動方式者。

3. 機器(Machine)

　　　機器是由若干機件或機構組成的集合體，它亦能接受外來的能量，使機件或機構能彼此依一定的規律運動(相對運動)，作功或發生一定的效能。即一般泛指構造及功能較單純者，如圖 1-1 之車床或工廠中常用之銑床或鋸床等。

4. 機械(Machinery)

　　　機械是由若干構造單純的機器或配合其他設備組合而成的集合體，它可能是改變能量形式或轉移能量的。而組成機械之各部份機件必須有足夠的強度，且各機件間必須有一定的相對運動或限制運動，當接受能源後必須作功。通常泛指構造複雜而功能較多種者，如圖 1-2 之綜合切削中心機械(Machining center, MC)，它可用來做鑽孔、面銑、搪孔及攻牙等複雜之加工。

圖 1-2　臥式綜合加工機(機械)

1-2　機動學的內容

　　　機動學是一門研究如何利用機件來達成運動所依循的法則，以及研究力的傳遞方式的一種科學。因為要設計一部商業化的工具機，所遭遇的問題必非常多，而設計者必須具備良好的專業知識基礎(如工程力學、機構學及材料科學等)，否則將難成功。而機動學一般分為純粹機動學(Pure mechanism)或稱機械運動學(Kinamatics of machinery)及構造機動學(Constructive of mechanism)或稱機械設計(Machine design)。

1. **純粹機動學**

    只研究機械各部的相關位置與相關運動,及支持與約束各部運動的情形,以求出機器各部份零件的位移(Displacement)、速度(Velocity)及加速度(Acceleration)等,既不考慮各機件所受力的大小,也不問各機件本身質量的大小,所以只是一種理想的情形,也是機械設計的第一部。

2. **構造機動學**

    主要是研究機械各部份受力的大小,然後根據強度、耐久性,以及物理與機械性質,選用合適的材料,並考慮到適於製造、容易裝配、保養與維護。

    本書研究對象,主要為機械運動學的範疇也涉及機件傳力的問題,若對慣性力所產生的影響須要考慮,對間接影響到振動與均衡問題亦須顧及,或是對於機件強度的計算、材料的正確選用等問題亦須兼顧,這些皆屬於力學或機械設計的範疇,本書不擬討論。

1-3 工具、器具及結構

1. **工具(Tool)**

    如工廠中學用的鐵鎚、扳手及起子…等,其各部份機件間並無相對運動可言,所以不能稱為機械或機器,只能認為是物體,一般稱為工具。

2. **器具(Apparatus)**

    把水加熱之鍋爐裝置或以產生熱為目的燃燒爐……等,僅能稱為器具。

3. **儀器(Instrument)**

    照像機、量表、時鐘及游標尺……等及其他用來測定數量的計器,其中若干部份雖有相對運動,或更能接受能量,但不以作功為目的,不能稱為機器或機械,僅能叫做儀器。

4. **結構(Structure)**

    由數個機件(剛體)所組成的集合體,其各機件無相對運動者稱為結構,又稱為呆鏈。

1-4 機件的對偶(Pairs of elements)

在一機械中,一機件被它一機件所約束而沿一定之動路(Path of motion)運動,則此兩機件稱為一運動對(Pair)。機件之對偶,依接觸性質之不同分為高對(Higher pair)及低對(Lower pair)兩種,而低對如圖 1-3 所示。

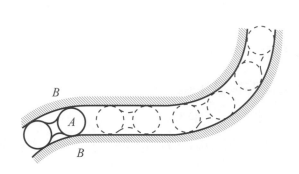

圖 1-3　機件之對偶(高對)

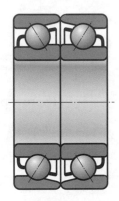

圖 1-4　高對(點或線的接觸)

1. 高對

　　兩機件間不呈封閉狀態,而是點或線的接觸者,如滾珠軸承之鋼珠與內外環,兩嚙合之齒輪,凸輪與縱動輪等。其自由度皆為 2 以上者,如圖 1-4 所示。

2. 低對

　　又稱合對(Closed pair),構成此對偶的兩機件係成面與面的接觸(Surface contact),其自由度為 1 者。低對依其接觸面的形狀不同,所約束的運動性質亦不同,一般分成下列三種:

⑴　滑動對(Sliding pair):只允許兩機件彼此沿直線方向做往復運動者(Reciprocating motion),如圖 1-5 所示。

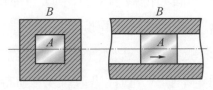

圖 1-5　滑動對(沿直線方向做往復運動)

(2) 迴轉對(Turning pair)：只允許兩機件相對地圍繞一軸作圓周運動者(Circular motion)，如圖 1-6 所示。

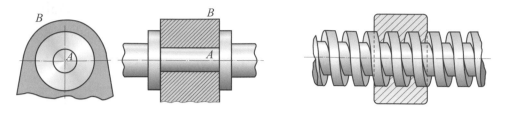

圖 1-6　迴轉對(圍繞一軸作圓周運動)　　圖 1-7　螺旋對(兩機件相對作螺旋運動)

(3) 螺旋對(Screw pair)：只允許兩機件相對作螺旋運動者(Helical motion)，即有直線與旋轉之連合運動，如圖 1-7 所示。當導程角為0°時，兩件成迴轉對，而導程角為90°時，兩機件呈滑動對，所以螺旋對是介於滑動對與迴轉對之間，如圖 1-7 所示。

1-5　高對與低對的比較

低對與高對，其主要不同處，在於前者是面接觸，自由度為 1，而後者則是線接觸或點接觸，自由度為 2 以上者。就機件磨損來說，面接觸的機件受力面積大，所以磨損較輕，但磨擦損失反大。而點或線接觸的受力範圍集中於一線或一點，所以磨損較重。故選用或設計時，要依使用情況或條件來決定。

1-6　運動對的倒置

以上各節所講的對都是假定其中一機件，如A固定不動，而他一機件，如B受此一機件的約束而運動的情形。假如倒轉過來將B固定不動而使A運動時，則A的運動必受B的約束，這樣的倒轉，稱之為對偶的倒置。若倒置後，其運動軌跡不變者，稱之為能對偶倒置，如滑塊與導路。若倒置後運動軌跡改變者，稱為不能對偶倒置，如圖 1-8 所示，當B固定不動，A圓柱沿直線B滾動時，圓上任一點之軌跡為擺線(Cycloid)，如$\overset{\frown}{PP_a}$弧線。反過來當圓柱當A固定，直線B在A圓上滾動時，線上任一點所形成之軌跡，稱為漸開線(Involute)，如$\overset{\frown}{PP_b}$弧線。由此例子，可衍生成第八章的漸開線齒輪與擺線齒輪因曲線不同而無法互相嚙合傳動。

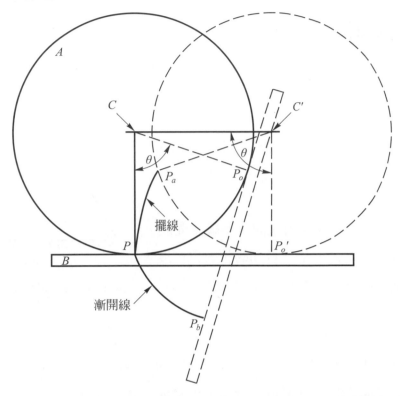

圖 1-8 　不能對偶倒置(軌跡不一樣,一為漸開線,一為擺線)

1-7　不完全對偶

　　機件間的約束,只有可能產生抵抗力之接觸面加以約束,而在無抵抗力部份,自無加以約束的必要,此稱為不完全對偶。如圖 1-9 所示的車床床鞍(Saddle),其僅靠重力壓在床身的軌道B上即可。

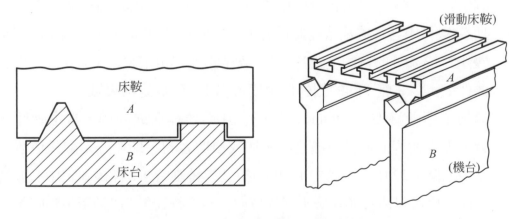

圖 1-9 　不完全對偶(床鞍上部無加以約束)

1-8 鏈的分類與判別

鏈(Chain)的定義：由三件以上機件所組合而成的連桿裝置稱為鏈，依其各機件間能否作相對運動而分為下列兩種。

1. 呆鏈(Locked chain or structure)

凡連桿組(Linkage)，各機件間不能作相對運動，只能做整體運動者稱為呆鏈，如圖 1-10 所示。

就如圖 1-10 的連桿組來說，不論 1 是否固定，機件 1，2 與 3 其三者間的相對自由度是零，當整體自由度為零時，表此連桿組為呆鏈。

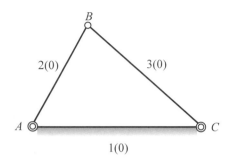

圖 1-10 呆鏈(整體自由度為零)

2. 運動鏈(Kinematric chain)

由許多對偶，4 件以上機件組合而成的運動連鎖系統，稱為運動鏈(Kinematric chain)，依其運能的拘束與否，分成下列兩種。

⑴ 拘束運動鏈(Constrained kinematric chain)：由四連桿或由數個四連桿組形成的鏈，各連桿間有確切且受拘束的運動者稱之，如圖 1-11 所示。圖中 2 桿轉到虛線 2'位置，桿上端點B就在B_1，這時B_1與D的位置都一定，而 $\overline{BC}$、$\overline{CD}$桿長又一定，若以B_1及D點為中心，$\overline{BC}$及$\overline{CD}$長為半徑畫圓弧，其交點C_1即為 2 桿轉動時，C點之新位置。這樣凡 2 桿(主動桿)轉到某一個位置，3 與 4 桿上任一點位置也可隨之而定，所以這種鏈稱為拘束運動鏈(機械中各種機構皆為此種運動鏈形成)。四連桿組中，當 1 固定時，機件 2、3 與 4 的自由度皆各為 1，就全體連桿組來說，不論 1 固定與否，機件 1、2、3 與 4 間的相對自由度皆為 1，所以是拘束鏈。

⑵ 無拘束運動鏈(Uncontrained chain)：凡為連桿形成的鏈，當主動件運動時，部份連桿的運動不能達成確切或預期者的，即無一定關係位置者稱之，如圖 1-12 所示。圖中 1 桿固定，2 桿轉動時，5 桿繞固定中心旋轉，然而 2 桿可以佔有無窮個不同的位置。若 2 桿端點B運動至B_1點時，這時

B_1與E的位置雖可確定，但C仍可以佔有無窮個不同之位置，同時D點就無法確定位置。總之，凡B點轉到任何一個位置，5桿的位置仍可變更且無法確定。所以這種鏈稱為無拘束運動鏈。同理 6 根、7 根⋯⋯等所組成的鏈就要依下列公式來判定其是何種運動鏈了。就全體連桿組來說，不論鏈中哪一件是固定與否，每根連桿與其相鄰兩根連桿的相對自由度是 1，與其次相鄰兩根連桿的相對自由度是 2，與再其次相鄰兩連桿的相對自由度是 3，以下與相隔再遠的連桿的相對自由度都是 3。總之，5 根連桿以上的單鏈，其桿與桿間的相對自由度皆超過 1 以上，其全連桿組的自由度亦為 2 以上，所以是無拘束鏈，如圖 1-14 所示。

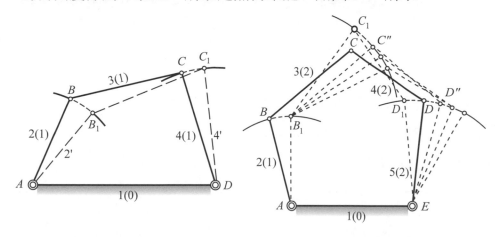

圖 1-11　拘束鏈
(自由度$F = 3(N-1)-2P = 1$)

圖 1-12　無拘束鏈
(自由度$F = 3(N-1)-2P = 2$)

(1)　$P = \dfrac{3}{2}N-2$，則為拘束運動鏈，其自由度$F = 3(N-1)-2P = 1$，如機械中之各種機構。

(2)　$P > \dfrac{3}{2}N-2$，則為呆鏈，又稱結構，其自由度

$F = 3(N-1)-2P = 0$，用於橋樑或鐵塔之桁架。

(3)　$P < \dfrac{3}{2}N-2$，則為無拘束鏈，其自由度$F = 3(N-1)-2P = 2$以上，如手動機構式萬能製圖儀。

以上(1)、(2)及(3)中P為對偶數，N表連桿數。

例題 1 試判定圖 1-13 之連桿組為何種運動鏈？

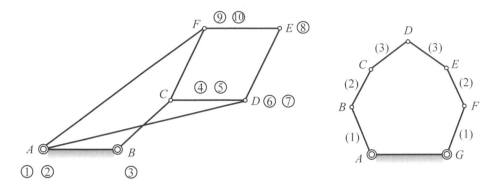

圖 1-13 拘束運動鏈(*E*點自由度為 1)　　圖 1-14 無拘束鏈(整體自由度 2 以上)

解

$N = 8$

$P = 10$(圈號數字表示者)可參考 1-9 節之名詞解釋說明

$P = \dfrac{3}{2}N - 2$，$F = 3(8-1) - 2 \times 10 = 1$

所以可判定其為拘束運動鏈。

1-9 名詞解釋及符號

(1) 機架(Frame)：機構中用以支持或約束各運動件的固定不動部份，統稱為機架。

(2) 導路(Slide)與滑塊(Slider)：凡約束運動件沿一定的路徑運動者，稱為導路，導路通常為機架上的一部份，在導路上滑行的機件稱為滑塊，如圖 1-5 所示。

(3) 曲柄(Crank)：圍繞一個固定軸而能作完全迴轉的運動臂，稱為曲柄。

(4) 連桿(Link)：能傳達力量，產生或約束運動的堅固機件，稱為連桿，理想上即為一個剛體。

(5) 搖桿(Rocker)：能繞固定部份作搖擺運動者，稱之。

(6) ⋏ 樞紐(Pivot)：表彼此活動機件的接合點。

(7) ◎：表固定軸，即固定轉中心。

(8) ——：表一根連桿。

(9) ▨：表固定桿或固定面。

(10) ▨：表導路與滑塊。

(11) $\overset{F}{\diagdown}\!\!\underset{K}{\bigcirc}\!\!\overset{H}{\diagup}$：表 F、K 及 H 三機件連接在一個樞軸上，三者可圍繞兩個共同

樞紐旋轉。

(12) $\overset{F}{\diagup}\!\!\underset{K}{\bigcirc}$：$F$ 為一個連桿，桿上作一樞紐，使 K 能圍繞此一連桿旋轉。

(13) ◭：表多根連桿結為一個剛體，彼此之間無相對運動，總自由度為

0。

(14) $\overset{F}{\underset{H}{\diagup}G}$：三根連桿結為一個剛體，彼此之間無相對運動，即三者之間

角度不能改變。

(15) $\overset{G}{F\!\!-\!\!\underset{K}{\bigcirc}\!\!-\!\!H}$：表 F、G、H 及 K 四機件連接在一個樞紐上，四者可圍繞三

共同樞紐旋轉，即對偶數為 3。

▶ check ! 習題一

1. 在圖(a)中，軸Q_2與Q_4固定，$\overline{Q_2A}=38$ 公厘，$\overline{AB}=76$ 公厘，$\overline{Q_4B}=50$ 公厘，$\overline{Q_2Q_4}$ $=76$ 公厘。曲柄2為主動件，當其逆時迴轉一週時，求搖桿Q_4B的兩極端(Extreme positions)位置，即靜點(死點)位置。

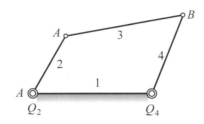

圖(a)　求搖桿$\overline{Q_4B}$的兩極端位置

2. 軸Q_2與Q_4是固定軸，$\overline{Q_2A}=38$ 公厘，$\overline{Q_4B}=50$ 公厘，$\overline{Q_2Q_4}=76$ 公厘，$\overline{AB}$的長度是能使主動曲軸$\overline{Q_2A}$轉至與Q_2Q_4上方30°時，$\overline{Q_4B}$恰在$\overline{Q_2Q_4}$下方60°，如圖(b)所示，求AB的長度及$\overline{Q_4B}$的兩極端位置，即靜點(死點)位置。

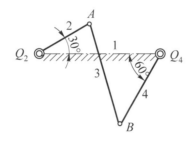

圖(b)　求$\overline{AB}$的長度及$\overline{Q_4B}$的兩極端位置

3. 圖(c)中，滑塊 4 在導路 1 中滑動，曲柄$\overline{Q_4A}$繞軸Q_2迴轉，$\overline{Q_2A}=3.8$ 公分，$\overline{AB}=11.4$ 公分，用線條畫出此裝置的機構圖，並以圖解法求滑塊中心B的兩極端位置，即靜點(死點)位置。

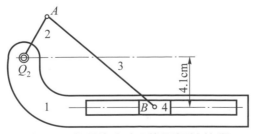

圖(c)　求滑塊中心B的兩極端位置

4. 如圖(d)為一滑塊曲柄機構，滑塊 4 沿 $X'X$ 線滑動。已知 $\overline{Q_2A} = 3.8$ 公分，$\overline{AB} = 19.0$ 公分，求滑塊 4 上銷點 B 的兩極端位置及 $\overline{Q_2A}$ 所經過的角位移。

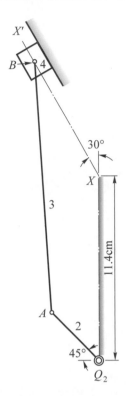

圖(d)　求滑塊 4 上銷點 B 的兩極端位置及 $\overline{Q_2A}$ 所經過的角位移

5. 試述純粹機動學(即機構學)及構造機動學的研究對象。

6. 機械與機構之不同點有那些，試說明之。

7. 何謂低對與高對，並舉例說明之。

8. 何謂運動對與運動鏈，試說明之。

Chapter 2

機構之運動

2-1　運動與靜止

當A物體對於B物體有距離或方向之變更時，即稱A物體對於B物體發生運動，否則A物體對於B物體為靜止。運動分析為相對運動(Relative motion)與絕對運動(Absolute motion)。在研究機構之運動問題時，恆假定某機件為絕對靜止，而稱其他機件對於此機件之運動或靜止為絕對運動或絕對靜止。如研究自身全部皆為運動之機架，如汽車、工具機等，其機械內各機件的運動，又多以機架為準，即假定機架為絕對靜止，機械各部對於機架所有之運動，即為絕對運動。當然必先視地球為固定體，一切機械上的運動，對地球而言，都是絕對運動。

2-2　動路與動向

一質點在空間運動所行經的路徑稱之為該質點之動路(Path of motion)，動路可以為任何形狀，一直線、一圓周或為一任意曲線。質點運動的方向為動向，質點沿直線運動，其動向有正負之分，若質點沿曲線運動，則切線方向即為其動向(亦有正負之分)。

2-3　機械運動的種類

關於機械運動的問題中，常將點的運動與剛體之運動分開討論，說明如下：

1. **質點運動**

所謂質點，係指某一運動中的物體上的一點，若用其上之一特殊點，如質量中心來表示，即稱為質點(Particle)常分成下列五種。

(1) 連續運動(Continuous motion)：一運動質點以一定的動向，沿一動路前進，繼續不停的運動，最後能回到原來的位置，謂之連續運動，如質點沿一封閉曲線動路之運動。

(2) 往復運動(Reciprocating motion)：一質點在直線動路上運動，每到一端沿此相同之動路作相反的運動，如此往復不已，謂之，如圖 2-1 所示。

(3) 搖擺運動(Oscillating motion)：一質點在圓弧動路上運動，每到一端即行折返之運動，謂之，如單擺及時鐘的擺錘等(Pendulum)。

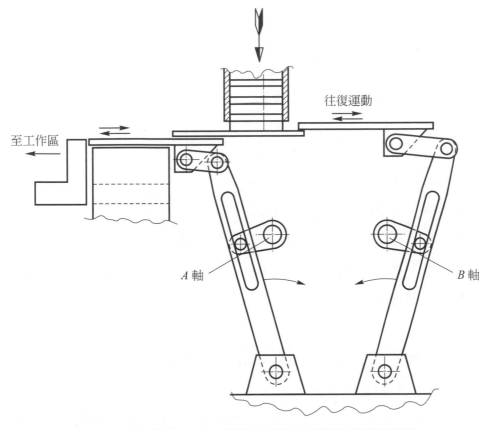

圖 2-1　往復運動(每到一端沿此相同之動路作相反的運動)

(4) 間歇運動(Intermittent motion)：當一質點在動路上運動時，每隔一定之時間有一定之靜止週期，此謂之間歇運動。

(5) 迴轉運動：一質點在圓周上繞軸心作連續不停的繞轉。

2. **剛體運動(Rigid body motion)將整個物體視為具有質量之特殊運動**

(1) 平移運動(Translation)：一剛體運動時，剛體內各點均沿同一方向或作相互平行方向之運動。

(2) 旋轉運動(Rotation)：一剛體運動時，剛體上各點均繞同一固定軸作同心圓周之轉動。

(3) 平面運動(Plane motion)：一剛體運動時，其軌跡均在同一個平面上，亦即兩度空間之運動，如機車之車輪。其運動時，可分解為以車輪中心軸及轉動中心軸之旋轉運動，同時各質點和轉動軸皆有相同之平移運動，$\overline{W} = F \times \dfrac{2\pi R}{L}$。

(4) 螺旋運動(Helical motion)：一剛體，如螺帽有旋轉又有平移而沿螺旋方向運動時，其旋轉與移動方向一致者稱之，如圖 2-2 所示。

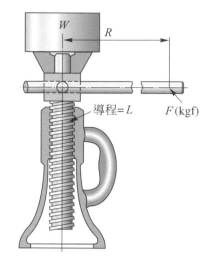

(5) 球面運動(Sphiral motion)：剛體運動時，其上各點運動的範圍不限於一平面內，且剛體上各點，距一定之中心，各有一定之距離，如萬向接頭或滾珠軸承內之鋼珠之運動等。

圖 2-2　螺旋運動(沿螺旋方向運動)

2-4　線位移、線速度與線加速度

1. 線位移(Linear displacement)

一物體在一定時間內，無論沿何種動路，由某一點移至另一點，此兩點之直線距離，即謂之該物體在此時間內之線位移(Displacement)，即其位置之改變量S，如圖 2-3 所示。位移為一有大小與方向之量，故為一種向量(Vector)，其單位通常以呎(ft)、公尺(m)、公分(cm)及公厘(mm)……等長度單位表示。

2. 線速度(Linear velocity)與線速率(Linear speed)，以V表示

一物體在單位時間內所發生之線位移，謂之此物體的線速度。若每一單位時間之線位移皆相等者，謂之等速度(Uniform velocity)，否則謂之變速度(Variable velocity)，如圖 2-3 所示。有時只提到線速度的大小而不問其方向，也可稱為線速率(Linear speed)，以V表示。

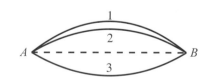

圖 2-3　線位移圖(兩點之直線距離)

如圖若P點作運動時，其平均每單位時間所移動的位移，即為其平均線速度，可用下列式子表示。

P點的平均線速度

$$V = \frac{s_2 - s_1}{t_2 - t_1} = \frac{\Delta s}{\Delta t} = \overline{V} \tag{2.1}$$

圖 2-4 中，P 點 在 經 過P_1、P_2 及P_3 時 瞬 時 線 速 度(Instantaneous velocity)，$V = \lim\limits_{\Delta t \to 0} \dfrac{\Delta s}{\Delta t} = \dfrac{ds}{dt}$，就是說$P$點在某點的速度就等於其位移在該點對於時間的一次導數(First derivative)，s若為t的函數，則速度也可表為t的函數，若V為已知t的函數，則P點位移可由積分求得，$ds = Vdt$，積分之

$$\int_{S_1}^{S_2} ds = \int_{t_1}^{t_2} Vdt， \quad S_2 - S_1 = \int_{t_1}^{t_2} Vdt$$

$\dfrac{ds}{dt}$為常數，則表為等速運動，即

$$V = \frac{S}{t}， \quad S = Vt \tag{2.2}$$

線速度單位有公尺／秒(m/sec)、公分／秒(cm/sec)及呎／秒(ft/sec)等。

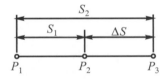 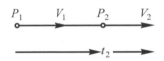

圖 2-4　線速度圖(單位時間內所發生之線位移)　圖 2-5　線加速度圖(線速度對於時間的變化率)

3. 線加速度(Linear acceleration)，以 A 表示

線加速度乃是線速度對於時間的變化率，因為線速度是向量，時間是純量，所以線加速度也是向量，如圖 2-5 所示。若速度為遞增者，謂之正加速度(Positive acceleration)通常簡稱加速度。若速度為遞減者，謂之負加速度(Negative acceleration)或簡稱減速度，單位以公分／秒^2、公尺／秒^{2}或呎／分^{2}等表示。

如圖 2-5 中，設有一點P在一直線上運動，當時間為t_1時，P點在P_1，其速度為V_1，當時間為t_2時，則P點在P_2，速度為V_2，在由P_1與P_2的時間內，P點直線速度對於時間的平均變化率就是P點的平均直線加速度。

$$A = \frac{V_2 - V_1}{t_2 - t_1} = \frac{\Delta V}{\Delta t}$$

P點在P_1點及P_2點的瞬時直線加速度

$$A = \lim_{\Delta t \to 0} \frac{\Delta V}{\Delta t} = \frac{dV}{dt} \tag{2.3}$$

所以知道直線速度對於時間的一次導數就是直線加速度。若V與A皆表t的函數，將(2.2)式積分得

$$dV = Adt \tag{2.4}$$

$$\int_{V_0}^{V} dV = \int_{t_0}^{t} Adt$$

即　　　$V - V_0 = \Delta V = \int_{t_0}^{t} Adt$

　若A為常數，t為零時，V為V_0，則

$$V - V_0 = At \tag{2.5}$$

又因　　　$A = \dfrac{dV}{dt} = \dfrac{dV}{ds} \cdot \dfrac{ds}{dt} = V \cdot \dfrac{dV}{ds}$

若在起點s為零，初速為V_0，則(2.4)式可寫成

$$V \cdot dV = Ads$$

$$\int_{V_0}^{V} VdV = \int_{0}^{s} Ads$$

積分之得

$$\frac{1}{2}(V^2 - V_0^2) = AS$$

即

$$V^2 - V_0^2 = 2AS \tag{2.6}$$

又由(2.1)式及(2.2)式

$$S = \overline{V}t\,(\overline{V}\text{ 表示平均速度}) = \left(\frac{V + V_0}{2}\right)t = \left(\frac{V_0 + At + V_0}{2}\right)t$$

$$= V_0 t + \frac{1}{2}At^2 \ (V\text{ 表末速}) \tag{2.7}$$

一動點作直線運動時，由於其加速度之不同，可分為下列幾種：

(1) 加(減)速度為零，速度 V 為常數，則為等速運動。

(2) 加(減)速度為常數，則為等加(減)速運動。

(3) 加(減)速度為變數，則為變加(減)速運動，如簡諧運動。

2-5 運動之循環與週期

1. **循環(Cycle of motion)**

   當機構內之一機件由開始運動到回復原位，即為循環一次。

2. **週期(Period)**

   完成一運動循環所需時間，謂之運動週期，T。

   $$\therefore \quad T = \frac{2\pi}{\omega} \ (\omega 表角速度)或\omega = 2\pi N$$

   N 表頻率，因頻率 $= \dfrac{1}{週期}$，因此 $\omega = \dfrac{2\pi}{T}$。

3. **頻率(Frequency)**

   單位時間內之循環數即為頻率，以 N 表示。

2-6 角位移、角速度與角加速度

1. **角位移，以 θ 表示之**

   一條直線的角位移就是該線方向的改變量，就平面運動而言，該線角位移就是該線與某固定基準線間角度的改變量，如圖 2-6 所示之 θ 角。角位移的單位是度、分、秒及弳(Radian)或迴轉數(N)表示。若某輪軸已轉過之迴轉數為 N 次，則此輪軸的角位移 $\theta = 2\pi N$(弳或稱弧度)。在圓周上取一弧長等於圓半徑時，則稱為一弧度。而一圓其周長為 $2\pi R$，因此一周共有 2π 弧度(弳)。

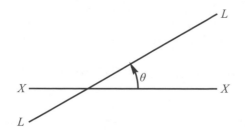

圖 2-6 角位移圖(該線方向的改變量)

2. **角速度(Angular velocity)與角速率(Angular speed)**

角速度係物體以一點為中心而迴轉時，該物體迴轉的角位移對於時間的比例稱之，如圖 2-7 所示。若只提到角速度的大小而不問其方向，則可稱為角速率。

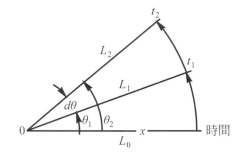

圖 2-7　角速度圖(角位移對於時間的比例)

如圖 2-7 若線L_0作運動時，其每單位時間平均所移動的位移，即其平均角速度，可用下式表示：

(1)　L_0的平均角速度

$$\omega = \frac{\theta_2 - \theta_1}{t_2 - t_1} = \frac{\Delta\theta}{\Delta t} \tag{2.8}$$

(2)　L_0線在經過L_2時的瞬時線速度(Instantaneous velocity)

$$\omega = \lim_{\Delta t \to 0} \frac{\Delta\theta}{\Delta t} = \frac{d\theta}{dt}$$

就是說L_0線在某點的角速度就等於其角位移在該點對於時間的一次導數(First derivative)，θ若為t的函數，則速度也可表為 t 的函數。若ω為已知 t 的函數，則L線的角位移，可由積分求得$d\theta = \omega dt$，積分之

$$\int_{\theta_1}^{\theta_2} d\theta = \int_{t_1}^{t_2} \omega dt \qquad \theta_2 - \theta_1 = \Delta\theta = \int_{t_1}^{t_2} \omega dt$$

若$\dfrac{d\theta}{dt}$為常數，則表為等角速運動，即

$$\omega = \frac{\theta}{t} , \theta = \omega t \tag{2.9}$$

角速度單位以弳／秒或度／秒表示，在工程上常以每分周數(Revolutions per minute)為R.P.M(簡稱rpm)，或以每秒周數(Revolutions per second)為R.P.S(簡稱rps)表示之。

設N表單位時間的轉數，則角速度為$\omega = 2\pi N$(角速度之時間單位與轉速N相同)。

3. **角加速度(Angular acceleration)，以α表示之**

　　角加速度就是角速度對於時間變化率，如圖 2-8 所示。若角速度爲遞增者，謂之正角加速度(Positive acceleration)，若速度爲遞減者，謂之負角加速度(Negative acceleration)或簡稱減速度，單位以度／秒^2、弳／秒^2 或轉／分^{2}表示之。

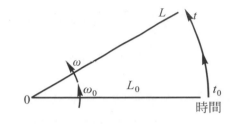

圖 2-8　角加速度圖(角速度對於時間變化率)

　　如圖 2-8 中，線L_0運動至L時，時間由t_0轉到t，角速度由ω_0運動至ω，直線L_0的角速度對於時間的平均變化率就是其平均直線加速度$\alpha = \dfrac{\omega - \omega_0}{t - t_0} = \dfrac{\Delta\omega}{\Delta t}$，而瞬時角加速度$\alpha = \lim\dfrac{\Delta\omega}{\Delta t} = \dfrac{d\omega}{dt}$，由此得知角速度對於時間一次導數就是角加速度。若$\omega$與$\alpha$皆表$t$的函數，則上式積分後得

$$d\omega = \alpha\,dt$$
$$\int_{\omega_0}^{\omega} d\omega = \int_{t_0}^{t} \alpha\,dt$$

若α爲常數，t爲 0 時，ω爲ω_0，則

$$\omega - \omega_0 = \alpha t \tag{2.10}$$

又因
$$\alpha = \frac{d\omega}{dt} = \frac{d\omega}{d\theta} \times \frac{d\theta}{dt} = \frac{\omega\,d\omega}{d\theta}$$

　　若在起點θ爲零，初角速爲ω_0，則上式可寫成

$$\omega d\omega = \alpha d\theta$$
$$\int_{\omega_0}^{\omega} \omega\,d\omega = \int_{0}^{\theta} \alpha\,d\theta$$

積分之得

$$\frac{1}{2}(\omega^2 - \omega_0^2) = \alpha\theta，即$$

$$\omega^2 - \omega_0^2 = 2\alpha\theta \tag{2.11}$$

由(2.9)式及(2.10)式

$$\theta = \overline{\omega}t\,(\overline{\omega}\text{表平均角速度}) = \left(\frac{\omega + \omega_0}{2}\right)t = \left(\frac{\omega_0 + \alpha t + \omega_0}{2}\right)t$$

$$= \omega_0 t + \frac{1}{2}\alpha t^2 \tag{2.12}$$

一動點作角運動時，由於其加速度之不同，可分爲下列幾類：

(1) 角加(減)速度爲零，速度 ω 爲常數，則爲等速度運動。

(2) 角加(減)速度爲常數，則爲等角加(減)速運動。

(3) 角加(減)速度爲變數，則爲變加減速運動，如簡諧運動。

2-7 線量與角量的關係

(1) 線位移與角位移，如圖 2-9 所示。

$$S(\text{弧長}) = R \times \theta \ (R = \text{曲率半徑}，\theta = \text{角位移}) \tag{2.13}$$

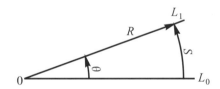

圖 2-9　線位線與角位移圖(S(弧長) $= R \times \theta$)

(2) 線速度與角速度之關係，如圖 2-10 所示。

由(2.13)式 $S = R\theta$，若被時間 t 微分之

$$V = \frac{ds}{dt} = \frac{dR\theta}{dt} = \frac{Rd\theta}{dt} = R\omega \tag{2.14}$$

式中 V 稱爲切線速度，即迴轉物體上任一點的線速度等於其角速度乘以該點至轉軸中心之距離，即

$$V = R\omega \tag{2.15}$$

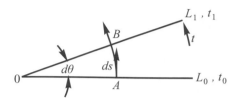 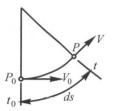

圖 2-10　線速度與角速度圖($V = R\omega$)

(3)　線加速度與角加速度之關係，如圖 2-11 所示。

圓周運動時，沿動路上任一點的切線方向速率的改變稱切線加速度，以 A^t 表示之。動點對圓心方向改變所產生的稱爲向心加速度，以 A^n 表示之。

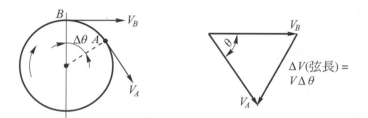

圖 2-11　線加速度與角加速度圖($A^t = R\alpha$，$A^n = R\omega^2$)

①
$$A^t = \lim_{\Delta t \to 0} \frac{V - V_0}{t - t_0} = \frac{dV}{dt} = \frac{dR\omega}{dt} = R\frac{d\omega}{dt} = R\alpha \tag{2.16}$$

②
$$A^n = \lim_{\Delta t \to 0} \frac{\Delta V}{\Delta t} = \frac{dV}{dt}$$

ΔV 可以視爲以 $\Delta\theta$ 角面對之 V_A 半徑之圓之弦，因弦長接近於弧長(當 $\Delta\theta$ 角很小時)，因此 $\Delta V = V\Delta\theta$，V 長可表等於 V_A 及 V_B，即

$$A^n = \frac{dV}{dt} = \frac{V\Delta\theta}{\Delta t} = V\omega = R\omega\cdot\omega = R\omega^2 \tag{2.17}$$

註 ω 爲質點運動到新位置時的角速度。

(4)　作曲線運動之物體，其運動之加速度

$$A = \sqrt{(A^n)^2 + (A^t)^2} = R\sqrt{\omega^4 + \alpha^2} \tag{2.18}$$

若作等速圓周運動之物體，其運動之加速度，則只有向心加速度，即
$$A = \sqrt{(A^n)^2 + 0^2} = R\omega^2$$

2-8 簡諧運動(Simple Harmonic Motion，SHM)

　　簡諧運動是一種往復運動，一個質點在直線上運動，其加速度與其距線上某一定點的距離成正比，而且加速度的指向永遠指向動路的中心O點，這種運動就稱為簡諧運動。即一質點作等速圓周運動時，投影在該圓任一直徑的運動。一個無阻尼(Dampling)的彈簧在振動時，其上各點的運動都是簡諧運動，如圖 2-12 所示，P就是Q點作圓周運動時，在X軸上的投影。

⑴　圖中質點之位移

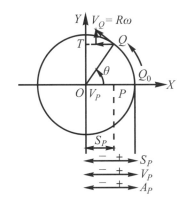

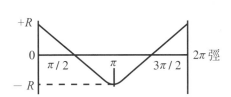

圖 2-12　簡諧運動圖(質點作等速圓周運動時，投影在該圓任一直徑的運動)

圖 2-13　簡諧運動位移圖($S_p = R\cos\theta$)

$$S_p = R\cos\theta = R\cos\omega t，\ \theta = \omega t \tag{2.19}$$

⑵　切線速度V_p投影在水平軸的分量$R\omega\sin\theta$即為簡諧運動質點的速度，即把(2.19)式微分之，得P點之速度

$$V_p = \frac{dS_p}{dt} = \frac{dR\cos\theta}{dt} = -R\sin\theta\frac{d\theta}{dt} = -R\omega\sin\theta \tag{2.20}$$

如圖 2-14 所示。(負表向左)

⑶　向心加速度$R\omega^2$投影在水平方向的分量$R\omega^2\cos\theta$即為簡諧運動質點的加速度，即把(2.20)式微分之，得P點之加速度

$$A_p = \frac{dV_p}{dt} = -\frac{dR\omega\sin\theta}{dt} = -R\omega\cos\theta\frac{d\theta}{dt} = -R\omega^2\cos\theta \tag{2.21}$$

簡諧運動時加速度與圓心至P點的距離成正比而方向相反,如圖2-15所示。

註 S_p係自 0 點起計算,往兩端點位移增加,直到振幅R為止。V_p及A_p向左亦為負,向右為正,其正負與象限關係如圖 2-14 及圖 2-15 所示。

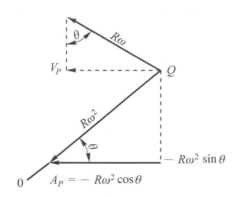

圖 2-14 簡諧運動質點投影在水平方向之線速度與加速度圖($\overline{V}_p = -R\omega\sin\theta$)

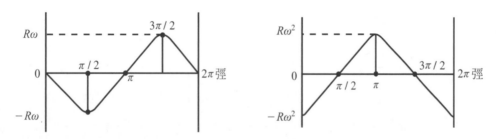

圖 2-15 簡諧運動質點在P點的線速度與加速度圖($A_p = -R\omega^2\cos\theta$)

例題 1 一半徑 30 厘米的飛輪,自靜止以等角加速度 1 弧度/秒²開始運動,則當轉過180°角時,輪緣上一點之加速度為?

解

$\theta = 180° = \pi = 3.14$ 弧度

$\therefore \omega^2 = \omega_0^2 + 2\alpha\theta$, $\omega^2 = 0 + 2(1)(3.14) = 6.28$ (弧度/秒²)

$A^t = R\alpha = 30 \times 1 = 30$ (cm/sec²)

$A^n = R\omega^2 = 30(6.28) = 188.4$ (cm/sec²)

$A = \sqrt{(A^t)^2 + (A^n)^2} = \sqrt{(30)^2 + (188.4)^2} = \sqrt{36394} = 190.77$ (cm/sec²)

2-9 等速運動與變速運動

一般機械(構)的運動在運動開始時，皆由靜止而加速，當加速到一定的速度時，再保持等速而前進，欲停止時，則爲減速而靜止，如圖 2-15 所示。若設一動點由A運動到A_1點所需時間爲T，在M距離內爲等加速運動，在D距離內爲等速運動，在M_1距離內爲等減速運動($M = M_1$)，設t爲等加減速度A，在行駛M及M_1距離所需之時間，而等加速到t時間內質點之速度V爲：

$$M = \frac{1}{2}At^2$$

即$\qquad A = \dfrac{2M}{t^2}$

但$\qquad V = At = \dfrac{2M}{t}$

同時$\qquad V = \dfrac{D}{T-2t}$

因此$\qquad \dfrac{2M}{t} = \dfrac{D}{T-2t}$

得$\qquad t = \dfrac{2MT}{4M + D}$ (2.22)

等加減速運動

變加減速運動

圖 2-16　變加減速運動圖(滑動接觸)

又如圖 2-16 所示，其爲動點在M與M_1距離內，以簡諧運動作等加速度與等減速度行駛，此時在M距離內作 1/4 之圓弧，若ω爲角速度，則由圓周上一點投影至K點時，V爲到達K點時的速度，因爲

$$\omega = \frac{\pi}{2t}$$

則 $\qquad V = R\omega = M\omega = \frac{\pi M}{2t}$

同時 $\qquad V = \frac{D}{T-2t}$

$$\frac{\pi M}{2t} = \frac{D}{T-2t}$$

得 $\qquad t = \frac{\pi MT}{2\pi M + 2D}$ $\qquad\qquad$ (2.23)

2-10 原動件與從動件

在一機構中的各機件，凡能推動其他機件運動之機件，稱為原動件(Driver)，凡受其他機件而影響本身運動者，稱為從動件(Follower)。如圖 2-17 之凸輪機構，凸輪常與動力源連接(為原動件)，當其繞軸心做迴轉運動時，上端之從動件則產生上下之運動。

2-11 運動傳達的方式

一個機構是由許多剛體彼此連接而產生相對運動的組合體，當運動由主動件(Driver)將動作傳遞給從動件(Follower)時，其傳達方式，約可分為下列幾種。

1. **由直接接觸(Direct contact)傳達運動者**

　(1)　滑動接觸(Sliding contact):如圖 2-17 凸輪機構(Cam)，鉋床衝錘的運動。

　(2)　滾動接觸(Rolling contact)：如摩擦輪(Friction wheel)及滾動軸承的傳動(Rolling bearing)。

　(3)　滾動與滑動接觸(Sliding & Rolling cotact)：如齒輪的傳動。

2. **藉中間媒介物(Intermediate contact)傳達運動者**

　(1)　剛性連件(Rigid connector)：可傳送推力及拉力，如蒸汽機之連桿(Link)，如圖 2-18 所示。

　(2)　撓性連件(Flexible connector)：僅能傳送挽力(拉力)，如皮帶(Belts)、繩(Ropes)和鏈條(Chains)等。

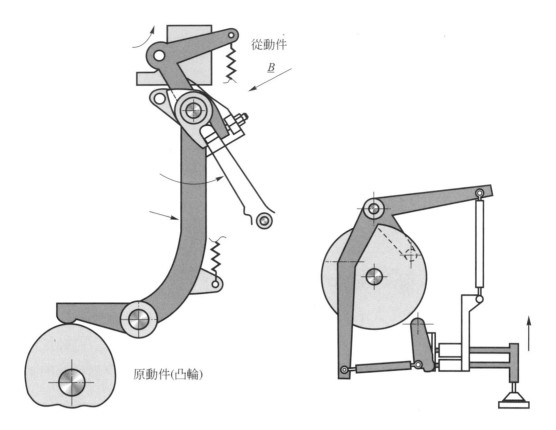

從動件

B

原動件(凸輪)

圖 2-17　凸輪機構(滑動接觸)　　　　圖 2-18　剛性連件(傳送推力及拉力)

(3) 流體連件(Fluid connector)：僅能傳送推力(壓力)，不能傳送拉力，它是將流體盛於容器內，完全藉由壓力而推動，故此流體中間連接，又稱壓力器。如油壓泵(Pump)內之油，水壓機(Hydraulic press)內之水或氣壓缸(Air cyclinder)內之空氣等。

1. 一個質點以 $S = 2t^2$ 公尺之速度，在一直線上運動，t 的單位為秒，試問它有何種的加速度？並求當時間為 5 秒時其加速度，及 $t = 10$ 秒的速度。

2. 同前題，當 $S = (2t^3 + t^2)$ 公尺，求當時間為 5 秒時，其加速度及 $t = 10$ 秒時的速度。

3. 一個重量為 100 公斤之物體以每秒 40 公尺之速度向前運動，當遭到 100 公斤之抵抗阻力時，如果連續作用 20 公尺之距離，則此物體最後之速度約減少每秒多少公尺？

4. 一質點由靜止出發後，先經 3 分鐘時間的等加速度，然後停止加速度，經 2 分鐘後它走了 72 公尺，求前 3 分鐘的加速度及最後的末速度。

5. 已知加速度 $A = (V + 3)\text{cm/sec}^2$，初速 $V_0 = 0$，求當末速 $V = 12\text{cm/sec}$ 時，位移 (S) 與時間 (t) 為若干？

6. 圖(a)中，如曲柄 $\overline{AB} = 10$ 公分，且 AB 的角速率為 24 弧度／秒，求當 $\theta = 60°$ 時，P 點的速度與加速度。

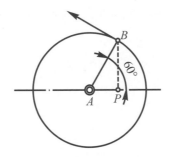

圖(a)　求當 $\theta = 60°$ 時，P 點的速度與加速度

7. 一質點在 $2S = 12$ 公分的線上作簡諧運動，週期為 6 秒，求距離端點 3 公分時，加速度、速度及所需時間為若干？

8. 設 $A = -t\text{cm/sec}^2$，$V_0 = 800\text{cm/sec}$，問須經多久該質點才停止，又在此段時間內走了多少距離？

9. 一塊石頭由靜止沿 200 公分的直線滑動，全部時間約需 8 秒，若其前 4 秒為等加速運動，後 4 秒為等減速運動，則加速度的大小為若干，並求等加速至第 4 秒末的速度。

10. 一質點由靜止開始運動，經等加速度運動並作 40 公分位移後，再以等速度運動經 300 公分，最後等減速運動 40 公分後靜止，全程時間為 18 秒，試問質點在加速、等速及減速各段位移所須之時間各為多少，並求等速時的速度。

11. 已知蒸汽引擎的飛輪直徑為 200 公分，轉速 160rpm，求

 (1) $\omega =$? rad/sec

 (2) 飛輪邊緣的線速率 = ? m/min

 (3) 飛輪上一點離圓心為 40 公分處之線速率 = ? m/min

12. 一質點作簡諧運動，在端點時最大加速度為 8cm/sec^2，當距一端 2 公分處，其加速度為 4cm/sec^2，求此運動質點之振幅(半徑)，週期及該點之速度為若干？

13. 一個以 150rpm 轉動的引擎去掉它的動力後經 2 分後才停止，若皮帶與帶輪間無滑動，且為等減速運動，則

 (1) 帶輪到靜止時之平均角速率。

 (2) 到靜止時帶輪之角位移(轉)。

 (3) 如皮帶輪直徑為 50 公分，則帶輪至靜止，所經過的位移為若干？

14. 一 100 公分的飛輪由靜止以 2rad/sec^{2}的等加速度開始轉動求當飛輪邊緣一點的線速度為 20m/sec 時，飛輪所轉過的時間及轉過的角度。

Chapter 3

速度分析

3-1 機件與速度

機器中的機件運轉時,同一機件內任意兩質點沿連線上的分速度必互相平行且相等。因此若知道其中任一質點的速度,則可以用速度分析或圖解法以求得其他質點的速度。

常用來獲得速度的方法有下列五種,每種方法皆有它的特點,尤其圖解法較為簡單,準確度也夠,為一般人樂於採用。

(1) 速度分解與合成(Resolution and composition)。

(2) 瞬心法(Centro)。

(3) 瞬軸法(Instantaneous axis of velocity)。

(4) 相對速度或速度多邊形法(Relative velocity or velocity polygon)。

(5) 折疊法(第二瞬心法)。

3-2 向量與純量

1. **向量(Vector quantity)**

　　凡含有大小與方向兩種觀念的量稱為向量,例如位移、速度、加速度及動量等。

2. **純量(Scalar quantity)**

　　只含有大小觀念而無方向觀念的量稱為純量,例如密度、溫度、比重、時間、功及動能等。

表示向量的方法,通常是用一條直線,如圖 3-1 所示,直線的長短表示該向量的大小,直線的方向即表示該向量的方向(常用箭頭表示),直線的起點謂之原點(Origin)或尾(Tail),箭頭所在之點稱頭(Head),向量的指向是由尾向頭。

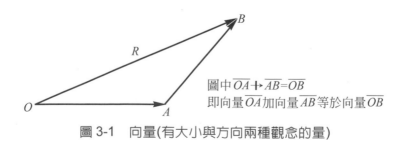

圖中 $\overrightarrow{OA} + \overrightarrow{AB} = \overrightarrow{OB}$
即向量 $\overrightarrow{OA}$ 加向量 $\overrightarrow{AB}$ 等於向量 $\overrightarrow{OB}$

圖 3-1　向量(有大小與方向兩種觀念的量)

3-3 比例尺

　　在機動學中要以圖解法解決機件速度或加速度問題時，必需按照整個機器(或機構)的比例，以放大(如 5/1)、相等(如 1/1)，或縮小(如 1/2)的比例畫出以利作答。當然也可以用特殊的方式表示，如在圖上機件某點的速度可用公分數值來代表機件速度公尺，或是英吋數值代表機件速度英呎。

(1) 空間比例尺：以 K_s 表示。例如圖上 1 公分等於機器上機件尺寸 10 公分，則 $K_s = 10\,cm$。

(2) 速度比例尺(Velocity scale)：以 K_v 表示。例如機構中某機件上一點的線速度為 10cm/sec，即 $K_v = 10cm/sec$，則表示圖上 1 公分長之線代表線速度為 10cm/sec。

(3) 加速度比例尺(Acclearation scale)：以 K_a 表示之。例如機構中某機件上一點的加速度為 $100\,cm/sec^2$，即 $K_a = 100\,cm/sec^2$，則表示圖上 1 公分長之線代表線加速度 $100\,cm/sec^2$。同理，若求得此機構圖中機件上一點之加速度線長為 0.5 公分，則表示此點之加速度為 $100\,cm/sec^2 \times 0.5 = 50\,cm/sec^2$。

3-4 向量的分解、合成與相減

1. 向量的合成

(1) 平行四邊形法：如圖 3-2 所示。圖中 A、B 這兩個向量畫成平行四邊形，其對角線 R 就是這兩個向量之合成。

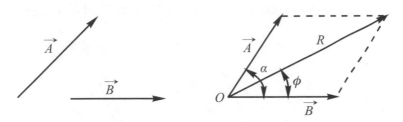

圖 3-2　平行四邊法(兩個向量畫成平行四邊形)

(2) 三角形法：如圖 3-3 所示。圖中將 B 向量的尾與 A 向量的頭相接，再以 A 的尾爲爲，以 B 的頭爲頭所畫的線 R，就等於 $A + B$。

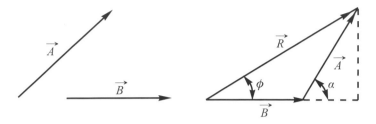

圖 3-3　三角形法(B向量的尾與A向量的頭相接)

(3) 代數法：由圖 3-4 所示。

$$
\begin{aligned}
|R|^2 &= |A|^2 + |B|^2 - 2|A| \cdot |B| \cos\theta \\
&= |A|^2 + |B|^2 - 2|A| \cdot |B| \cos(180° - \alpha) \\
&= |A|^2 + |B|^2 + 2|A| \cdot |B| \cos\alpha
\end{aligned} \tag{3.1}
$$

$$
\phi = \tan^{-1} \frac{|A| \sin\alpha}{|B| + |A| \cos\alpha} \tag{3.2}
$$

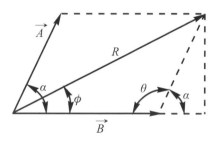

圖 3-4　代數法

(4) 向量多邊形法：如圖 3-5 所示。圖中以最初一個向量 A 的尾爲尾，以最後一個向量 E 的頭爲頭的向量，R_4 就是所有各向量的總和。

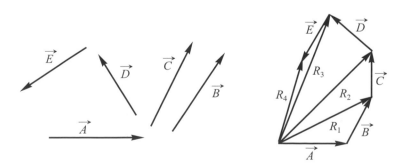

圖 3-5　向量多邊形法(R_4爲所有各向量的總和)

2. 向量的分解

數個向量既可合成為一個向量，同樣一個向量亦可以分解為數個向量。一般言之，在平面中的向量都可以分解為兩個任意不同方向的向量，如圖 3-6 所示。

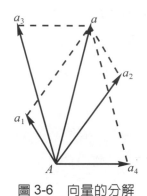

圖 3-6　向量的分解

3. 向量的減法(相對速度法)

(1)　三角形法：如圖 3-7 所示，如欲自向量 V_A 中減去向量 V_B，則可集 V_A 與 V_B 之原點於一處，自 V_B 之末端至 V_A 之末端畫向量 V_{AB}，此即為其差。若 $V_{AB} = V_A \rightarrow V_B$，其指向應由 B 向 A；即 A 對 B 之相對速度，也就是由 B 看 A 的相對速度。

(2)　代數法，如圖 3-8 所示。

$$向量之差 = |D| = |A| - |B| = \sqrt{|A|^2 + |B|^2 - 2|A| \cdot |B| \cos\alpha} \tag{3.3}$$

D 的方向可由 D 與 B 間的角度

$$\phi = \tan^{-1} \frac{|A|\sin\alpha}{|B| - |A|\cos\alpha} \tag{3.4}$$

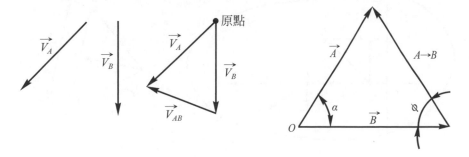

圖 3-7　三角形法($V_{AB} = V_A \rightarrow V_B$)　　圖 3-8　代數法(向量之差 $= \sqrt{|A|^2 + |B|^2 - 2|A| \cdot |B| \cos\alpha}$)

3-5 速度分解與合成方法

1. 同一剛體上兩點的速度

設有一剛體F，其上有兩點A及B，速度各爲V_A及V_B，如圖 3-9 所示。圖中將V_A沿X與Y兩方向分解爲V_{AX}與V_{AY}，V_{AX}稱爲V_A在X方向的投射分量，V_{AY}爲V_A爲V_A在Y方向的投射分量。同樣地，V_B也沿X與Y兩方向分解爲V_{BX}與V_{BY}。

$$V_{BA} = V_B - V_A = V_{BX} {\dotplus} V_{BY} \rightarrow (V_{AX} {\dotplus} V_{AY})$$
$$= (V_{BX} \rightarrow V_{AX}) {\dotplus} (V_{BY} \rightarrow V_{AY}) \tag{3.5}$$

上式中　$V_{BAX} = V_{BX} - V_{AX} = 0$

V_{BAX}表示B、A兩點沿連線上的分速度差，若$V_{BX} > V_{AX}$，則B、A兩點間距離必伸長，反之，若$V_{BX} < V_{AX}$，則B、A兩點距離必須縮短。但F是一個剛體，其上任何兩點間的距離都不能改變，故V_{BX}必須等於V_{AX}，就是$V_{BAX} = 0$，所以(3.1)式中

$$V_{BA} = V_B \rightarrow V_A = V_{BY} \rightarrow V_{AY} \tag{3.6}$$

$$\omega_{AB} = \frac{V_{BA}}{AB} = \frac{V_{BY} \rightarrow V_{AY}}{AB} \tag{3.7}$$

即一個剛體上兩點的速度沿兩點連線的投射分量必須相等，或者說一個剛體上兩點間的相對速度，必須與兩點的連線垂直。一個剛體上的角速度等於其上兩點間的相對速度除以兩點間的距離，如圖 3-9 所示。

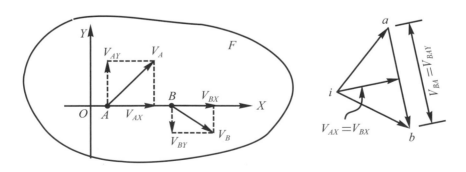

圖 3-9　同一剛體上兩點的速度(一個剛體上兩點的速度沿兩點連線的投射分量必須相等)

例題 1

如圖 3-10 所示，A、B 表示剛體 F 上之兩點，V_A 的方向與大小已知，V_B 的方向也已知(沿 $B\overline{B}$)但不知道其大小。因 F 是剛體，$\overline{AB}$ 兩質點間距離不變，故 AB 兩點沿連線上的分速度必相等，今將 V_A 分解成垂直與平行 AB 的兩個分量，而 $\overline{Aa_1} = \overline{Bb_1}$，從 b_1 點做 $\overline{AB}$ 沿線之垂直線，交 B 方向線 $B\overline{B}$ 於 b 點，則 $\overline{Bb} = V_B$。

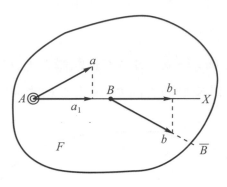

圖 3-10　$\overline{Aa_1} = \overline{Bb_1}$，$\overline{Bb} = V_B$

例題 2

如圖 3-11 所示，A、B、C 為剛體 F 上之不在一直線上之三點，A 點的速度為已知，B 點的速度僅知其方向為 $B\overline{B}$，試用向量分解與合成法求得 C 點的速度。

$$V_C = V_C 沿 \overline{AC} + V_C 垂直 \overline{AC} 的分速度或 V_C$$
$$= V_C 沿 \overline{BC} + V_C 垂直 \overline{BC} 的分速度$$

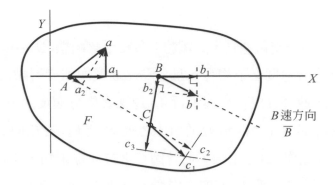

圖 3-11　$V_C = V_C 沿 AC + V_C 垂直 AC 的分速度$

將 V_a 分解成兩個分量，一個沿 AC 的分量就是 $\overline{Aa_2}$，另一個垂直 AC 的分量就是 $\overline{a_2a}$。在 AC 直線上，取 $\overline{Aa_2}=\overline{Cc_2}$，從 c_2 作垂線，此垂線表示 V_C 在 $\overline{AC}$ 線上的垂直分量。同理，再從 V_b 分解成兩個分量，一個沿 $\overline{BC}$ 就是 $\overline{Bb_2}$，另一個垂直 BC 的分量就是 b_2b。在 BC 線上取 $\overline{Bb_2}=\overline{Cc_3}$，分別從 c_2 及 c_3 作 $\overline{AC}$ 及 $\overline{BC}$ 之垂線，得交點 c_1，則 $\overline{Cc_1}=V_C$，此四邊形之對角線即 V_C。

例題 3　如圖 3-12 所示，A、B 及 C 為剛體 F 上共線的三點，已知 A 點的速度 Aa 及 B 點速度的方向 $B\overline{B}$，求 C 點的速度。

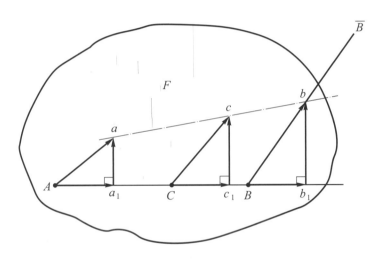

圖 3-12　$\overline{Aa_1}$ 等於 $\overline{Cc_1}$ 及 $\overline{Bb_1}$，$V_B=\overline{Bb}$

解

圖中，設此剛體 F 有一旋轉運動，此剛體上各點至該剛體之旋轉軸可以連成直線，而各點沿連線上的分速度必須相等，且各點之速度與離旋轉軸之距離，長短成正比。圖中將 A 點的速度分成垂直與平行 $\overline{AB}$ 連線之兩分速度，分別為 $\overline{Aa_1}$ 及 $\overline{a_1a}$，其中 $\overline{Aa_1}$ 等於 $\overline{Cc_1}$ 及 $\overline{Bb_1}$，從 b_1 點作 $\overline{AB}$ 之垂線交 V_B 之方向線 $B\overline{B}$ 於 b 點，則 $V_B=\overline{Bb}$，再從 c_1 點作 $\overline{AB}$ 之垂線，此時因 C 之方向線未知，所以 c 無法求得，但前已述及，c 點的速度必受 $\overline{AB}$ 速度之影響，今連結 $\overline{ab}$，交從 c_1 點所作 $\overline{AB}$ 之垂線於 c 點，即 $\overline{Cc}=V_C$。

例題 4

如圖 3-13 所示，A、B、C 及 D 為剛體 F 上之四點，其中 A、B 及 D 三點共線，圖中 V_a 之大小及方向已知，V_b 的方向亦為已知，求 V_b、V_c 及 V_d 之大小及方向。

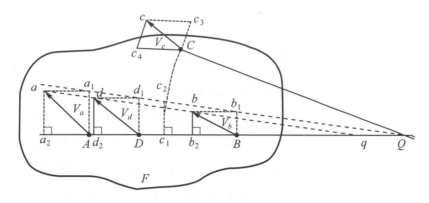

圖 3-13　V_a 之大小及方向已知，V_b 的方向亦為已知，求 V_b、V_c 及 V_d 之大小及方向

解

利用例題三即圖 3-12 之方法，可求得 V_b 及 V_d 之速度。圖中將比例線 a_1b_1 延長，與 AB 之延線相交於 Q 點(Q 點的位置有時不一定在剛體上)。由圖中得知，Q 點延 $\overline{AB}$ 連線上的分速度 $\overline{Qq} = \overline{Aa_2} = \overline{Dd_2} = \overline{Bb_2}$，連結 $\overline{QC}$，在 C 點，其線速度 $\overline{Cc_4}$ 等於 $\overline{Aa_2}$ 且平行於 $\overline{Aa_2}$。 Q 點的求法也可以用下述的方法求出，只要將 $\overline{ab}$ 線延長，當 AB 的延線相交於 q 點，由 q 點延長 Aq 至 Q 點，取 $\overline{qQ}$ 等於 $\overline{Aa_2}$，則 Q 點的位置亦可確定，其中 $\overline{Qa_1}$ 線與 $\overline{qa}$ 線是平行的。

V_c 的求法如下，以 Q 為圓心，將 $\overline{QC}$ 之線長移到 AB 線上得交點 c_1，在 c_1 作 $\overline{AB}$ 之垂線，與 $\overline{a_1b_1}$ 線交於 c_2 點，則 $\overline{c_1c_2}$ 即為 V_c 在直線 $\overline{AQ}$ 上的分速度。再在 C 點作 $\overline{Cc_3}$ 等於 $\overline{c_1c_2}$ 且垂直於 $\overline{QC}$，以 $\overline{Cc_4}$ 及 $\overline{Cc_3}$ 為兩邊作平行四邊形，其對角線即是 V_c。其中 Cc_4 剛體 F 沿 $\overline{AB}$ 方向之平移速度，而 $\overline{Cc_3}$ 是剛體 F 繞 Q 旋轉在 C 點的線速度。

例題 5

如圖 3-14 所示，為一搖擺滑塊曲柄機構，曲柄 2 與滑塊 4 在 A 點用活動接頭相連，當曲柄 2 做迴轉運動時，可使滑塊 4 沿搖桿 3 上的 $\overline{BC}$ 直線部份滑動，A 點是曲柄 2，滑塊 4 及搖桿 3 等三個機件的重合點(樞紐)，圖中 $\overline{Aa_2}$ 表曲柄轉動時，在 A 點的切線速度，即 $\overline{Aa_2}$ 垂直於 $\overline{AQ_2}$ 之曲柄。若將 $\overline{Aa}$ 的速度分解成垂直虛線 $\overline{Q_3A}$ 的分速度 $\overline{Aa_3}$ 及平行於 $\overline{BC}$ 直線的 $\overline{a_3a_2}$ 分速度，則 $\overline{Aa_3}$ 是代表搖桿 3 擺動時，在 A 點的速度。$\overline{a_3a_2}$ 是代表滑塊 4 沿 $\overline{BC}$ 部份作直線運動時之速度，即

$$\overline{Aa_2} = \overline{Aa_3} + \overline{a_3a_2} \tag{3.8}$$

上式也可以寫成：曲柄 2 在 A 點的速度 $V_a =$ 搖桿 3 在 A 點的速度＋滑塊 4 的速度，如圖 3-15 所示。

垂直於 $\overline{BC}$ 之速度 $\overline{Ax}$，是搖桿 3 在 A 點之速度 $\overline{Aa_3}$ 及垂直於 $\overline{BC}$ 的分量 $\overline{Ax}$，其關係式如下(如圖 3-14 所示)。

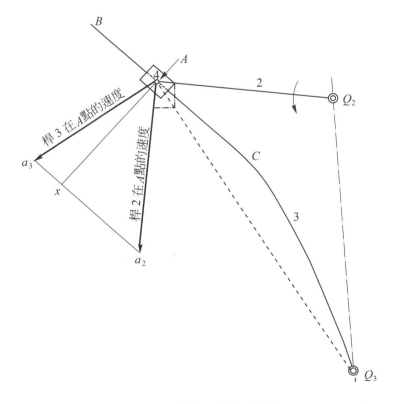

圖 3-14　$\overline{Aa_2} = \overline{Aa_3} + \overline{a_3a_2}$

$$Aa_3 = Ax \mapsto x\,a_3 \tag{3.9}$$

而搖桿 3 在 A 點的速度＝搖桿 3 在 A 點速度垂直於 BC 的分量＋搖桿 3 在 A 點速度沿 $\overline{BC}$ 的分量。

$\overline{Ax}$ 同時也是曲柄 2 在 A 點的速度垂直於 $\overline{BC}$ 的分量，如圖 3-16 所示。

$$Aa_2 = Ax \mapsto xa_2 \tag{3.10}$$

即曲柄 2 在 A 的速度＝曲柄 2 在 A 點速度垂直於 $\overline{BC}$ 的分量＋曲柄 2 在 A 點的速度沿 $\overline{BC}$ 的分量。

圖 3-15　$\overline{Aa_3} = \overline{Ax} \mapsto \overline{xa_3}$

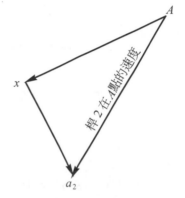

圖 3-16　$\overline{Aa_2} = \overline{Ax} \mapsto \overline{xa_2}$

例題 6

圖 3-17 中試用速度分解與合成法，求機構運動至圖示位置時，搖桿端點 C 之速度及 BC 桿角速度。已知曲柄 $\overline{AB}$ 長 = 10 公分，ω_{AB} = 3 rad/sec，$\overline{BC}$ 長 = 5 公分，$\overline{CD}$ 長 = 15 公分。

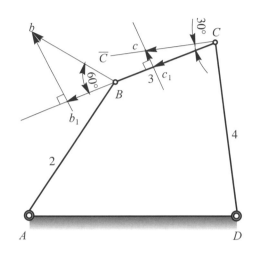

圖 3-17　求搖桿端點 C 之速度及 $\overline{BC}$ 桿角速度

解

(1) 作圖法

$$\because V_B = \overline{Bb} = R_2 \omega_2 = 10 \times 3 = 30 \,(\text{cm/sec})$$

取速度比例尺 K_v = 30 cm/sec，則圖上 $V_b = \overline{Bb}$ = 1 公分長表示。因 B、C 為同一桿上的兩點，$\overline{Bb_1} = \overline{Cc_1}$，$C$ 點速度的方向必須與 $\overline{CD}$ 桿垂直，從 c_1 作垂線交 $C\overline{C}$ 於 c 點，則 $\overline{Cc}$ 為 V_c，圖中若由尺量得 V_c = 0.58 公分，即表 V_c = 0.58 × 30 = 17.4 cm/sec。

(2) 計算法

若已知 V_B 的速度與 BC 桿成 60°，而 V_c 的速度與 BC 桿成 30°，則

$$Bb_1 = Vb \cos 60° = 30 \cos 60° = 15 \,\text{cm/sec} = \overline{Cc_1}$$

$$V_C = \frac{Cc_1}{\cos 30°} = \frac{15}{\cos 30°} = \frac{15}{0.866} = 17.3 \,(\text{cm/sec})$$

而

$$\omega_{BC} = \frac{\overrightarrow{V_B} - \overrightarrow{V_C}}{BC} = \frac{V_B \sin 60° - V_C \sin 30°}{5}$$

$$= \frac{30 \sin 60° - 17.3 \sin 30°}{5} = \frac{26 - 8.65}{5} = \frac{17.35}{5} = 3.47 \,(\text{rad/sec})$$

例題 7

如圖 3-18 中，曲柄 $\overline{Q_2A}$ 的角速度是逆時針方向，每分鐘 100 轉，即 $N = 100$rpm。$\overline{Q_2A}$ 長 30 公分，其他機件也以相同的比例 k_s 的 1cm ＝ 10cm 畫出(即圖上 1 公分等於實物 10cm)，$k_v = 3$ m/sec，求 V_b、V_c、V_d 及 V_e。

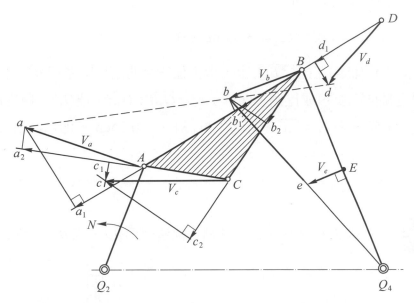

圖 3-18　　$V_a = 3.14$ (m/sec)，$V_d = \overline{Dd} \times K_v$，$V_c = \overline{Cc} \times K_v$

解

$$V_a = \pi DN = 2\pi RN = \frac{2\pi Q_2 AN}{60 \times 100}\text{m/sec} = \frac{2\pi \times 30 \times 100}{60 \times 100} = 3.14 \text{ (m/sec)}$$

$$V_a = \frac{3.14}{3} = 1.05 公分(圖上實長)$$

圖中按比例畫出 $V_a = \overline{Aa}$，且垂直於 $\overline{Q_2A}$。若將 V_a 分解成與連桿 ABD 垂直及平行的兩分量 $\overline{Aa_1}$ 及 $\overline{a_1a}$。在 B 點，取 $\overline{Bb_1} = \overline{Aa_1}$，又於 b_1 點作 $\overline{AB}$ 之垂線，與 $\overline{Q_4B}$ 之垂線 $\overline{Bb}$ 相交於 b 點。則 $\overline{Bb}$ 為 B 點的速度。按比例尺求得 $\overline{Bb}=0.66$ 公分即表示 $V_b = 0.66 \times 3 = 1.98$ m/sec(因 B 點在搖桿 $\overline{Q_4B}$ 上，當 $\overline{Q_4B}$ 擺動時，連桿上任一點的線速度，如 B 點，一定垂直於半徑 $\overline{Q_4B}$。Bb 即為 V_b 的大小及方向)。

D 點速度求法：取 $\overline{Dd_1}$ 等於 A 點分速度 $\overline{Aa_1}$，在 d_1 點作連桿 $\overline{AD}$ 之垂直線，與比例線 ab 延線相交於 d 點，連 $\overline{Dd}$，則 $V_d = \overline{Dd}$，即

$$V_d = Dd \times K_v = 0.663 \times 3 = 1.989 \, (\text{m/sec})$$

C點速度求法如下，將V_a分解成沿$\overline{AC}$與垂直$\overline{AC}$的兩個分速度，即$\overline{Aa_2}$及$\overline{aa_2}$。取$\overline{Cc_1}$等於V_a之分速度$\overline{Aa_2}$，又將V_b分解成沿BC與垂直$\overline{BC}$之兩個分速度，即$\overline{Bb_2}$與$\overline{b_2b}$。取$\overline{Cc_2}$等於V_b分速度$\overline{Bb_2}$。分別從c_1點與c_2點作AC與BC之垂線相交於c點，連Cc，則$Vc = \overline{Cc}$，即

$$V_c = Cc \times K_v = 1.026 \times 3 = 3.08 (\text{m/sec})$$

E點速度求法，因E點在搖桿$\overline{BQ_4}$上，桿上任一點的速度除了與$\overline{BQ_4}$垂直外，其大小與距固定軸Q_4之長短成比例，即$V_b : V_e = \overline{Q_4B} : \overline{Q_4E}$。連$Q_4b$，與從$E$點畫$Q_4B$之垂線相交於$e$點，則$V_e = \overline{Ee}$。若圖中量得$\overline{Ee} = 0.35\text{cm}$，即$V_e = 0.35 \times 3 = 1.05$（m/sec）

例題 8　如圖 3-19 所示，已知A點之線速度為$\overline{Aa}$，求B、C與D之線速度。

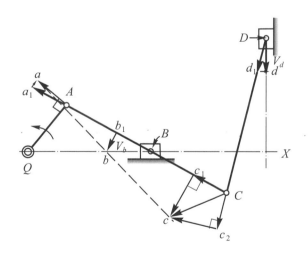

圖 3-19　已知A點之線速度為Aa，求B、C與D之線速度

解

將Va分解成沿$\overline{ABC}$與垂直$\overline{ABC}$的兩個分量，$\overline{Aa_1}$與$\overline{a_1a}$，取$\overline{Bb_1}$，$\overline{Cc_1}$等於$\overline{Aa_1}$因滑塊B的運動被限制，只能沿導路的滑槽內QX作水平的往復運動。從b_1點作連桿$\overline{AB}$之垂線，與$\overline{QX}$直線相交於b點，則$\overline{Bb}$等於V_b。

C點速度求法：連結比例線 $\overline{ab}$ 並延長之，從 c_1 點作 $\overline{AC}$ 之垂線，與比例線 $\overline{ab}$ 相交於 c 點，連結 $\overline{Cc}$，則 $V_c = \overline{Cc}$。

D點速度求法：延長 $\overline{DC}$ 並從 C 點作 $\overline{DC}$ 之垂線而得到 c_2 點，作 $\overline{Cc_2} = \overline{Dd_1}$，由 d_1 點作 $\overline{DC}$ 之垂線並交滑塊在 D 點之向下速度方向線而得到 d 點，此 $\overline{Dd}$ 即為滑塊 D 之速度 $V_d = \overline{Dd}$。

例題 9

如圖 3-20 所示，曲柄 2 繞固軸 Q_2 作逆時針方向旋轉，已知 $\overline{Aa}$ 為曲柄 2 在 A 點的線速度，求 B 點與 C 點的速度。

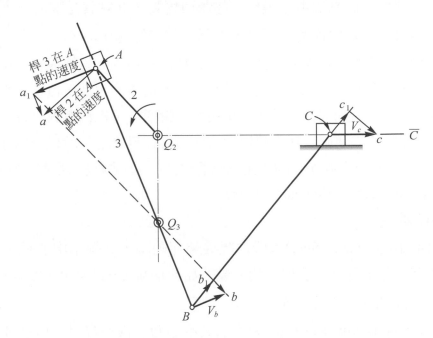

圖 3-20　Aa 為曲柄 2 在 A 點的線速度，求 B 點與 C 點的速度，$V_b = \overline{Bb}$，$V_c = \overline{Cc}$

解

將曲柄 2 在 A 點的速度(即 V_a)分解成與連桿 3 垂直及平行的兩分速度，$\overline{Aa_1}$ 與 $\overline{a_1a}$。於是 Aa_1 為連桿 3 有 A 點的線速度(即連桿 3 的 V_3)，$\overline{a_1a}$ 為滑塊 A 在連桿 3 上的滑動速度。連結 $\overline{a_1Q_3}$ 並延長之，與從 B 點所作 B 點速度的方向線相交於 b（$\overline{Bb}$ 必垂直連桿 $\overline{AB}$），利用兩三角形 Q_3Aa_1 與 Q_3Bb 相似的原理，即知 $V_b = \overline{Bb}$。

C點速度求法：將V_b分解成與連桿$\overline{BC}$垂直及水平的兩個分速度$\overline{Bb_1}$及$\overline{b_1b}$。在$\overline{BC}$的延線上，取$\overline{Bb_1}$等於$\overline{Cc_1}$，從c_1點作$\overline{BC}$之垂線，其與滑塊C運動的方向線($Q_2\overline{C}$)相交於c點，則$V_c = \overline{Cc}$。

3-6 瞬心的定義

1. **瞬心(Centro)的定義**

    (1) 兩物體共有的一點，這點就是瞬心。

    (2) 一物體恆以此點爲中心繞另一物體而轉動，此點就是瞬心。

    (3) 兩物體在此點的線速度相等，亦稱爲瞬時等速中心。

    任何物體的運動雖然很複雜，但不外乎包括直線運動、旋轉運動及由直線與旋轉組合而成的平面運動，或是立面運動。而機構中的大部份機件，均可視爲係繞一固定軸或一活動軸轉，且活動軸在任何瞬間均可視爲與固定軸具有同一特性。若是瞬時直線運動，其旋轉運動的中心必在無限遠，所以一個運動物體，在任何時刻都有一個瞬時中心(固定軸或活動軸)，這個瞬時心也就是瞬心(Centros instantaneous centers，instantcenters)。

2. **瞬心的種類**

    (1) 固定中心(Fixed center)：機件繞機架運動時，其軸承中心線上的一點，稱之。此中心常爲機架上的一點，如曲柄軸(Crank shaft)之旋轉中心，如圖 3-21 所示的$\overline{12}$及$\overline{14}$。

    (2) 永久中心(Permanent centers)：永久中心乃一機件繞另一機件運動時，其軸承中心線上的一點，如$\overline{23}$與$\overline{34}$。

    (3) 瞬時中心(Instantaneous centers)：機件繞另一機件運動時，在空中共有之一點，此點在相鄰兩連桿之延長線上，如$\overline{13}$與$\overline{24}$。

3. **瞬心總數與甘乃迪(Kennedy's theorem)三心定律**

    (1) 瞬心總數：因一個機構中，每兩個機件間必有一個瞬心，若這個機構有N件，則瞬心總數爲

$$C = N(N-1)/2 \tag{3.11}$$

例題 10 求圖 3-21 之四連桿，其瞬心位置。

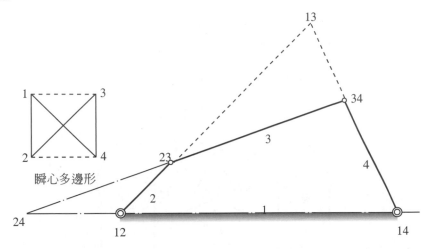

圖 3-21 瞬心位置(固定中心：12 及 14，永久中心：23 與 34，瞬時中心：13 與 24)

解

瞬心數目 $= \dfrac{4(4-1)}{2} = 6$

連桿數目 1 2 3 4

連桿數目 $\begin{cases} ⑫⑭㉓㉞ \\ 13 \quad 14 \\ ⑭ \end{cases}$

(2) 甘乃迪三心定律：當三個物體互作相對運動時，只有三個瞬心，且三個瞬心恆在一直線上，此謂三心定律(Law of three centers)，如圖 3-22 所示。由圖上，三機件 F、G 及 H 互作相對運動必有三個瞬心，即 FG、GH 與 FH。其中機件 F 繞 G 運動，活動銷 FG 為已知瞬心，又機件 H 繞 G 運動，活動銷 GH 也為已知瞬心，另外第三個瞬心 FH，也是連桿 F 與 H 的共有點，在共有點上，F 與 H 必分別有相同的線速度，同時 FH 必須與 FG 及 GH 在同一條直線上。

圖中，連接已知瞬心 FG 與 GH 直線，假設未知瞬心 FH 在 P 處，對連桿 F 來說，在 P 點有線速度 V_F 垂直 $FG-P$ 半徑，對連桿 H 來說，在 P 點也有線速度 V_H 垂直 $GH-P$ 半徑，若 V_F 與 V_H 具有相同的線速率，但方向不一致，因此P不是瞬心(因根據心定義，若P為F與H的瞬心，則V_F必須等於V_H，今兩速率可能相等，但方向不同，相對速度不為0，所以不是瞬心)。若將P點放在FG與GH連線上之K處，即三瞬心共線，則在K點，連桿F與H分別有相同的線速度，相對速度必為0，所以K是瞬心，但K點的位置只知道在FG與GH的連線上，確實位置要依連桿F與H的相對運動來決定。

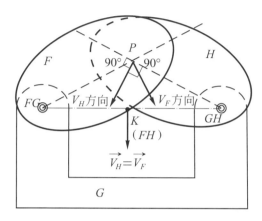

圖3-22　甘乃迪三心定律(三個物體互作相對運動時，三個瞬心恆在一直線上，此謂三心定律)

4. 瞬心的決定法

(1) 基本判定法

① 以迴轉對偶相連接的兩機件，其瞬心即在迴轉中心，如圖3-23所示。

② 以滑動對偶相連接的兩機件，若滑動路線為直線，則瞬心位置必在垂直該動路之線上無窮遠處。若動路為曲線，則瞬心即為曲率中心。若動路不詳，則瞬心在接觸點之公法線上，如圖3-24所示。

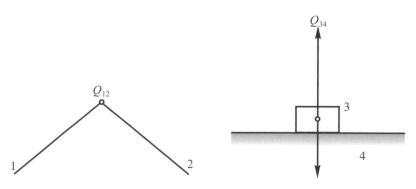

圖3-23　兩機件之瞬心(瞬心即在迴轉中心)　圖3-24　滑塊之瞬心(瞬心在接觸點之公法線上)

③ 以滾動接觸的兩機件，瞬心即接觸點，如圖 3-25 所示。

(2) 以三心定理決定瞬時中心位置(甘乃迪定理之應用)如圖 3-26 所示

① 機件(1 與 2)、(2 與 3)、(3 與 4)及(4 與 1)皆爲迴轉對偶，故瞬心 Q_{12}、Q_{23}、Q_{34}、Q_{14} 可以決定。

② 機件(1、2 與 3)作相對運動，故 Q_{12}、Q_{23} 與 Q_{13} 必在一直線上；機件 (1、3 與 4)作相對運動，Q_{14}、Q_{13} 與 Q_{34} 必在一直線上，兩線之交點 即可求得 Q_{13} 之位置。

③ 同理，Q_{34}、Q_{23} 與 Q_{24} 及 Q_{12}、Q_{14} 與 Q_{24} 在同一直線上，兩線交點即可 求得 Q_{24} 之位置。

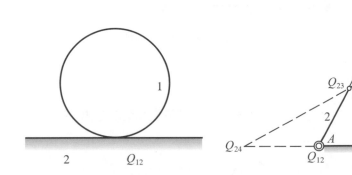

圖 3-25　滾動機件之瞬心(瞬心即接觸點)　　圖 3-26　四連桿之瞬心(以三心定理決定瞬時中心位置)

3-7　用瞬心法以求解機件的線速度與角速度

例題 11　已知 B 點的線速度 V_B，求 V_C 及 V_B 與 V_C 的關係。

解

圖 3-27 之 $\overline{AB}$ 爲原動曲柄，$\overline{AD}$ 爲固定桿，$\overline{CD}$ 爲從動曲柄，$\overline{BC}$ 爲連桿，$\overline{BC}$ 圍繞瞬心 Q 繞動。該 Q 點係 $\overline{BC}$ 桿與機架 $\overline{AD}$ 之瞬時中心，即由連桿 B 點與 C 點所作 V_B 與 V_C 垂線交點，其速度(V_B)與 V_C 係與瞬心 Q 至 B 及 C 之距離成正比，故

$$V_C : V_B = \overline{QC} : \overline{QB}$$

$$V_C = \omega_{CD} \times \overline{CD}$$

$$V_B = \omega_{AB} \times \overline{AB}$$

$$\frac{\omega_{CD}}{\omega_{AB}} = \frac{\overline{AB} \times \overline{QB}}{\overline{CD} \times \overline{QC}} \tag{3.12}$$

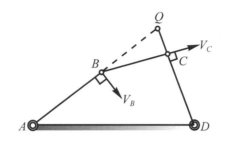

圖 3-27　$V_C = \omega_{CD} \times CD$，$V_B = \omega_{AB} \times AB$

例題 12　如圖 3-28 中，已知V_B的速度，求J點及K點的速度。

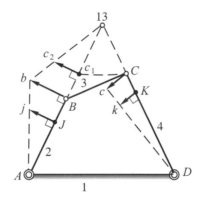

圖 3-28　已知V_B的速度，求 J 點及 K 點的速度

解

(1) 先找出$\overline{BC}$桿運動的瞬心 13。

(2) 連接Ab及 13 線。

(3) 由J點作垂直AB桿之速度線，交$\overline{Ab}$於j點，則Jj即表J點的速度長，V_J為所求。

(4) 以瞬心 13 為中心，13－C為半徑畫圓弧，交 13 於c_1點，由c_1點作垂線，交 13 於c_2點，則$c_1 c_2$即為C點的線速度。

(5) 將$\overline{c_1c_2}$移回C點，則$V_C=\overline{Cc}$。

(6) 連結$\overline{Dc}$，從K點作垂直$\overline{CD}$桿之速度線交$\overline{Dc}$於k點。

(7) $\overline{Kk}$即表K點的速度V_K。

例題 13　如圖 3-29 所示，已知B點的速度V_B，求C、D與E點速度。

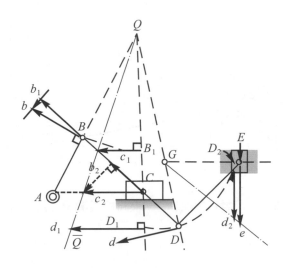

圖 3-29　已知B點的速度V_B，求 C 、 D 與E點速度

解

(1) 先求得連桿$\overline{BD}$與機架之瞬時中心Q及連桿$\overline{DE}$與機架之瞬時中心G。

(2) 以Q為中心，$\overline{QB}$為半徑逆時畫弧，交$\overline{QC}$於B_1點，將B點的速度V_b，(即$\overline{Bb}$)移至B_1點並垂直於$\overline{QC}$線。

(3) 連結$\overline{Qb_2}$線並延長至$\overline{Q}$。

(4) 從C點作滑塊運動的動向線，交$Q\overline{Q}$於c_2點，則$V_C=\overline{Cc_2}$。

(5) 以Q點為中心，$\overline{QD}$為半徑畫弧，交$\overline{QC}$延線於D_1點，從D_1點作$\overline{QD_1}$垂線交$Q\overline{Q}$於d_1，則$V_d=\overline{D_1d_1}$，將$\overline{D_1d_1}$移至$\overline{Dd}$並垂直$\overline{QD}$，則$V_d=\overline{Dd}$(因動點在D點)。

(6) 以連桿$\overline{DE}$之瞬時中心G為圓心，$\overline{GD}$長為半徑畫圓弧交$\overline{GE}$線於D_2點，並將V_d移至D_2，使$\overline{D_2d_2}=\overline{Dd}$，連結$Gd_2$並延長之。

(7) 從E點作GE之垂線，並延長之，交$\overline{Gd_2}$延線於e點，則$V_e=\overline{Ee}$為所求。

例題 14

如圖 3-30 所示之滑塊曲柄機構，瞬心 14 在無窮遠處，已知瞬心 23 之速度，求曲柄與滑塊之角速度比。

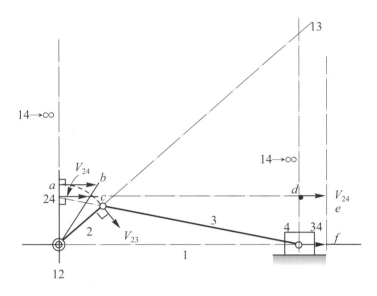

圖 3-30　滑塊曲柄機構，求曲柄與滑塊之角速度比

解

以瞬心 12 為圓心，12-23為半徑，作圓弧與12-14直線相交於a點，取ab垂直於12-14並等於V_{23}，連結b-12。在瞬心 24 點，作24-12之垂線，交b-12於c點，則$V_{24} = 24$-c，V_{24}為向右水平運動，而滑塊 4 的運動方向限制在向右之水平方向，延長24-c交34-13於d點，取$V_{24} = de$，從e點作ef平行於13-34，則34-f為V_{34}。如視瞬心 24 屬於連桿 2，則$V_{24} = \omega_2(24$-$12)$，如視瞬心 24 屬於滑塊 4，則$V_{24} = \omega_4(24$-$14)$。但對於連桿 2 與滑塊 4 而言，瞬心 24 的速度應相同，所以

$$\omega_4(24$-$14) = \omega_2(24$-$12)$$

$$\frac{\omega_4}{\omega_2} = \frac{24$-$12}{24$-$14}$$

此公式說明，相鄰兩機件有一個共同的瞬心，此瞬心至各連桿的旋轉中心的距離之比與該兩連桿的角速度比成反比。

例題 15　如圖 3-31 所示，已知瞬心 23 的速度，求瞬心 34 的線速度。

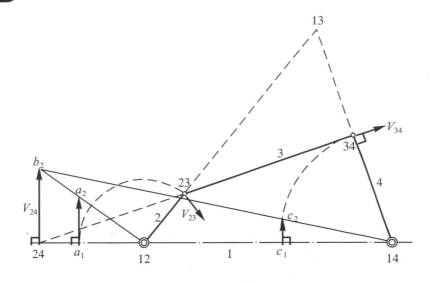

圖 3-31　曲柄搖桿機構(已知瞬心 23 的速度，求瞬心 34 的線速度)

解

(1) 先求出迴轉桿 2 與 4 的瞬心 24，並將 V_{23} 移至水平線上之 a_1 點，$\overline{a_1 a_2} = V_{23}$。

(2) 連 $12-a_2$ 並延長之，交從 24 點所作 $14-24$ 之垂線於 b_2 點，則 $V_{24} = 24-b_2$。

(3) 依據瞬心定義，瞬心 24 為迴轉桿 2 與 4 共有，共速度應相同，即 $V_2 = V_4 = V_{24}$。
迴轉桿 2 上所有的點均以瞬心 12 為圓心旋轉，瞬心 23 與 24 均屬於轉桿 2 上的點，所以

$$V_{24} = V_{23}\left(\frac{12-24}{12-23}\right)$$

(4) 以瞬心 12 為圓心，$12-23$ 為半徑畫弧，與 $12-24$ 直線相交於 a_1 點，取 $\overline{a_1 a_2}$ 垂直 $12-24$ 並等於 V_{23}。

(5) 因瞬心 24 屬於迴轉桿 4 的一點，而瞬心 34 也屬於連桿 4 上的一點，連桿 4 繞瞬心 14 旋轉，利用相似三角形定律，三角形 $24-b_2-14$ 相似於三角形 $c_1 \cdot c_2 \cdot 14$，求出

$$V_{34} = V_{24}\left(\frac{14-34}{14-24}\right)$$

(6) 以 14 爲圓心，14−34爲半徑作圓弧，與12−14直線相交於c_1點，則$\overline{c_1 c_2} = V_{34}$。

(7) 在瞬心 34，作34−14之垂線，在此垂線上取$\overline{c_1 c_2}$之長，則得V_{34}。

例題 16　如圖 3-32 所示已知V_A的速度等於$\overline{Aa}$，利用瞬心法，求B、C與D點的速度。

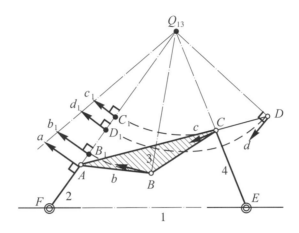

圖 3-32　已知 V_A 的速度等於 Aa，利用瞬心法，求B、C與 D 點的速度

解

已知點A、B、C及D四點皆在連桿 3 上，並繞瞬心Q_{13}迴轉，以Q_{13}爲原心，$Q_{13}-C$、$Q_{13}-B$、$Q_{13}-D$爲半徑逆時畫圓弧，交$Q_{13}-A$於D_1、B_1、C_1點，分別從D_1、B_1、C_1作$\overline{Q_3 A}$之垂線，交$Q_{13}-a$於d_1、b_1及c_1點，則$V_d = \overline{D_1 d_1}$，將$D_1 d_1$移回D使$\overline{Dd}$垂直$\overline{Q_{13} D}$並等於$\overline{D_1 d_1}$，即$V_d = \overline{Dd}$，同理，$V_b = \overline{B_1 b_1}$，$V_c = \overline{C_1 c_1}$將$\overline{B_1 b_1}$，$\overline{C_1 c_1}$移回B點及C點，則$V_b = \overline{Bb}$，$V_c = \overline{Cc}$。

例題 **17**　　求圖 3-33 急回機構的瞬心位置。

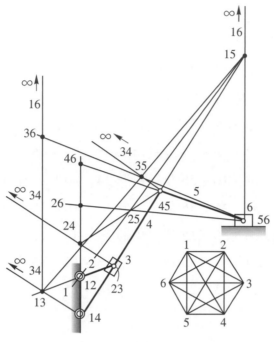

圖 3-33　急回機構的瞬心位置

解

(1) 由圖中得知此機構有六個機件，依瞬心法其瞬心數目為

$$C = \frac{6(6-1)}{2} = 15$$

(2) 利用列表法，依次將瞬心列出，並將已知瞬心畫線。

機件	1	2	3	4	5	6
	<u>12</u>	<u>23</u>	<u>34</u>	<u>45</u>	<u>56</u>	
	13	24	35	46		
瞬心	<u>14</u>	25	36			
	15	26				
	<u>16</u>					

(3) 利用瞬心多邊形法，畫一輔助正六邊形，由任已知之兩瞬心，求解另一未知瞬心，如圖 3-33 右下方所示。

(4) 分別求解各未知瞬心

① 求解心 13，因三瞬心 13、12 及 23，與另三瞬心 14、34、13 分別在一直線上，只有瞬心 13 未知，由以上兩直線的交點，得解瞬心 13。

② 求瞬心 24，因三瞬心 12、14 及 24，與另三瞬心 23、24 及 34，也分別在一直線上以上兩直線的交點，得解另一瞬心 24。

③ 同理從三角形 14、16、46 及三角形 45、56、46 中，求出未知瞬心 46。

④ 同理從三角形 12、16、26 及三角形 24、46、26 中，求出未知瞬心 26。

⑤ 同理從三角形 34、46、36 及三角形 13、16、36 中，求出未知瞬心 36。

⑥ 同理從三角形 16、56、15 及三角形 14、45、15 中，求出未知瞬心 15。

⑦ 同理從三角形 34、45、35 及三角形 13、15、35 中，求出未知瞬心 35。

⑧ 同理從三角形 23、35、25 及三角形 12、15、25 中，求出未知瞬心 25。

3-8 速度的瞬時軸

1. 瞬時軸意義

機械上的某些機件，常繞一固定軸或繞一活動軸迴轉，此運動的軸在瞬時間可認爲是固定軸，而具固定軸相同的性質。

例如機械上的曲柄繞固定軸迴轉或擺動，連桿則以某種角速度繞瞬時軸旋轉，而曲柄上或連桿上任一點的線速度必與該點至固定軸或瞬時軸的距離成正比例。

如圖 3-34 所示，一個形狀不規則的連桿，設 A 點的線速度 V_a 爲已知(已知大小及方向)，另一點 B 的線速度，僅知其方向 BX，欲求此連桿的瞬時軸，可以分別在 A 點及 B 點做 V_a 及 V_b 的兩垂線，若相交，其交點 Q 則表示此連桿以 Q 爲

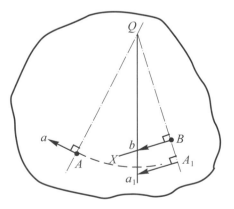

圖 3-34　速度的瞬時軸

瞬時軸作旋轉運動。若此兩垂線平行，無交點，則表示連桿僅作平移運動。如欲求V_b的大小時，則以Q點為圓心，$\overline{QA}$為半徑逆時畫圓弧，交$\overline{QB}$延線於A_1點，從A_1作QA_1之垂線，取$\overline{A_1 a_1} = Va$。連結$\overline{Qa_1}$線，並從B點作$\overline{QB}$之垂線得交點b，則$V_b = \overline{Bb}$。由三角形QBb相似於三角形QA_1a_1並可得知同一根桿上任一點的線速度與瞬時軸的距離成正比。

2. **利用瞬時軸求速度的原則**

   (1) 同一剛體的速度瞬時軸(即時中心或稱瞬心)，為剛體上任意兩點運動方向垂線之交點。

   (2) 瞬時軸已知時，連桿上各點瞬間之絕對速度與各距至瞬軸的距離成正比，且垂直於各點至瞬時軸之連線。

3. **滾動物體的瞬時軸**

   如圖 3-35 所示，為一飛輪(Fly wheel)沿XY平面滾動。飛輪與平面接觸的點，Q就是瞬時軸。整個飛輪視同迴轉桿以Q為圓心在轉動，在飛輪上任一點的線速度必垂直於該點與Q點的連線，且其速度大小與距Q點的距離成正比例，如圖中$V_a = Aa$，則欲求飛輪上任一點B的速度，則可利用相似三角形定理，以求B點的速度。圖中先連接$\overline{QB}$直線，再以Q為圓心，$\overline{QA}$為半平徑逆轉畫弧交$\overline{QB}$直線於A_1點，從A_1點作$\overline{QB}$垂線使$\overline{A_1a_1} = V_a$。連接$\overline{Qa_1}$並延長之，交從B點所作$\overline{QB}$之垂線於b點，則$V_b = \overline{Bb}$為所求。

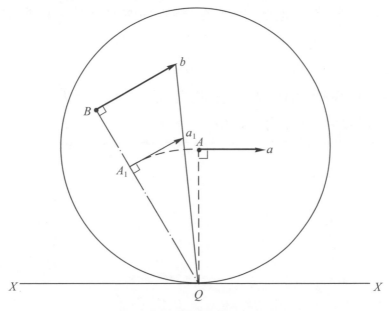

圖 3-35　滾動物體之瞬時軸

3-9 瞬時軸求解速度的應用

例題 18　如圖 3-36 所示，已知B點的速度V_b，求C點及BC連桿中點E的速度。

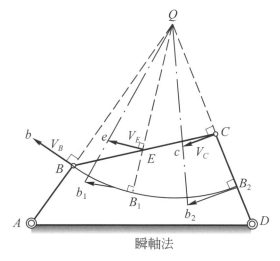

圖 3-36　已知B點的速度V_b，求C點及BC連桿中點E的速度

解

(1) 圖中C點速度V_c必垂直$\overline{CD}$桿。

(2) 由V_b及V_c垂線之交點，可求得連桿BC之瞬時軸Q (即$\overline{AB}$與$\overline{CD}$桿連線的交點)。

(3) 因連桿BC上任一點的速度與各點至瞬軸的距離成正比，且垂直於各點至瞬軸的連線。因此連結QE並延長之，與從Q點為圓心，$\overline{QB}$為半徑逆轉圓弧所得之交點為B_1，再從B_1作$\overline{QB_1}$之垂線，使$Bb = \overline{B_1 b_1}$。

(4) 連結$\overline{Q b_1}$，與從E點所作QE之垂線相交於點e，則$V_e = \overline{Ee}$。

(5) 同理，由圖解法，可求得$V_c = \overline{Cc}$。

例題 19 圖 3-37 中，A 點的速度 V_a 已知，利用瞬軸法求連桿 3 上的 B 點、C 點及 D 點的線速度，並求連桿 3 的角速度。

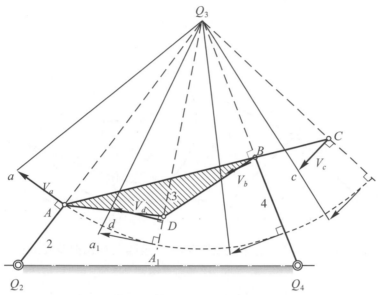

圖 3-37　A 點的速度 V_a 已知，利用瞬軸法求連桿 3 上的 B 點、
　　　　　　C 點及 D 點的線速度，並求連桿 3 的角速度

解

(1) 圖中，B 點的速度 V_b 必垂直 $\overline{BQ_4}$ 迴轉桿。

(2) 由 V_a 及 V_b 垂線之交點，可求得連桿 AB 之瞬時軸 Q_3（即 Q_2A 與 Q_4B 延線的交點）。

(3) 因連桿 BC 上任一點的速度與各點至瞬軸的距離成正比，且垂直於各點瞬軸的連線，因此先連結 $\overline{Q_3D}$ 並延長之，與 Q_3 點為圓心，$\overline{Q_3A}$ 為半徑逆時畫弧所得之交點為 A_1，再從 A_1 作 Q_3A_1 之垂線，使 $V_a = \overline{A_1a_1}$。

(4) 從 D 點作 $\overline{Q_3D}$ 之垂線交 Q_3a_1 於 d 點，則 $\overline{Dd} = V_d$

　　即　$V_d = V_a \dfrac{\overline{Q_3D}}{\overline{Q_3A}}$

(5) 同理，可求得 $V_b = V_a \dfrac{\overline{Q_3B}}{\overline{Q_3A}}$，$V_c = V_a \dfrac{\overline{Q_3C}}{\overline{Q_3A}}$

(6) 因 $V_a = \omega_3 \times Q_3A$，因此

$$\omega_3 = \frac{V_a}{Q_3A} = \frac{V_b}{Q_3B} = \frac{V_c}{Q_3C} = \frac{V_d}{Q_3D} （順時針方向） \tag{3.13}$$

例題 20　求圖 3-38 中，有一飛輪，其中心點為C，在一水平面上滾動，已知A點的線速度為V_a，求飛輪上C點與D點的速度。

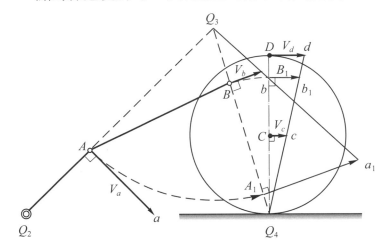

圖 3-38　已知A點的線速度為 V_a，求飛輪上 C 點與 D 點的速度

解

(1) 輪與水平面之接觸點Q_4，即為輪之瞬時軸。

(2) 因B點的線速度V_b必垂直$\overline{Q_4 B}$。

(3) 由V_a及V_b垂線之交點，可求得連桿AB之瞬時軸為Q_3(即$\overline{Q_2 A}$與$\overline{Q_4 B}$延線之交點)。

(4) 以Q_3為圓心，$\overline{Q_3 A}$為半徑逆時作圓弧，與$\overline{B Q_4}$交於A_1，從A_1點作$\overline{Q_3 Q_4}$之垂線，使$\overline{Q_1 Q_4}$之垂線，使$\overline{A_1 a_1} = V_a$。

(5) 連結$\overline{Q_3 a_1}$線，與從B點所作$\overline{Q_3 B}$之垂線交於b點，則$V_B = \overline{Bb}$。

(6) 以Q_4為圓心，$\overline{Q_4 B}$為半徑順時畫弧，交$\overline{Q_4 D}$於B_1點，從B_1點作$\overline{Q_4 D}$之垂線，使$\overline{B_1 b_1} = V_b$。

(7) 連結$\overline{Q_4 b_1}$並延長之，與從D點所作$\overline{Q_4 D}$之垂線交於d，則$V_d = \overline{Dd}$。

(8) 從C點作$\overline{Q_4 D}$之垂線，交$\overline{Q_4 d}$於c點，則$V_c = \overline{Cc}$。

3-10 相對速度

　　物理上所有的運動均為對某一座標的相對運動，但通常將地球視為一固定體，一切機械上的運動，對地球而言，都是絕對運動，而機件之間的運動為相對運動。圖 3-39 中，$V_甲$、$V_乙$ 分別為甲乙的絕對速度，而 $V_{甲乙}$ 則為甲對乙的相對速度，箭頭指向甲。

$$V_{甲乙} = V_甲 \rightarrow V_乙 (相對速度)$$
$$V_甲 = V_乙 \rightarrow V_{甲乙} (合速度)$$

　　如圖 3-40 所示，一迴轉體以角速度 ω 繞固定軸 Q 轉動，則依切線速度 $V = R\omega$ 之公式，則

$$V_a = \omega \times \overline{QA}$$
$$V_b = \omega \times \overline{QB}$$
$$V_c = \omega \times \overline{QC}$$

圖 3-39　相對速度$(V_{甲乙} = V_甲 \rightarrow V_乙)$

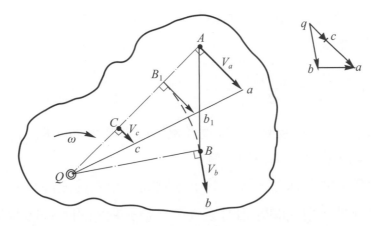

圖 3-40　$V_{ac} = V_a - V_c = \omega \times \overline{QA} - \omega \times \overline{QC} = \omega(\overline{QA} - \overline{QC}) = \omega \times \overline{CA}$

根據上式之相對速度公式得

$$V_{ac} = V_a - V_c = \omega \times \overline{QA} - \omega \times \overline{QC} = \omega(\overline{QA} - \overline{QC})$$
$$= \omega \times \overline{CA} \tag{3.14}$$

在圖外取一點q，取$\overline{qa}$平行且等於V_a，V_a及V_c均垂直於$\overline{QA}$，故V_c必在$\overline{qa}$直線上

$$V_c = \frac{V_a \times \overline{QC}}{\overline{QA}} = \overline{qc}$$

故　　　$V_{ac} = \overline{qa} - \overline{qc} = \overline{ca}$

$$V_{ac} = V_a - V_c = \omega \times \overline{QA} - \omega \times \overline{QC} = \omega(\overline{QA} - \overline{QC})$$
$$= \omega \times \overline{CA} \tag{3.15}$$

即在同一剛體上，任意兩點的相對速度，等於兩點絕速度的向量差，也等於此剛體的角速度乘以兩點間的直線距離。若欲求解此剛體之角速度，也可利用兩點之相對速度除以兩點間之距離，如

$$\omega_{ac} = \frac{V_{ac}}{CA}$$

求　　　　　$V_{ab} = V_a - V_b$

在多邊形上，畫$\overline{qb}$等於且平行V_b。連結$\overline{ab}$，則$V_{ab} = \overline{ba}$(箭頭方向為由b向a，若箭頭由a向b，則寫成$V_{ab} = \overline{ab}$)。

　　因為qa垂直$\overline{QA}$，qb垂直$\overline{QB}$，故$\triangle qab$的第三邊必定垂直$\triangle QAB$的第三邊，即$\overline{ab} \perp \overline{AB}$，即同一根剛體上，兩點間的相對速度必與連桿垂直，其角速度為兩點間相對速度除以兩點間的距離

$$\omega_{ab} = \frac{V_{ab}}{AB} = \frac{V_a - V_b}{AB}$$

而多邊形qab，就是速度多邊形，由速度多邊形可以很方便的求出相對速度。

　　由以上的說明，得知下列幾個結論：

(1)　一個剛體上的角速度，等於其上兩點間的相對速度除以兩點間的距離。

(2)　同一個剛體上兩點間的相對速度，必須與兩點間的連線垂直。

(3) 同一剛體上任意兩點，第一點的絕對速度等於此剛體上第二點的絕對速度與第一點對第二點的相對速度之向量和。

(4) 相對速度的方向與此剛體絕對角度速方向一致。

3-11 利用相對速度法以求解線速度與角速度

例題 21　圖 3-41 中已知 A 點的速度 V_a，求 B 點的速度。

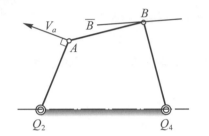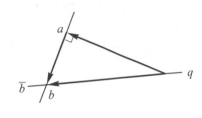

圖 3-41　已知 A 點的速度 V_a，求 B 點的速度

解

(1) 先在圖外任取一點 q。

(2) 從 q 點作 $\overline{qa}$ 平行且等於 V_a。

(3) 從 q 點作 V_b 之方向線 $q\overline{b}$，並垂直於 $\overline{Q_4 B}$ 線。

(4) 從 a 點作連桿 $\overline{AB}$ 之垂線交 $q\overline{b}$ 於 b 點，則 $V_b = \overline{qb}$。

(5) $\omega_{ab} = \dfrac{V_{ab}}{AB}$。

例題 22　圖 3-42 中，已知A點速度V_a，求B點、C點、M點及D點的速度，並求連桿 3 的角速度。

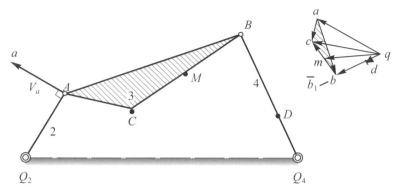

圖 3-42　已知A點速度 V_a，求B點、 C點、 M點及 D點的速度

解

(1) 求V_b的方法

　① 先在圖外，適當地方畫速度多邊形，並取任一點q。

　② 從q點畫qa平行且等於V_a(即qa垂直$\overline{Q_2 A}$)。

　③ 從q點畫平行B點的速度方向$q\overline{b_1}$，即$q\overline{b_1}$垂直$\overline{BQ_4}$。

　④ 從a點作一直線垂直$\overline{AB}$，與$q\overline{b_1}$相交於b點，則$V_b = \overline{qb}$，$V_{ab} = \overline{ab}$。

(2) 求V_c的方法

　因$V_c = V_a + V_{ca}$，$V_c = V_b + V_{bc}$

　① 從a點畫V_{ac}垂直$\overline{AC}$。

　② 從b點畫V_{bc}垂直$\overline{BC}$。

　③ 前兩項垂線的交點，就是c點，連結qc，則$V_c = \overline{qc}$，$V_{ca} = \overline{ac}$，$V_{bc} = \overline{cb}$。

(3) V_d的求法

　① 因D點在$\overline{BQ_4}$上，所以d點必在$\overline{qb}$上，依例法$\dfrac{\overline{qd}}{Q_4 D} = \dfrac{\overline{qb}}{Q_4 B}$。

　② 將d點的位置算出，則$\overline{qd} = V_d$。

(4) V_m的求法

　① 因M點在$\overline{BC}$上，所以m點也在bc上，依比例法$\dfrac{\overline{mc}}{MC} = \dfrac{\overline{bc}}{BC}$。

　② 將m點的位置算出，連結$\overline{qm}$，則$V_m = \overline{qm}$。

(5) 連桿 3 的角速度ω_3，可用下列公式求出

$$\omega_3 = \frac{V_{ba}}{AB} \qquad \omega_3 = \frac{V_{ca}}{CA} \qquad \omega_3 = \frac{V_{bc}}{BC}$$

速度多邊形可以被想像成機構圖上速度的像，好像是機構圖上的速度的一面鏡子，所以又稱速度影像法。

例題 23

如圖 3-43 中，已知曲柄$\overline{Q_2A}$為 20 公分長，以 60rpm 的角速度逆時旋轉，連桿$\overline{AB}$長 90 公分，用相對速度法求滑塊D的絕對瞬時線速度。又連桿$\overline{AB}$上有一點P，距A點為 30 公分，求P點的絕對瞬時線速度，並求連桿$\overline{AB}$的絕對瞬時角速度。

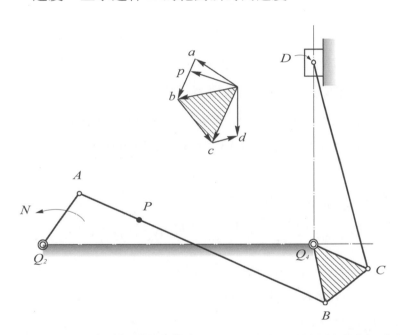

圖 3-43　求P點的絕對瞬時線速度，並求連桿AB的絕對瞬時角速度

解

$$V_a = \pi DN = 2\pi RN = \frac{2\pi \times Q_2A \times N}{100 \times 60} \text{ m/sec}$$

$$= \frac{6.28 \times 20 \times 60}{100 \times 60} = 1.25 \text{ m/sec}$$

(1) 求V_b的方法

    ① 設$K_v = 1$ m/sec並在圖上適當地方畫一點q，以做速度多邊形。

    ② 畫$\overline{qa} = V_a = 1.25/1.0 = 1.25$公分平行且等於$V_a$(即$\overline{qa}$垂直$\overline{Q_2A}$)

    ③ 由q點畫一條直線垂直$\overline{Q_4B}$，此表示V_b的方向。

    ④ 再由a點畫垂直$\overline{AB}$的直線(此垂線表示V_{ba}的方向)，交V_b的方向線於b點。

    ⑤ $V_b = \overline{qb}$，$V_{ba} = \overline{ab}$，V_{ba}的方向是由a向b。

(2) 求V_c的方法

    ① 由q作V_c的方向線$\overline{qc}$，即$\overline{qc}$垂直$\overline{Q_4C}$。

    ② 由b點作一直線垂直$\overline{BC}$，此垂線表示V_{cb}的方向。

    ③ 前二項垂線的交點是c點，於是$V_c = \overline{qc}$，$V_{cb} = \overline{bc}$，V_c的方向是由q向c，V_{cb}的方向是由b向c。

(3) V_d的求法

    ① 由q點作滑塊D的方向線$\overline{qd}$，此方向線平行於其運動行程。

    ② 由c點作一條線垂直$\overline{CD}$，此垂線表示V_{dc}的方向。

    ③ 前二項垂線交於d點，於是$V_d = \overline{qd}$，$V_{dc} = \overline{cd}$(方向由d向c)V_d在圖上為 1.13 公分，表$V_d = 1.13 \times K_v = 1.13 \times 1.0 = 1.13$(m/sec)。

(4) V_p的求法

    ① 在$\overline{ab}$直線上定p點，依比例法

$$\frac{\overline{ap}}{\overline{AP}} = \frac{\overline{ab}}{\overline{AB}}，ap = \frac{\overline{ab} \times \overline{AP}}{\overline{AB}} = \frac{1.05 \times 30}{90} = 0.35(\text{公分})$$

    ② 連結$\overline{qp}$，即$V_p = \overline{qp}$(由q至p)，量測得

$$V_p = 1.15 \text{ 公分} \times K_v = 1.15 \text{ (m/sec)}$$

(5) 連桿AB的角速度求法

$$\omega_{ab} = \frac{V_{ab}}{AB} = \frac{V_a - V_b}{AB} = \frac{\overline{ab} \times K_v}{AB} = \frac{1.05 \times 1}{\frac{90}{100}} = 1.17 \text{ (rad/sec)}$$

順時方向迴轉，因為V_{ba}是由a指向b，即連桿$\overline{AB}$以A為旋轉軸，$\overline{AB}$為半徑，V_{ba}是b對a的相對速度，作用於b點，使B繞A旋轉。

3-12 折疊法

以目前求解速度的最好方法是折疊法，因其方便，作圖簡單，尤其當紙張太小，而必須將瞬時軸畫在圖紙之外時，採用此法將有異曲同工之效。

例題 24 圖 3-44 中，A、B點速度已知，求C點之速度。

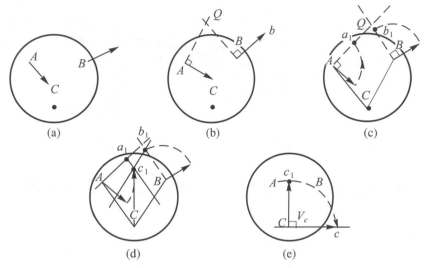

圖 3-44 折疊法(A、B點速度已知，求 C 點之速度)

解

(1) 先求出圓心物體的瞬時Q，如圖(b)所示。圖中分別做V_a及V_b的垂線，其交點Q即為瞬心。

(2) 分別以A及B點為圓心，V_a及V_b長為半徑畫圓弧交瞬心線$\overline{QA}$、$\overline{QB}$於a_1及b_1點。

(3) 於a_1及b_1點作$\overline{AC}$、$\overline{BC}$之平行線，相交於c_1點，則$\overline{Cc_1}$表V_c之大小。

(4) 連結$\overline{QC}$線，並將$\overline{Cc_1}$轉移至與$\overline{Cc}$垂直的方向(即轉摺90°)，則$V_c = \overline{Cc}$。

例題 25 如圖 3-45 中，已知 V_a 的速度 $\overline{Aa}$，利用折疊法求解B、C 與 D 的速度。

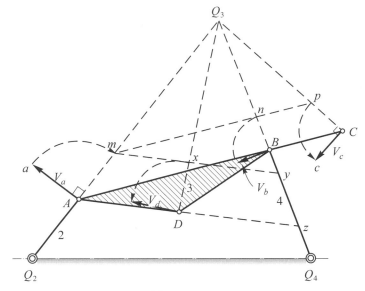

圖 3-45　已知 V_a 的速度 $\overline{Aa}$，利用折疊法求解B、 C 與 D 的速度

解

(1) 求解V_b

① 設瞬心Q_3因紙張關係無法定位，則分別由A點及B點作V_a，V_b的垂線(V_b垂直於$\overline{BQ_4}$)，此兩垂線的交點即為Q_3(但無法畫在紙上)。

② 以A點為圓心，$\overline{Aa}$為半徑順時畫圓弧交$\overline{AQ_3}$線於m點，再由m點作$\overline{AB}$的平行線，交V_b的垂線於n點，則Bn即為V_b之大小。

③ 證明$\overline{Bn}$為V_b的大小，因連桿上任一點其速度與距離瞬心的長短成正比例。即$V_b/V_a = \overline{Q_3 B}/\overline{Q_3 A}$。又根據平行三角形底邊的線段與二邊成比例的關係，得$\overline{Bn/Am} = \overline{Q_3 B}/\overline{Q_3 A}$，代入上式得$V_b/V_a = \overline{Bn/Am}$。

(2) 求V_c之方法

① 延長$\overline{mn}$線至p點，使$\overline{np} = \overline{BC}\left(\dfrac{\overline{mn}}{\overline{AB}}\right)$，因$\overline{BC}$、$\overline{mn}$及$\overline{AB}$線段長為已知，故$np$長可得知。

② 連結$\overline{Cp}$，並由C點作$\overline{Cp}$之垂線，取$\overline{Cp} = \overline{Cc}$，則$V_c = \overline{Cc}$。

(3) 求V_d的方法

① 延長$\overline{AD}$並交於$\overline{Q_4B}$於z點。

② 由m點作Az的平行線my，在my直線上，取$\overline{mx} = \overline{AD}\left(\dfrac{my}{Az}\right)$，因$\overline{AD}$、$\overline{my}$與$\overline{Az}$為已知，故$\overline{mx}$長可得知。

③ 以D為圓心，D_x為半徑逆時畫弧交D_x垂線於d點，則$V_d = \overline{Dd}$。

例題 26　圖 3-46 中，已知V_b的大小及方向，求C、G及H點的速度。

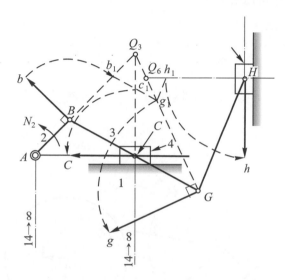

圖 3-46　已知 V_b 的大小及方向，求 C、G 及 H 點的速度

解

(1) 求解V_c之方法

① 設瞬心Q_3，無法定位(因紙張關係)，則分別由B點及C點，作V_B、V_C的垂線（V_C垂直於滑塊的動向水平線）。

② 以B點為圓心，$\overline{Bb}$為半徑順時畫圓弧交V_b垂線於b_1點。

③ 從b_1點作$\overline{BG}$之平行線，交V_C之垂線於c_1點。

④ 將$\overline{Cc_1}$轉折90°，至滑塊的方向線上得C點，則$\overline{Cc} = V_c$。

(2) 求解V_g之方法

    ① 延長$\overline{b_1c_1}$線於g_1點，使$\overline{c_1g_1}=\dfrac{\overline{(b_1c_1)}}{\overline{BC}}\times\overline{CG}$，因$\overline{b_1c_1}$、$\overline{CG}$及$\overline{BC}$長爲已知，故$\overline{c_1g_1}$長可得知。

    ② 連結$\overline{Gg_1}$，並由G點作$\overline{Gg}$垂直於$\overline{Gg_1}$，取$\overline{Gg}=\overline{Gg_1}$，則$V_g=\overline{Gg}$。

(3) 求解V_h之方法

    ① 由H點作滑塊H的瞬軸線。

    ② 從g_1點作$\overline{g_1h_1}$平行於連桿$\overline{GH}$。

    ③ 從H點，作$\overline{Hh}$垂直於$\overline{Hh_1}$。

    ④ $V_h=\overline{Hh}$爲所求。

例題 27　圖 3-47 中爲已知B點速度，利用折疊法求O點速度$\overline{Oo}$之方法。

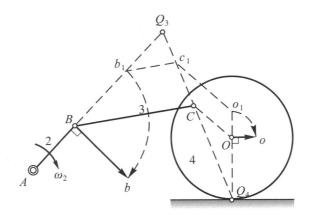

圖 3-47　已知B點速度，利用折疊法求 O 點速度 Oo 之方法

例題 28　圖 3-48 中為已知 A 點速度 V_a，利用折疊法求 B 點速度 $\overline{Bb}$ 的方法。

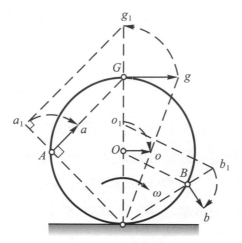

圖 3-48　已知 A 點速度 V_a，利用折疊法求 B 點速度 Bb 的方法

▶ **check！** 習題三

1. 向量$\overrightarrow{Bb}$長 25cm，其方向為東北(45°)，向量$\overrightarrow{Aa}$為 38 公分，其方向為北偏西(150°)，求此二向量之和。

2. 向量$\overrightarrow{Aa}$長 25 公分，向量$\overrightarrow{Bb}$長 50 公分，二者之間夾60°，求$Aa \rightarrow Bb$(向量之差)及方向。

3. 一河流之兩岸平行，寬 300 公尺，船沿一岸成30°之線行走了 150 公尺，求此時此船平行於岸之方向所走之距離和此船距另一岸之最短距離。

4. 圖(a)中，A與B為剛體 3 上之二點，$\overline{Aa_1}$為A點之速度向量，長為 25cm/sec，此時B點速度沿$\overline{XX}$方向運動，求B點之速度及B點對於A點之相對速度(用速度分合法及速度影像法求解)。

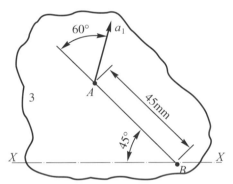

圖(a)　求B點之速度及B點對於A點之相對速度

5. 圖(b)中，剛體 3 上之三點ABC成等邊三角形，各邊長 5cm，B點之速度$\overline{Bb_1} = 3$cm/sec。A點速度之方向為沿線$\overline{ZZ}$，用相對速度法求A點與C點之速度，並用速度影像法求該二點之速度。

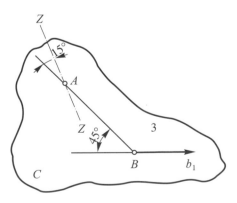

圖(b)　求A點與C點之速度，並用速度影像法求該二點之速度

6. 圖(c)中之雙滑塊機構，已知A點之速度及方向，用相對速度法求B點的速度並求 AB桿之角速度(已知$\overline{AB}$桿長 30cm，B點速度方向沿$\overline{XX}$)。

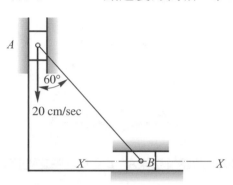

圖(c)　用相對速度法求B點的速度並求AB桿之角速度

7. 一圓盤以 180rad/min 之角速度旋轉，而一滑塊在圓盤之徑向槽中滑出，當滑塊離圓盤之旋轉中心 0.3 公尺時，此滑塊之絕對速度為 4.5 公尺／秒。

   (1) 此滑塊相對於槽之速度為每秒多少公尺？

   (2) 假使滑塊在槽中移動之速率保持不變，則當滑塊離旋轉中心 0.6 公尺時，絕對速度為若干？

8. 圖(d)中，$Q_2 B$為 38 公厘，$\overline{Q_2 Q_4}$為 90 公厘，$\overline{Q_4 C}$為 45 公厘，$\overline{BC}$為 50 公厘，曲柄$\overline{Q_2 B}$之角速度為 1rad/sec 逆時針，用速度分合法，求C點與P點之速度。

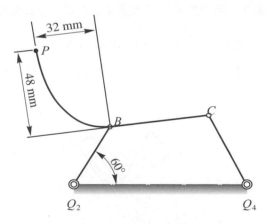

圖(d)　用速度分合法，求 C 點與 P 點之速度

9. 如圖(e)為一四連桿組,設反時針方向之角速度為 80rpm,試用圖解法求A、B及C三點之速度大小(C為$\overline{Q_4B}$之中點)。

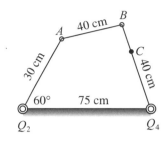

圖(e)　用圖解法求A、B及C三點之速度大小

10. 圖(f)有一四連桿機構,搖桿$\overline{Q_1A}$作等角速度ω搖擺之瞬時位置如附圖所示,試以作圖法用線段表示$\overline{Q_2B}$搖桿中心C在此瞬間之線速度並加以說明。

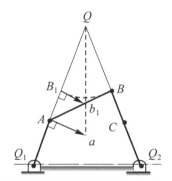

圖(f)　以作圖法,用線段表示 Q_2B 搖桿中心 C,在此瞬間之線速度

11. 圖(g)中示一類似牛頭鉋床之急回(Quickreturn)機構,已知角OAB為120°,$\overline{AB}$長100mm,$\overline{AO}$:95mm,$\overline{AB}$以 4 弳／秒之角速度作反時針方向旋轉,求搖臂$\overline{OC}$之角速度。

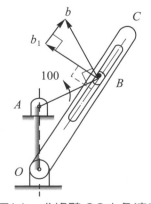

圖(g)　求搖臂 OC 之角速度

12. 圖(h)中，$\overline{Q_2B} = 63\text{mm}$，$\overline{Q_4C} = 89\text{mm}$，$\overline{Q_2Q_4} = 127\text{mm}$，$\overline{BC} = 127\text{mm}$。$\overline{Q_2B}$以均勻之角速度 1 弳／秒順時針方向轉。求

(1) 當$\theta = 15°$時之C點速度。

(2) 當$\theta = 15°$時BC中心線上最小速度點H之位置與速度。

(3) 當$\theta = 60°$時，C點之速度與H點之速度。

(4) 當C點速度為零時之θ的值。

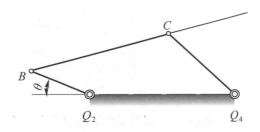

圖(h)　當$\theta = 15°$時之 C 點速度

13. 圖(i)中A點之速度Aa為 31mm/sec 表示，C與D同轉，D在平面E上滾動，但沒有滑動。若B與C無滑動現象，求B之速度。(圖中尺寸單位為 mm)

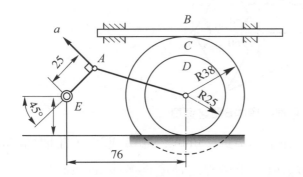

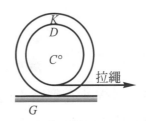

圖(i)　B與 C 無滑動現象，求B之速度　　圖(j)　求軸 C 之速度及鼓上 D 表面之速度

14. 圖(j)中，鼓輪D有一輪K，輪子直徑為 76 公厘，鼓之直徑為 50 公厘，輪K在直軌G上滾動(無滑動)，鼓上繞一繩，今平行於G之方向以每秒 30 公分之速度，求軸C之速度及鼓上D表面之速度。(為使C點速度之指向反向，拉繩之方向需與G成何角度？)

15. 圖(k)中圓盤A之面速度為 25mm/sec，且各圓盤之間無滑動之產生，求圓盤C中心之速度。

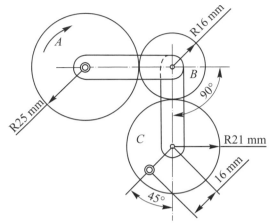

圖(k)　求圓盤 C 中心之速度

16. 圖(l)中，已知A點的速度$V_A = $ 25mm/sec，求皮氏直線機構(Peaucellier straight-line)機構中B點之速度。

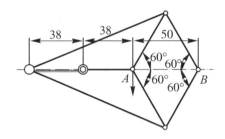

圖(l)　求皮氏直線機構中B點之速度

17. 圖(m)中，滑桿 4 在導路 1 內滑動，曲柄Q_2B長 25mm，與$\overline{XX}$成30°，曲柄銷(即B點)之速度為 25mm/sec，方向與$\overline{Q_2B}$垂直。求滑桿之速度為多少 mm/sec？

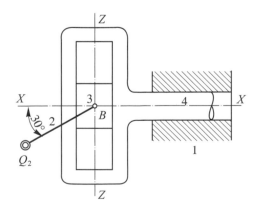

圖(m)　求滑桿之速度為多少 mm/sec

18. 圖(n)中，曲柄 2 以 0.5rad／分之角速度逆時旋轉。滑塊 4 在導路內滑動，滑塊 4 中之 C 點為滾輪 5 之軸心，輪 5 在機架 1 上作滾動接觸，銷 E 固定於輪 5 上由連桿 3 連到曲柄 2 上，求銷 C 之速度。

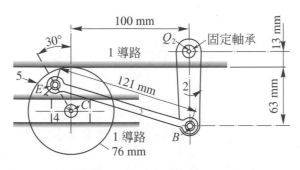

圖(n)　求銷 C 之速度

19. 圖(o)中，$\overline{Q_2 B} = 38$mm，$\overline{BC} = 100$mm，$\overline{Q_4 C} = 76$mm，$\overline{Q_4 E} = 50$mm，$\overline{EF} = 127$ mm，$\overline{Q_2 Q_4} = 127$mm，當 $\overline{Q_2 B}$ 以每分 200 轉之角速順時迴轉，求滑塊 6 之速度，並求曲柄 4 與連桿 3 之瞬時角速度。

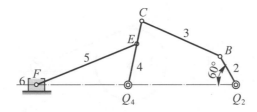

圖(o)　求滑塊 6 之速度，並求曲柄 4 與連桿 3 之瞬時角速度

20. 圖(p)中，$\overline{Q_2 B} = 5.7$cm，$\overline{BC} = 6.3$cm，$\overline{DE} = 6.3$cm，曲柄 $\overline{Q_2 B}$ 逆時旋轉，若曲柄銷(B點)之速度為 1.9cm/sec，求滑塊 4 與 6 之速度大小與方向。

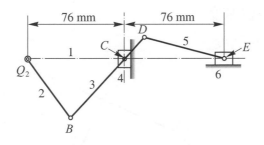

圖(p)　求滑塊 4 與 6 之速度大小與方向

21. 圖(q)中，$\overline{Q_2B} = 57\text{mm}$，$\overline{BC} = 63\text{mm}$，$\overline{DE} = 63\text{mm}$，曲柄$Q_2B$逆時針旋轉，若曲柄銷$B$點之速度 1.9cm/sec，求滑塊 4 與 6 之速度大小。

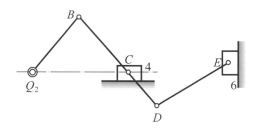

圖(q)　求滑塊 4 與 6 之速度大小

22. 圖(r)中，$\overline{Q_2B} = 50\text{mm}$，$\overline{BC} = 38\text{mm}$，$\overline{CD} = 25\text{mm}$，$\overline{CE} = 100\text{mm}$　，$\overline{Q_2Q_4} = 76$ mm，輪 4 之直徑為 50mm，假使輪 4 以 20rpm 之角速迴轉，求B和E點之線速度為每分鐘多少公尺？

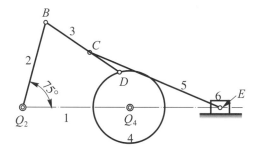

圖(r)　求B和E點之線速度為每分鐘多少公尺

23. 圖(s)中，$\overline{Q_2B} = 44\text{mm}$，$\overline{BC} = 50\text{mm}$，$\overline{BCE} = 89\text{mm}$，$\overline{Q_4C} = 57\text{mm}$，$\overline{Q_2Q_4} = 100$ mm，曲柄 2 每分鐘 60 轉逆時針旋轉，求

　⑴　C及E點之瞬時線速度。

　⑵　曲柄 4 之瞬時角速度。

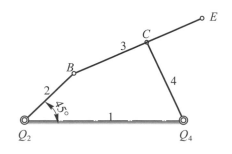

圖(s)　求 C 及 E 點之瞬時線速度，曲柄 4 之瞬時角速度

24. 圖(t)中，$\overline{Q_2B}$以 6rpm 之角速順時迴轉，$\overline{Q_2B} = 38mm$，$\overline{BC} = 76mm$，$\overline{CD} = 13$ mm，輪 4 直徑＝ 50mm，若輪 4 滾動而無滑動，當$\overline{Q_2B}$為垂直位置時，求E與F之速度。

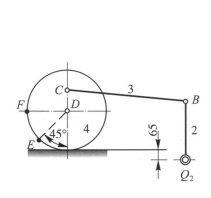

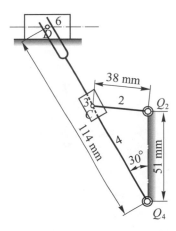

圖(t) 求E與F之速度　　　　　圖(u) 求滑塊 6 之絕對線速度(包括方向)

25. 圖(u)中為一鉋床之急回運動機構，$\overline{Q_4C}$上之C點的絕對線速度以 2.5cm/sec 之線速度之表示，求若$\overline{Q_2C}$以逆時針旋轉時，求滑塊 6 之絕對線速度(包括方向)。

26. 圖(v)中，曲柄 2 為 32mm，連桿 3 ＝ 25mm，連桿 5 ＝ 100mm，以瞬心法求出滑塊 4 與 6 之速度。(已知V_a＝ 20mm/sec)

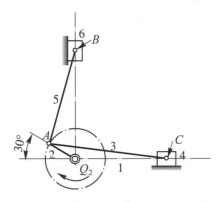

圖(v) 以瞬心法求出滑塊 4 與 6 之速度

27. 圖(w)中，搖桿 2 爲 50mm，連桿 3 爲 32mm，連桿 4 爲 50mm，若滑塊 6 以每秒 1.8 公尺之瞬時速度向右移動，求滑塊 5 之絕對速度及曲柄 2 的角速度。(用瞬心法、速度分合法及相對速度法分別求解)

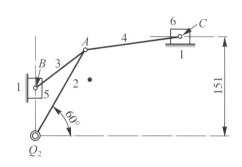

圖(w)　求滑塊 5 之絕對速度及曲柄 2 的角速度

28. 圖(x)中，曲柄 $\overline{Q_4A}$ = 4.5公分，滑塊 3 沿導路 2 滑動，若曲柄 4 每分鐘順時轉 30 周，求B點與輪D中心之瞬時線速度爲每秒多少公分？

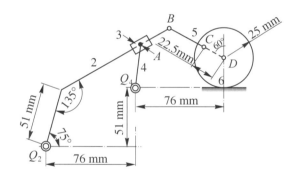

圖(x)　求B點與輪 D 中心之瞬時線速度為每秒多少公分

Chapter 4

加速度分析

4-1　加速度分析之意義

當機器中的機構以高速率運轉時,則作用於各機件之動力,必定是相當的大,因每一機件均有質量,由於加速度運動,所產生的慣性力(Inertia force)亦很大。因此對一機構作動力分析時,必先分析其加速度,以作爲機械設計的參考。

4-2　法線加速度與切線加速度

在第二章 2-4 節機構之線加速度與角加速度關係中,曾敘述設過一個點的加速度,就是此點的速度與時間的變率(Rate of change)。因爲速度包含大小和方向,所以速度的改變,有時是大小與方向同時變更,也有些祇改變方向的。在方向上的改變,就會造成此加速度在法線方向上的分量,而稱爲"法線加速度"(Normal acceleration),在角速度大小上的變化就會造成此加速度在切線上的分量,稱爲切線加速度(Tangent acceleration),如圖 4-1 及圖 4-2 所示。

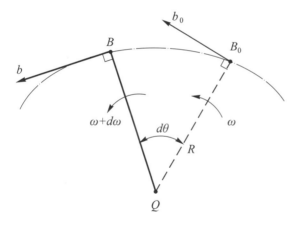

圖 4-1　速度變化圖(速度在方向上的改變,就　圖 4-2　速度影像圖(速度在角速度大小上的變
　　　　 會 造成此加速度在法線方向上的分量,　　　　　 化就會造成此加速度在切線上的分量,
　　　　 而稱為法線加速度)　　　　　　　　　　　　　　稱為切線加速度)

圖 4-2 中是將動點的速度,在不改變它的大小及方向時,所作的相對速度圖,圖中若動點B_0運動至B時,則B_0點切線速度由$V_{B0} = R\omega$變成$V_B = R(\omega + d\omega)$,如$QB_0$經時間$dt$後的角位移爲$d\theta$,現作一點速度圖如圖 4-2 所示,取一點$q$,由$q$作$\overline{qb_0} = \overline{B_0b_0}$,$\overline{qb} = \overline{Bb}$,從圖中得知向量$\overline{bb_1} = qb - qb_0$即表示$B$點速度的改變量。

$$A_b{}^n = \frac{\overline{b_0 b_1}}{dt} = \frac{V_{B0} d\theta}{dt} = R\omega \frac{d\theta}{dt} = R\omega \cdot \omega = R\omega^2 \tag{4.1}$$

式中$A_b{}^n$：法線加速度

(求法線加速度$A_b{}^n$時，可以在圖 4-2 中，將$\overset{\frown}{b_0 b_1} \doteqdot \overline{b_0 b}$，而弧長$\overset{\frown}{b_0 b_1}$，可視為以$R\omega$為半徑，$d\theta$為轉角所作的弧長。)

$$A_b{}^t = \frac{\overline{b\,b_1}}{dt} = \frac{\overline{qb} - \overline{qb_1}}{dt} = \frac{R(\omega + d\omega) - R\omega}{dt} = R\frac{d\omega}{dt} = R\alpha \tag{4.2}$$

式中$A_b{}^t$：切線加速度

則$A_b = \sqrt{(A_b{}^n)^2 + (A_b{}^t)^2} = R\sqrt{\alpha^2 + \omega^2}$，$A_b{}^n = V_B\omega = \frac{V_b{}^2}{R} = R\omega^2$，此加速度乃由向量$b_0 b_1$演變而來，當$B_0$與$B$相隔無窮近時，$b_0 b_1$的方向就與$\overline{qb_0}$垂直，或云與圓周正交，故稱法線加速度。將$qb_0$以$q$為圓心，依$\omega$的方向旋轉時$b_0$點移動的指向就是$b_0 b_1$的指向，所以法線加速度的指向必向圓心，又稱向心加速度。

$A_b{}^t = R\alpha$，此加速度由bb_1演變而來，當B_0與B無窮近時，$\overline{qb_0}$與$\overline{qb}$的方向合而為一，$\overline{bb_1}$就與V_B的方向一致，或為圓的切線方向，故這個速度稱為切線加速度。

因為這些速度上的改變是發生在一個極短的時間內向量$b_0 b_1$可以視為與$\overline{QB_0}$平行，所以$A_b{}^n$是平行於$\overline{QB}$，而$A_b{}^t$則垂直於$\overline{QB}$，前式可用圖 4-3 及圖 4-4 所示。

$$A_{bq} = A_{bq}{}^n \nrightarrow A_{bq}{}^t \left(A_{bq}{}^n = V_{bq} \cdot \omega = R\omega^2 \;;\; A_{bq}{}^t = \frac{\overline{qb} - \overline{qa}}{dt} = R\alpha \right) \tag{4.3}$$

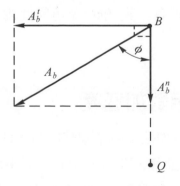

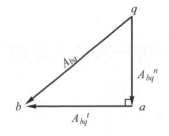

圖 4-3　B點之向心及切線加速度

$(A_{bq} = A_{bq}{}^n \nrightarrow A_{bq}{}^t (A_{bq}{}^n = V_{bq}))$

圖 4-4　$A_{bq}{}^t = \dfrac{\overline{qb} - \overline{qa}}{dt} = R\alpha$

$$\phi = \tan^{-1}\frac{A_{bq}{}^t}{A_{bq}{}^n} = \tan^{-1}\frac{R\alpha}{R\omega^2} = \tan^{-1}\frac{\alpha}{\omega^2} \tag{4.4}$$

由(4.4)式得知角度ϕ與半徑R無關,而與連桿的角速度與角加速度有關。也因此得知,一個運動物體上,第一點對第二點的合成線加速度,必與此兩點之連線成一夾角ϕ,若ϕ角等於0°,則表示此質點作等速圓周運動,只有法線加速度$A_b = A_b{}^n$(即無切線加速度)。

若ϕ角等於90°,則表示此質點作直線加速運動,$A_b = A_b{}^t$(即無法線加速)。

綜合以上結果,得到下列結論:

⑴ 在一運動物體上,第一點對第二點作曲線運動時(包括圓周運動),不論是否有角加速度,第一點對第二點一定有向心加速度(Centripetal acceleration)即法線加速度。

⑵ 其法線加速度等於兩點間的距離乘以角速度的平方。

⑶ 此法線加速度指向旋轉軸或旋轉中心,故又稱向心加速度。

⑷ 一運動物體上,兩點間若有角加速度,則必有切線加速度。

⑸ 此切線加速度的值,等於兩點間的連線乘以角加速度的乘積。

⑹ 此切線加速度方向,必垂直於此兩點間的連線,並和角加速度的方向一致。

⑺ 在一運動物體上,第一點對第二點的合成線加速度,等於其法線加速度與切線加速度的向量和。

⑻ 此合成線加速度必與此兩點間之連線有一夾角ϕ,ϕ角與此兩點間的角速度平方及角加速度有關。

4-3 同一浮桿上兩點間之相對加速度

圖 4-5 中當曲柄$\overline{QA_0}$正以一個速度ω_{20}及角加速度α_{20}對Q點轉動。浮桿$\overline{A_0B_0}$連在A_0上,以一個絕對角速度ω_{30}及角加速度α_{30}轉動著,在這一瞬間如圖 4-5 的A線速度為V_{a0}而B的線速度為V_{b0},當經過時間dt後,A_0移動至A,B_0移動至B,如圖 4-6 所示,圖中因為

$$V_b = V_a + V_{ba} \ (V_{ba}為b點對a點之相對切線速度) \qquad \text{①}$$

$$V_{b0} = V_{a0} + V_{b0a0} \qquad \text{②}$$

$$\frac{\text{①}-\text{②}}{t} = \frac{V_b - V_{b0}}{t} = \frac{V_a - V_{a0}}{t} + \frac{V_{ba} - V_{b0a0}}{t} 得加速度$$

$$A_b = A_a + A_{ba}$$

$$\because A_a = A_a{}^n + A_a{}^t \qquad (4.5)$$

即加速度

$$A_b = A_a{}^n + A_a{}^t + A_{ba}{}^n + A_{ba}{}^t \qquad (4.6)$$

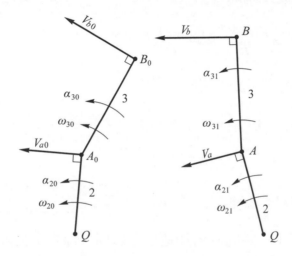

圖 4-5　加速度 $A_b = A_a{}^n + A_a{}^t + A_{ba}{}^n + A_{ba}{}^t$

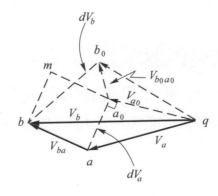

圖 4-6　$A_b = A_a{}^n + A_a{}^t + A_{ba}{}^n + A_{ba}{}^t$

B點的線加速度A_b，等於A點的法線加速度$A_a{}''$與A點的切線加速度$A_a{}^t$，與B點對A點的法線加速度$A_{ba}{}''$及B點對A點的切線加速度$A_{ba}{}'$的向量和，或

$$A_b = A_a + A_{ba}{}^n + A_{ba}{}^t \tag{4.7}$$

(4.5)式亦可用相對速度的公式證明之，根據第三章相對速度的公式

$$V_{b0} = V_{a0} + V_{b0a0} \tag{4.8}$$

$$V_b = V_a + V_{ab} \tag{4.9}$$

(4.7)式減(4.6)式，再除以時間t得

$$\frac{V_{b0} - V_b}{t} = \frac{V_{a0} - V_a}{t} + \frac{V_{b0a0} - V_{ab}}{t}$$

因速度的變化量除以時間等於加速度，因此

$$A_b = A_a + A_{ab} \tag{4.10}$$

又因加速度$A = A_a{}^n + A_a{}^t$，代入(4.7)式得

$$A_b = A_a{}^n + A_a{}^t + A_{ba}{}^n + A_{ba}{}^t \tag{4.11}$$

式中表示在一個浮桿上一點的絕對加速度等於同一浮桿上另外一點的絕對線加速度，加上第一點對第二點的相對法線加速度及第一點對第二點的相對切線加速度的向量和。

4-4 相對加速度圖解法

　　如圖 4-7 中，已知剛體上一點A之切線速度V_a及加速度A_a，又知剛體上另一點B的速度與加速度之方向，即V_b沿$\overline{BN}$的方向，A_b沿$\overline{BM}$的方向，求B點的線加速度A_b及AB桿的角加速度α_{ab}。

　　由 4-3 節(4.7)式所示

$$A_b = A_a + A_{ba}{}^n + A_{ba}{}^t$$

由(4.3)式中，因

$$A_{ba}{}^n = \frac{V_{ba}{}^2}{AB} \, , \, A_{ba}{}^t = AB \times \alpha_{ab}$$

代入得

$$A_b = A_a + \frac{V_{ba}{}^2}{AB} + AB \times \alpha_{ab}$$

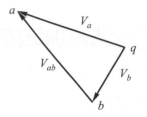

(a) 畫速度多邊形

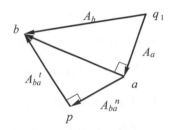

(b) 畫加速度多邊形

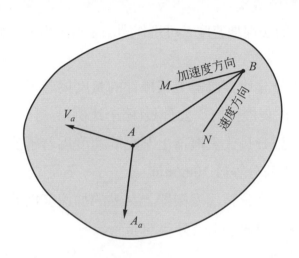

圖 4-7　相對速度圖解($A_b = A_a + A_{ba}{}^n + A_{ba}{}^t$)

圖 4-8　$A_b = A_a + \dfrac{V_{ab}{}^2}{AB} + \alpha_{ab} \times AB$

1. 畫速度多邊形如圖 4-8(a)所示

(1) 取$qa = Va$。

(2) 由q點作$\overline{BN}$之平行線，表示B點速度的方向V_b。

(3) 由a點作垂直$\overline{AB}$的直線交Vb的方向線於b點，則
$V_b = \overline{qb}$，$V_{ab} = \overline{ba}$，$V_{ab} = \overline{ba} \times Kv$，則
$A_{ab}{}^n = \dfrac{V_{ab}{}^2}{AB}$可以求得。

2. 畫加速度多邊形，如圖 4-8(b)所示

(1) 取$q_1 a = A_a$。

(2) 由a點作AB的平行線$\overline{ap}$，且令$ap = A_{ba}{}^n = \dfrac{V_{ab}{}^2}{AB}$。

(3) 由p點作$\overline{ap}$之垂線。

(4) 由q_1點作平行B點加速度的方向線$\overline{BM}$其與$\overline{ap}$之垂線交於b點,則$\overline{q_1b} = \overline{Ab}$。

(5) $\overline{bp} = A_{ba}{}^t$,則$\alpha_{ab} = \dfrac{A_{ba}{}^t}{\overline{AB}}$

用以上的方法可以得

$$A_b = A_a + \frac{V_{ab}{}^2}{\overline{AB}} + \alpha_{ab} \times \overline{AB}$$

4-5 法線加速度圖解法

一運動物體上,某一點對另一點的法線加速度,可用作圖法求得,但先決條件是比例尺必須正確。

(1) K_s:位移比例尺,如圖上 1 公分代表機器上某機件的長度為若干公分,若$Ks = 5$時,則圖上 1 公分代表機件有 5 公分長(縮小比例)。

(2) K_v:速度比例尺,如圖上 1 公分長代表機器上某點的速度為若干公尺／分即$K_v = 10m/min$,則圖上 1 公分等於 10m/min。

(3) K_a:加速度比例尺,如圖上 1 公分長代表機器上某點的加速度為若干公尺／秒^2,即$k_a = 60\,m/sec^2$時,則圖上 1 公分 $= 60m/sec^2$。

如圖 4-9 所示,迴轉桿$\overline{QA}$,按照比例尺Ks所畫出,當以Q為軸,以角速度ω逆時旋轉時,在A點的切線速度Va也以比例尺Kv畫出,即$\overline{AM}$,其$V_a = \overline{AM} \times K_V$。連接$\overline{QM}$,從$M$點作$\overline{QM}$之垂線,交$\overline{QA}$之延線於$N$點,則$\overline{AN}$為迴轉桿$\overline{QA}$繞$A$點運動時之法線加速度。

證明如下:

(1) 選擇加速度比例尺$Ka = \dfrac{Kv^2}{Ks}$

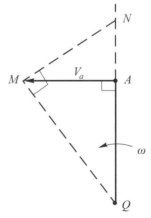

圖 4-9 法線加速度圖解$\left(\dfrac{AN}{AM} = \dfrac{AM}{QA}\right)$

(2) 設$Aaq^n = \overline{AN}$,即$Aaq^n = \overline{AN} \times Ka$

(3) $\overline{AN} \times Ka = \dfrac{Vaq^2}{\overline{QA} \times Ks} = \dfrac{(\overline{AM} \times Kv)^2}{\overline{QA} \times Ks}\left(因\ Aaq^n = \dfrac{Vaq^2}{\overline{QA} \times Ks}\right)$

(4)　(1)項代入(3)項得$AN \times \dfrac{Kv^2}{Ks} = \dfrac{(\overline{AM})^2}{QA} \times \dfrac{Kv^2}{Ks}$，即$\overline{AN} = \dfrac{(\overline{AM})^2}{QA}$即

$$\dfrac{AN}{AM} = \dfrac{\overline{AM}}{QA} \text{。}$$

由$\triangle MNA$與$\triangle QMA$相似之原理中，亦可得知$\dfrac{\overline{AN}}{AM} = \dfrac{\overline{AM}}{QA}$。

註　(1)項是圖解法的必備條件，AN表A對Q點的法線加速度的大小，而Aaq''的方向是由A指向Q點，沿著AQ線上。

4-6 加速度之應用

例題 1

如圖 4-10 所示之曲柄搖桿機構，曲柄 2 以角速度 120rpm 逆時迴轉，角減速度為 240rad/sec²(弳／秒²)。角減速度以負α表示，曲柄 2 的角速度會慢慢地減少。由半圖解法求A、B、C與D點的瞬間線加速度，並求連桿 3 與 4 的瞬時角速度與角加速度($\overline{Q_1 Q_2} = 500$mm，$\overline{Q_1 A} = 240$mm，$\overline{Q_2 B} = 360$mm，$\overline{AB} = 470$mm，$\overline{BD} = 180$mm，$\overline{AC} = 160$mm，$\overline{BC} = 320$mm)。

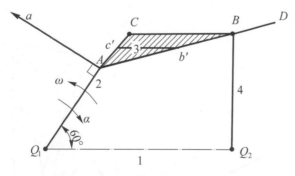

圖 4-10　以半圖解法求A、B、C與D點的瞬間線加速度，
　　　　　並求連桿 3 與 4 的瞬時角速度與角加速度

解

設比例尺$Ks = 10$cm，即圖上 1 公分等於機件 10 公分畫出圖 4-10 之曲柄搖桿機構圖。

$$V_a = R_2\omega_2 = \frac{240}{10} \times \frac{2\pi \times 120}{60} = 301.4\text{cm/sec}$$

$$A_a{}^n = \frac{V_a{}^2}{\overline{Q_1A}} = \frac{(301.4)^2}{24} = 3785.1\text{cm/sec}^2 = 37.85\text{m/sec}^2$$

$$A_a{}^t = \overline{Q_1A} \times \alpha = 24 \times 240 = 5760\text{cm/sec}^2 = 57.6\text{cm/sec}^2$$

若速度比例尺 Kv：1cm $= 150\,\text{cm/sec}$

則加速度比例尺

$$Ka：1\text{cm} = \frac{Kv^2}{Ks} = \frac{(150)^2}{10} = 2250\,\text{cm/sec}^2 = 22.5\,\text{m/sec}^2$$

作速度多邊形如圖 4-11(a)所示，畫 $\overline{qa} = V_a = 301.4\text{cm/sec} = \dfrac{301.4}{Kv} \div 2.01$ 公分。$\overline{qa}$ 垂直 $\overline{Q_1A}$，由 q 點畫 $\overline{Q_2B}$ 的垂直線(即 V_b 的方向線)，交由 a 點所畫 $\overline{AB}$ 之垂線(即 Vba 的方向線)於 b 點，則 $V_b = \overline{qb}$，$V_{ba} = \overline{ab}$，用量測法算出下式

$$A_{ba}{}^n = \frac{(V_{ba})^2}{\overline{AB}} = \frac{(ab \times Kv^2)}{\overline{AB}} = \frac{(1 \times 150)^2}{47} = 478.7\text{cm/sec}^2$$
$$= 4.79\text{m/sec}^2$$

$$A_b{}^n = \frac{(V_b)^2}{\overline{Q_2B}} = \frac{(qb \times Kv)^2}{\overline{Q_2B}} = \frac{(1.56 \times 150)^2}{36} = 1521\,\text{cm/sec}^2$$
$$= 15.21\,\text{m/sec}^2$$

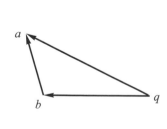

(a) 作速度多邊形

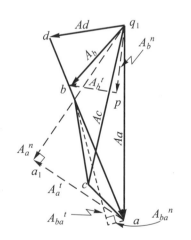

(b) 以半圖解法可求得加速度多邊形圖

圖 4-11　連桿速度及加速度圖

從此利用半圖解法可求得圖 4-11(b)所示的加速度多邊形圖中找一點q_1，依照下列步驟作圖。

(1) 畫$q_1a_1 = A_a{}^n = 37.85\text{m/sec}^2 = \dfrac{37.85}{22.5} = 1.68$公分，且平行$\overline{Q_1A}$。

(2) 在a_1點畫$\overline{a_1a} = A_a{}^t = 57.6\text{m/sec}^2 = \dfrac{57.6}{22.5} = 2.56$公分，且垂直$\overline{q_1a_1}$。

(3) 連結$\overline{q_1a}$，則A點的加速度$A_a = \overline{qa} \times Ka = 3.06 \times 22.5 = 69\text{cm/sec}^2$

(4) 若求B的線加速度A_b，可以用公式$A_b = A_a + A_{ba}{}^n + A_{ba}{}^t$

1. b 點的決定

B點的加速度$A_b = A_a + A_{ba}{}^n + A_{ba}{}^t$；式中$A_b$的大小及方向均未知，$A_a$的大小及方向爲已知，$A_{ba}{}^n$的大小與方向也已知，$A_{ba}{}^t$的方向爲已知，但大小未知，很明顯的$ab$不能單由上列方程式求得，但$B$的加速度可由方程式$A_b = A_b{}^n + A_b{}^t$表示($A_b{}^n$的方向大小爲已知，$A_b{}^t$的方向已知，此與$A_b = A_b{}^n + A_{ba}{}^n + A_{ba}{}^t$聯立，可求得$A_b$。圖 4-11 中，由$a$點畫$A_{ba}{}^n = \dfrac{(V_{ba})^2}{AB} = \dfrac{(ab \times Kv)^2}{Ka} = 0.212$公分。平行於$AB$桿，並於$A_{ba}{}^n$的終點畫一條垂直於$AB$代表$A_{ba}{}^t$的方向。

定q點畫$A_b{}^n$的方向線，即$A_b{}^n = \dfrac{(V_b)^2}{Q_2B} = \dfrac{15.21\ \text{m/sec}^2}{Ka} = 0.676$公分，平行於$BQ_2$，在$A_b{}^n$的終點$p$畫垂直於$BQ_2$的線代表$A_b{}^t$的方向，在圖中$A_{ba}{}^t$與$A_b{}^t$的交點，決定了點$b$。$A_b = \overline{qb} \times Ka = 34.03\text{m/sec}^2$，然後連接$\overline{ab}$，$ab$就是$\overline{AB}$桿的加速度影像。

2. c 點之決定

在圖 4-10 的機構中，取$Ab' = \overline{ab}$長，從b'畫$\overline{b'c'}$平行$\overline{BC}$桿，得三角形$Ab'c'$，在圖 4-11 之加速度多邊形圖中，分別以a、b爲圓心，Ac'及$b'c'$爲半徑畫圓弧得交點c，連結$\overline{ac}$與$\overline{bc}$，則三角形abc正是三角形ABC的加速度影像圖(但c點仍在$\overline{ab}$連線的左方)，$Ac = \overline{qc}$，即c點的加速度$= \overline{qc} \times Ka = 2.66 \times 22.5 = 60\text{m/sec}^2$。

3. a 點的決定

在圖 4-11 中之加速度多邊形，ab直線上可以定出d點，即

$$\therefore \frac{bd}{ab} = \frac{\overline{BD}}{AB} \qquad \therefore bd = \frac{ab \times \overline{BD}}{AB} = \frac{2.38 \times 18}{42} = 1.02\ \text{cm}$$

則 $Ad = qd \times Ka = 1.02 \times 22.5 = 22.95\ \text{m/sec}^2$

4. **求角速度，角速度可由速度多邊形或加速度多邊形中求出**

(1)　$\omega_3 = \dfrac{V_{ba}}{\overline{AB}} = \dfrac{ab \times Kv}{\overline{AB}} = \dfrac{1 \times 150}{42} = 3.57$ 弳／秒(順時)

　　或因$A_{ba}{}^n = \omega_3^2 \times \overline{AB}$，即$\omega_3 = \sqrt{\dfrac{A_{ba}{}^n}{\overline{AB}}} = \sqrt{\dfrac{478.7}{42}} = 3.37$ 弳／秒

(2)　$\omega_4 = \dfrac{V_b}{\overline{Q_2B}} = \dfrac{1.56 \times 150}{36} = 6.5$ 弳／秒

　　或因$A_b{}^n = \overline{Q_2B} \times \omega_4^2$，即$\omega_4 = \sqrt{\dfrac{A_b{}^n}{\overline{Q_2B}}} = \sqrt{\dfrac{1521}{36}} = 6.5$ 弳／秒

(3)　$\alpha_3 = \dfrac{A_{ba}{}^t}{\overline{AB}} = \dfrac{3537.6}{42} = 84.22$ 弳／秒^2(由加速度圖中量得)

(4)　$\alpha_4 = \dfrac{A_b{}^t}{\overline{Q_2B}} = \dfrac{1453}{36} = 40.36$ 弳／秒^2

例題 2　　同例題 1，法線加速度改用直接圖解法求得。

解

如同前例，$Ka = \dfrac{Kv^2}{Ks}$公式使用，$Ks = 10\text{cm}$，$Kv = 150\text{cm/sec}$，則

$Ka = \dfrac{Kv^2}{Ks} = \dfrac{150^2}{10} = 2250 \text{ cm/sec}^2 = 22.5 \text{ m/sec}^2$。

(1)　在圖 4-12 中，在A點畫$\overline{Va}$且垂直$\overline{Q_1A}$。

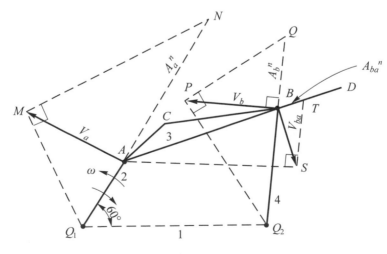

圖 4-12　速度多邊形

(2) 連結 $\overline{MQ_1}$，並在 M 點作 $\overline{MQ_1}$ 之垂線交 $\overline{Q_1 A}$ 延線於 N 點，則 $A_a{}^n = \overline{AN}$，方向由 A 向 Q_1(即指向旋轉中心 Q_1)且平行 $\overline{Q_1 A}$，

$A_a{}^n = \overline{AN} \times Ka = 37.85 \text{ m/sec}^2$。

(3) 在 B 點，畫 $V_b = \overline{BP}$ 且垂直 $\overline{BQ_2}$(因在速度多邊形中 $V_b = qb \times Kv$)。

(4) 在 p 點作 $\overline{PQ_2}$ 之垂線交 $\overline{Q_2 B}$ 之延線於 Q 點，則 $A_b{}^n = \overline{BQ}$，方向由 B 向 Q_2(即指向旋轉中心 Q_2)且平行 $\overline{Q_2 B}$，$A_b{}^n = \overline{BQ} \times Ka = 25 \text{m/sec}^2$。

(5) 在 B 點作 $\overline{BS} = V_{ba}$ 且垂直 $\overline{BA}$ 桿，因圖 4-11(a)中，$V_{ba} = \overline{ab} \times Kv$。

(6) 在 S 點作 $\overline{SA}$ 的垂線交 $\overline{BD}$ 連桿於 T 點，則 $A_{ba}{}^n = \overline{BT}$(方向由 T 向 B 且平行 $\overline{AD}$)，$A_{ba}{}^n = \overline{BT} \times Ka = 5.36 \text{ m/sec}^2$。

4-7 滑塊曲柄機構之加速度

1. 求 4-13 圖中滑塊 B 之加速度

求 4-13 所示之曲柄滑塊機構是按照 Ks 之比例尺所作之圖，而加速度比例尺也按 $Ka = \dfrac{Kv^2}{Ks}$ 之公式定出。設曲柄 $\overline{QA}$ 以等角速度 ω 逆時迴轉時，則 $V_a = \overline{QA} \times \omega$，在圖中以 AM 表示。在 M 點作 $\overline{MQ}$ 之垂線交 $\overline{QA}$ 之延線於 N 點，於是 A 點的法線加速度 $A_a{}^n = \overline{AN}$，因為 QA 作等角速度迴轉，無角加速度可言，所以 A 點無切線加速度，即 $A_a{}^t = 0$，所以 $A_a = A_a{}^n + A_a{}^t = A_a{}^n$。

畫速度多邊形 $V_a = \overline{qa}$，由 a 點作 AB 桿之垂線交滑塊 B 之方向線(今為水平方向)於 b 點，則 $V_b = \overline{qb}$，$V_{ab} = \overline{ba}$，然後利用圖解法求出 $A_{ba}{}^n$ 及 $A_{ba}{}^t$，再用公式求出 A_b，即

$$A_b = A_a + A_{ba}{}^n + A_{ba}{}^t \tag{4.12}$$

因滑塊 B 是沿水平方向運動，其方向永遠是沿水平線 QX 運動，所以可以加畫加速度多邊形。如圖 4-13 之加速度多邊形。

畫 $\overline{q_1 a} = A_a{}^n$ 方向平行 $\overline{QA}$(因 $A_a = A_a{}^n$)，由 B 點畫 $\overline{BE}$ 平行等於 $\overline{ab}$，因 $V_{ba} = \overline{ab}$，由 E 點作 $\overline{EA}$ 之垂線交連桿 $\overline{AB}$ 之延線於 F 點，則 $\overline{BF}$ 為 B 點對 A 點的法線加速度，$A_{ba}{}^n = \overline{BF}$。在加速度多邊形中由 a 點畫 $\overline{ap} = \overline{BF}$，且平行 $\overline{BF}$，再從 p 點作 $\overline{ap}$ 之垂

線，與$\overline{q_1 b}$線交於b點，則B點的線加速度$A_b = \overline{q_1 b}$，並由加速度多邊形圖中得解

$$A_b = A_a + A_{ba}{}^n + A_{ba}{}^t \tag{4.13}$$

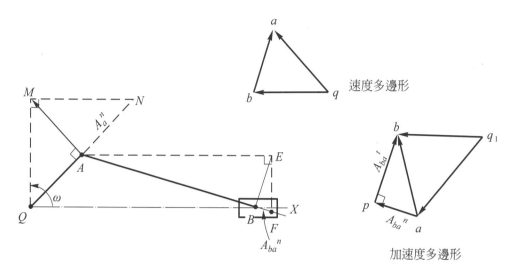

圖 4-13　滑塊曲柄機構之加速度($A_b = A_a + A_{ba}{}^n + A_{ba}{}^t$)

2. 克萊恩圖解法(Klein's Construction)

上題中可利用克萊恩圖解法，求解曲柄與滑塊機構之速度與加速度，即求滑塊B之線加速度A_b。

(1) 如圖 4-14 中，在Q點作滑塊B動路之垂線，交連桿$\overline{BA}$之延線於W點。

(2) 以A點為圓心，$\overline{AW}$長為半徑畫圓弧，交以連桿AB之中點(M點)為圓心，$\overline{AM}$為半徑所畫的圓弧於T點與J點。

(3) 連結兩圓的交點T、J，與$\overline{BQ}$線交於H點，此時$\overline{TJ}$也垂直$\overline{AB}$，$\overline{HQ}$就是B點的線加速度，即$A_b = \overline{HQ} \times Ka$，$A_b$沿水平方向運動，其方向則應視曲柄$\overline{AQ}$順或逆轉而定。

使用克萊恩圖解法求解機件加速度時，應先符合下列五項條件：

(1) 必須是導路固定的曲柄滑塊機構。

(2) 曲柄必須以等角速度旋轉。

(3) 加速度比例尺，必須合乎$Ka = \dfrac{Kv^2}{Ks}$的公式。

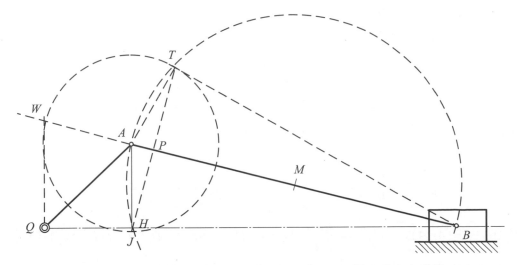

圖 4-14　利用克萊恩圖解法，求解曲柄與滑塊機構之速度與加速度

(4)　曲柄$\overline{QA}$在圖上的長度應等於曲柄銷A點的線速度長。即Kv的比例尺應正確選擇。即$Kv = \dfrac{V_a}{QA}$，例如$\overline{QA} = 20\text{cm}$，而$V_a = 40$公尺／秒，則$Kv = \dfrac{40}{20}$ $= 2$公尺／秒，才能使圖面上的尺寸$V_a = \overline{QA}$。

(5)　曲柄$\overline{QA}$在圖上的長度應等於曲柄銷A點的法線加速度長，即Ka的比例尺應正確選擇，其要求如同第(4)項。

圖 4-14 中，三角形QAW，正是圖 4-13 中的速度多邊形qab順時方向旋轉$90°$後之三角形，其中$\overline{QA}$長垂直等於qa，$\overline{QW}$垂直qb，$\overline{AW}$垂直$\overline{ab}$，所以$\Delta QAW = \Delta qab$，因此求克萊恩圖解法中，$V_a = \overline{QA}$，$V_{ba} = \overline{AW}$，$V_b = \overline{QW}$，但必須經過Kv之轉換才能相等。

3. 克萊恩圖解法的證明

圖 4-13 與圖 4-14 中，所用的距離比例尺Ks，速度比例尺Kv與加速度比例尺Ka均相同。

在圖 4-13 中，$\Delta AEB \sim \Delta EFB$，於是對應邊成比例，因此

$$\frac{\overline{BF}}{\overline{BE}} = \frac{\overline{BE}}{\overline{AB}} \tag{4.14}$$

在圖 4-14 中，$\triangle ATB \sim \triangle ATP$，因此

$$\frac{\overline{AP}}{\overline{AT}} = \frac{\overline{AT}}{\overline{AB}} \tag{4.15}$$

在圖 4-13 中之 $\overline{BE} = \overline{ab} = V_{ba}$，而在圖 4-14 中，$\overline{AT} = \overline{AW} = V_{ba}$(因在同一圓的半徑上)，因此 $\overline{BE} = \overline{AT}$，代入(4.15)式得

$$\frac{\overline{AP}}{\overline{BE}} = \frac{\overline{BE}}{\overline{AB}} \tag{4.16}$$

(4.16)式與(4.14)式的 $\dfrac{\overline{BF}}{\overline{BE}} = \dfrac{\overline{BE}}{\overline{AB}}$ 比較，則 $\overline{AP} = \overline{BF} = A_{ba}^n$，所以在圖 4-13 中，四邊形 $QHPA$ 與圖 4-12 中的加速度多邊形 q_1bpa 完全重合，則得 $\overline{QH} = \overline{q_1b} = A_b$，$\overline{QA} = \overline{q_1a} = A_a$，$\overline{PA} = \overline{pa} = A_{ba}^n$，$\overline{HP} = \overline{pb} = A_{ba}^t$。在圖 4-13 中，加速多邊形之 $q_1b = A_b$ 是由 q 向 b 作水平方向的運動，但在圖 4-14 中，四邊形 $QHPA$ 之 $\overline{HQ} = A_b$，是由 H 向 Q 作水平方向的運動，剛好圖面轉了180°。

4. **克萊恩圖解法的應用**

　　圖 4-15 中，一部缸徑為 20 公分，行程為 40 公分的臥式蒸汽機(行程為 2 倍曲柄長)，已知曲柄每分 200rpm 逆時旋轉，連桿長為曲柄長的 4 倍(連桿長＝曲柄長×4 = 80 公分)，求當曲柄從上死點逆時旋轉60°時，活塞B的瞬時線速度與瞬時加速度，同時求連桿$\overline{AB}$之中點M的線加速度，並求連桿$\overline{AB}$的絕對角度速及絕對角加速度。

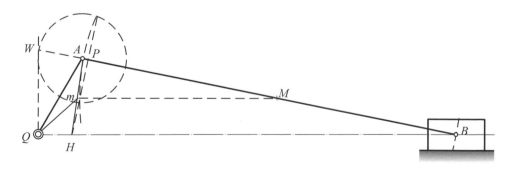

圖 4-15　克萊恩圖解法(求連桿AB之中點 M 的線加速度、連桿AB的絕對角度速及絕對角加速度)

如圖 4-15 中，曲柄長＝ 20 公分，連桿長為 80 公分，設 $Ks = 10$(即圖上 1 公分等於機器上的 10 公分)。

$$V_a = \frac{\pi DN}{60 \times 100} \text{ m/sec} = \frac{3.14 \times 40 \times 200}{60 \times 100} = 4.19 \text{ m/sec}$$

在圖上曲柄的長＝ $\frac{20}{10} = 2$ 公分

$$Kv = \frac{V_a}{\overline{QA}} = \frac{4.19}{2} = 2.095 \text{m/sec}$$

$$Ka = \frac{Kv^2}{Ks} = \frac{(2.095)^2}{\frac{10}{100}} = 44 \text{m/sec}^2$$

依本節所敘述的克萊恩方法，將圖 4-15 上的 W、P 與 H 點求出並作 $\overline{QB}$ 之平行線，交 $\overline{AH}$ 於 m 點，連結 $\overline{Qm}$，則

(1) $V_b = \overline{QW} \times Kv = 2.1 \times 2.095 = 4.4 \text{m/sec}$(方向由 B 向著 Q)。

(2) $A_b = \overline{HQ} \times Ka = 0.8 \times 44 = 35.2 \text{ m/sec}^2$(方向由 B 向 Q，與 $\overline{BQ}$ 平行)，M 點的加速度是 $\overline{mQ}$ (m 點是從 M 點作 $\overline{QB}$ 之平行線與 $\overline{AH}$ 的交點)。

(3) $\overline{Am} = \overline{mQ} \times Ka = 1.25 \times 44 = 55 \text{ m/sec}^2$(方向由 m 點指向 Q)。

(4) 連桿 $\overline{AB}$ 的絕對角速度

$$\omega_{ab} = \frac{V_{ba}}{AB} = \frac{WA \times Kv}{AB} = \frac{1.05 \times 2.095}{\frac{80}{100}} = 2.75 \text{弳／秒(順時)}$$

$$\text{或} \omega_{ab} = \sqrt{\frac{Aba^n}{\overline{AB}}} = \sqrt{\frac{PA \times Ka}{\overline{AB}}} = \sqrt{\frac{0.15 \times 44}{\frac{80}{100}}} = 2.87 \text{弳／秒(瞬時)}$$

(5) $\alpha_{ab} = \frac{A_{ba}{}^t}{AB} = \frac{PH \times Ka}{\overline{AB}} = \frac{1.9 \times 44}{\frac{80}{100}} = 104.5 \text{ 弳／秒}^2\text{(逆時)}$

例題 3

如圖 4-16 中，曲柄 2 ($\overline{Q_2A}$)迴轉時，帶動滑塊A在連桿 3 上滑動，$\overline{Q_2A}$ 以 120rpm 逆時旋轉，$\overline{Q_2Q_3}=$ 2 公分，$\overline{Q_2A}=$ 4.5 公分，$\overline{Q_3B}=$ 2.5公分，$\overline{Q_3A}=$ 6.5公分，當曲柄 2 逆時轉動至與水平線成 60°時，求B點的絕對線加速度，曲柄$\overline{Q_3A}$的絕對角速度與角加速度？

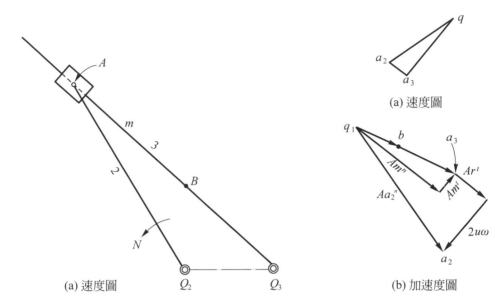

(a) 速度圖

(a) 速度圖

(b) 加速度圖

圖 4-16　求B點的絕對線加速度，曲柄Q_3A的絕對角速度與角加速度

解

利用 Coriolis'定理，A點在曲柄 2 上，沿導路 3 滑動。則A點在連桿 2 上的加速度為Aa_2，其絕對線加速度公式為

$$Aa_2 = Ar^n + Ar^t = Am^n + Am^t + 2u\omega$$

$$Aa_2 = Aa_2^n + Aa_2^t$$

$$Aa_2^n = R_2\omega_2^2 = Q_2A \times \omega_2^2 = \frac{4.5}{100} \times \left(\frac{6.28 \times 120}{60}\right)^2 = 7.09 \text{ 公尺／秒}^2$$

$$Va_2 = R_2\omega_2 = \overline{Q_2A} \times \omega_2 = \frac{4.5}{100} \times \left(\frac{6.28 \times 120}{60}\right) = 0.565 \text{ 公尺／秒}^2$$

方向沿$\overline{AQ_2}$並指向固定軸Q_2。

$Ar^n = 0$，因滑塊A沿導路 3 作直線運動，其速度之方向未改變，不會發生法線加速度。

$Ar^t = r\alpha$，A點在導路 3 上作直線運動，切線加速度沿$\overline{AQ_3}$方向，但大小不知道。

畫速度多邊形如圖 4-16(a)所示，依比例尺＝ 10 公尺／秒，圖 4-16 中，$Va_2 = \overline{qa_2}$ (A點在導路上的速度，垂直曲柄$\overline{AQ_2}$)，並畫$\overline{qa_3}$垂直導路$\overline{AQ_3}$，再由a_2點畫平行$\overline{AQ_3}$之線交$\overline{qa_3}$於a_3點，則$Va_3 = \overline{qa_3}$的滑塊A在連桿 3 上之速度，a_2a_3為滑塊在導路 3 上滑動速度，依速度多邊形

$$Am^n = \frac{(Va_3)^2}{\overline{Q_3A}} = \frac{(0.51 \times 10)^2}{\frac{6.5}{100}} = 400.1 \text{ 公尺／秒}^2$$

Va_3由圖上量出，方向沿導路$\overline{AQ_3}$，並指向Q_3。

$Am^t = \alpha \times \overline{Q_3A}$，方向垂直$\overline{AQ_3}$(但未知)

$u = Va_2a_3 = a_2a_3 \times Kv = 0.172 \times 10 = 1.72$公尺／秒，平行$\overline{AQ_3}$

$\omega = \omega_3 = \dfrac{Va_3}{\overline{Q_3A}} = \dfrac{0.51 \times 10}{\frac{6.5}{100}} = 78.5$弳／秒(逆時方向)

依圖 4-16(b)加速度多邊形$Ka = 20$ 公尺／秒^2

(1) 畫$\overline{q_1a_2} = Aa_2^n = \dfrac{7.09}{20} = 0.3545$公分代表其大小且平行$\overline{AQ_2}$。

(2) 由a_2點畫$2u\omega = \dfrac{2 \times 1.72 \times 78.5}{20} = \dfrac{270}{20} = 13.5$公分，垂直$\overline{AQ_3}$。

(3) 由q_1畫$Am^n = 401$ 公尺／秒$^2 = \dfrac{401}{200} = 20.05$公分，平行$\overline{AQ_3}$。

(4) 從$\overline{Am^n}$的箭頭端，畫$\overline{Am^n}$的垂直線，表示Am^t的方向線，在$2u\omega$的箭尾上，畫$\overline{AQ_3}$的垂直線，表示Am^t的方向線，此兩條方向線交於a_3點，則導路$\overline{Q_3A}$在A點的線加速度為$\overline{q_1a_3} \times Ka$。

由比例法求得

$$q_1b = \frac{qa_3 \times \overline{Q_3B}}{\overline{Q_3A}} = \frac{2.5 \times 3.2}{6.5} = 1.23\text{公分}$$

即B點的加速度

$$A_b = \overline{q_1b} \times Ka = 1.23 \times 20 = 24.6\text{公尺／秒}^2$$

導路Q_3A的角速度

$$\omega_3 = \frac{\overline{q_1a_3}}{Q_3A} = \frac{0.51 \times 10}{\frac{65}{100}} = 78.5 \text{ 弳／秒}^2$$

導路Q_3A的角速度

$$\alpha_3 = \frac{Am^t}{Q_3A} = \frac{0.9 \times 20}{\frac{6.5}{100}} = \frac{18 \times 100}{6.5} = 277 \text{ 弳／秒}^2$$

1. 圖(a)中，AQB 為一時鐘的曲柄，當 AQB 以 30rpm 的角速度(順時旋轉)及以 2 弳／秒²的角減速度繞固定軸 Q 旋轉，$\overline{QA}$ 長為 2.5 公分且與水平線成 30°，短針 $\overline{QB}$ 長 1.5 公分，與 $\overline{QA}$ 成 60° 之交角(即 QB 在垂直方向)。求

   (1) A 和 B 的絕對線加速度。

   (2) B 對 A 的相對線加速度。

   (3) $\overline{AB}$ 連線的絕對角速度和角加速度。

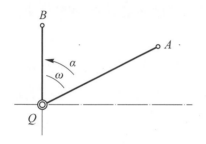

圖(a)　A 和 B 的絕對線加速度

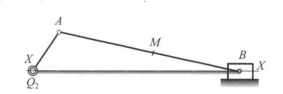

圖(b)　求 B 點的絕對速度，A 和 B 點的絕對線加速度及 AB 的絕對角速度與角加速度

2. 圖(b)中，剛體 M 在運動時，點 A 以 2.5 公分長的半徑繞固定軸 Q_2 作順時圓周運動(Q_2 點在 A 點的左方)，若 A 點的速度 $Aa = 3.8\text{cm/sec}$，A 點的角減速度為 2.5 rad/sec²，B 點僅能在 XX 線上運動。求 B 點的絕對速度，A 和 B 點的絕對線加速度及 AB 的絕對角速度與角加速度。

3. 圖(c)中，$\omega_2 = 4.8$ 弳／秒(順時)，角加速度 $\alpha_2 = 8 \text{ rad/sec}^2$(順時)，若 $Ks = 15\text{cm}$，$Kv = 54\text{cm/sec}$，$Ka = 180\text{cm/sec}^2$，畫出機構的速度加速度多邊形，並求 Ab、ω_3、ω_4 及 α_3、α_4。

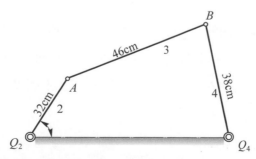

圖(c)　畫出機構的速度與加速度多邊形，並求 Ab、ω_3、ω_4 及 α_3、α_4

4. 圖(d)中，$\overline{Q_2B} = 2.5\text{cm}$，$\overline{BC} = 7.6\text{cm}$，$\omega_2 = 1\text{rad/sec}$(等角速度運動)，用相對速度法$C$點的加速度。

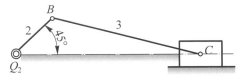

圖(d) 相對速度法 C 點的加速度

5. 一柴油機有 9 個直立式的汽缸(54 公分×78 公分，225rpm)連接桿之長度爲曲柄曲柄的 5 倍(曲柄長爲 39 公分)，當曲柄以等速順時旋轉，當旋轉至與水平線成 60°角時，用半圖解法及圖解法求連接桿中點的線加速度，並求連桿的角速度及角加速度。

6. 圖(e)中，$\overline{Q_2B} = 30$ 公分，$\overline{BC} = 53$ 公分，$\overline{BH} = 114$ 公分，$\overline{Q_2Q_4} = 76$ 公分，當 $\overline{Q_2B}$ 以 100rpm(逆時)，角加速度爲 100rad/sec^2旋轉時，用半圖解法求C和H的加速度，並求連桿$\overline{BC}$的絕對角加速度。

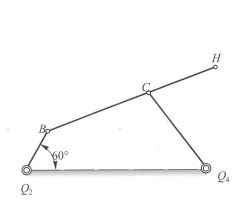

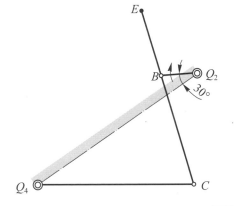

圖(e) 用半圖解法求 C 和 H 的加速度，並求連桿 BC 的絕對角加速度

圖(f) 求E點的線加速度，並求連桿$\overline{BC}$的角速度及角加速度

7. 圖(f)中，爲一曲柄搖桿機構，$\overline{Q_2B} = 12.5$ 公分，$\overline{BC} = 38$ 公分，$\overline{Q_4C} = 53$公分，$\overline{Q_2Q_4} = 66$ 公分，$CBE = 68$ 公分，當曲柄以 120 rpm 順時等速旋轉，如圖在水平位置與機架(連心線$\overline{Q_2Q_4}$成30°角)，求E點的線加速度，並求連桿$\overline{BC}$的角速度及角加速度。

8. 圖(g)為一瓦特式天平機，曲柄$\overline{AB}$以 120rpm 等速順時旋，當曲柄AB轉至水平成 60°時，求連桿端點E的絕對加速度及桿CDE的絕對角速度與角加速度。

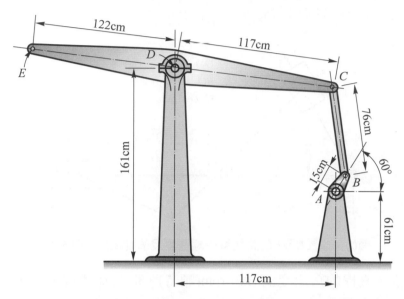

圖(g)　桿端點E的絕對加速度及桿CDE的絕對角速度與角加速度

9. 圖(h)為雙橢圓機構，$\overline{Q_2B} = \overline{Q_4C} = 23$ 公分，$\overline{Q_2Q_4} = 40$ 公分，當$\overline{Q_2B}$以 10.7rpm 之角速反向旋轉時，帶動$\overline{Q_4C}$旋轉，求$\overline{Q_4C}$延線上點E的絕對線加速度(指向與大小)，同時求連桿$\overline{BC}$的絕對角速度和角加速度。

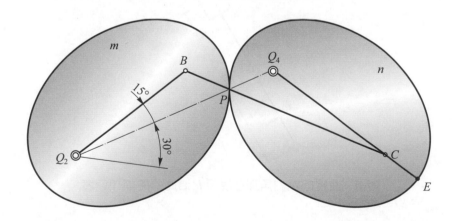

圖(h)　點E的絕對線加速度，同時求連桿 BC 的絕對角速度和角加速度

10. 圖(i)中，$\overline{Q_2F} = 38$ 公分，$\overline{BQ_4} = 35$ 公分，$\overline{Q_4D} = 15$ 公分，曲柄$\overline{Q_4D}$以 150rpm 等速逆時旋轉，求點E及F的絕對瞬時線速度＝？(公分／秒)及滑塊E的線加速度＝？(公分/秒^2)並求$\overline{Q_2F}$的角速度以 rpm 表示。

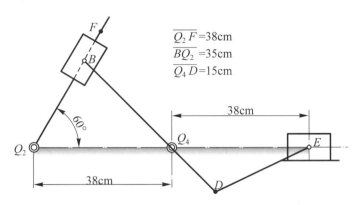

圖(i)　求點E及F的絕對瞬時線速度及滑塊E的線加速度

11. 如圖(j)所示，直桿的角速度為 120 rpm(順時)，但角加速度未知，一個質點P以 $\mu = 3$ m/sec的相對線速度滑動，點P的絕對合加速度 45m/sec^2，水平向左，求此桿的絕對角加速度及P沿此桿的線加速度。

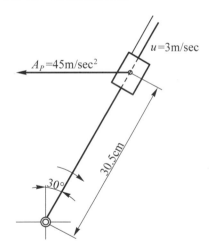

圖(j)　此桿的絕對角加速度及 P 沿此桿的線加速度

12. 圖(k)中，$\overline{Q_2A} = 20\text{cm}$，$\overline{Q_3B} = 10\text{cm}$，$\overline{Q_2Q_3} = 95\text{cm}$，曲柄$\overline{Q_2A}$以 90rpm 的等角速度順時旋轉，求$B$點的絕對線加速度。

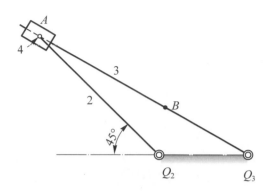

圖(k)　求B點的絕對線加速度

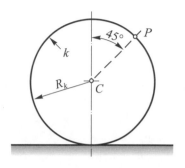

圖(l)　求 P 點的加速度

13. 圖(l)中，圓柱k在平面上作滾動接觸(無滑動)半徑R_k= 5cm，C點的速度為3cm/sec，C點的加速度為2 cm/sce²(與速度同向)，求P點的加速度。

14. 圖(m)中，R_k= 2.5cm，R_g= 5cm，P在h上距C點 1cm，軸C由搖臂h來帶動，ω_h= 1 rad/sec 之角速繞固定軸Z而旋轉。圓柱k在固定軸g上滾動，如圖所示，當h向右旋轉 30 度時，求A_p在平行YY方向的分量。

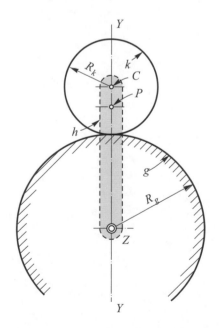

圖(m)　求A_p在平行YY方向的分量

Chapter 5

連桿機構

5-1 連桿組的定義

　　機械上一個連桿必與他一連桿構成對偶，由許多連桿及對偶而聯繫在一起的組成物，稱為連桿裝置(Link work)或稱連桿組(Linkage)。

5-2 四連桿機構

　　連桿組中只有四連桿組才能發生確定的運動，故討論連桿組時，常以四連桿為基本型態，如圖 5-1 及圖 5-2 所示，其個零件的名稱如下：

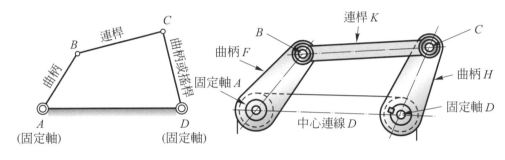

圖 5-1　四連桿裝置　　　　　　圖 5-2　四連桿裝置簡圖

　　圖中，A 與 D 為兩個固定中心，故 A、D 兩點所在的剛體是固定不動的，即第一章所講的機架，連接 A 與 D 兩固定中心的直線稱為連心線(Line of centers)，此連心線是固定不動的，或說它是屬於固定機件上一條線。$\overline{AB}$ 與 $\overline{DC}$ 各圍繞固定中心 A 與 D 旋轉，故這兩個旋轉桿可能都成為曲柄(Crank)，或都成為搖桿(Rocker)，也可能成為一個曲柄，一個搖桿。其中可繞固定軸作完全迴轉之機件稱為曲柄，而可繞固定軸作搖擺運動的機件稱為搖桿。$\overline{BC}$ 桿用來聯接 $\overline{AB}$ 與 $\overline{DC}$ 桿以傳達兩者間的運動的，故稱為連接桿(Connecting rod)或浮桿(Floating link)，因其運動時無一固定旋轉中心之故。

　　以曲柄搖桿組為基本型態的四連桿組，若將各機件依序固定，則可得到三種型態：

(1)　曲柄搖桿組。

(2)　雙曲柄組。

(3)　雙搖桿組。

5-3 曲柄搖桿機構(Crank & rocker mechanism)

當四連桿機構中，一連桿可作整個迴轉(即曲柄)，而它一連桿僅能作搖擺(即搖桿)，此機構即謂之曲柄搖桿機構，如圖 5-3 所示，$\overline{AD}$機件係固定，$\overline{AB}$曲柄能作整周迴轉，$\overline{DC}$搖桿則繞D軸作搖擺運動，欲得此結果，必須合乎下列三條件(依 $\triangle AC_1D$ 及 AC_2D，二邊和大於第三邊之原理)，由下列條件中，得出曲柄AB最短。

$$\overline{AD} + \overline{CD} > \overline{AB} + \overline{BC} \tag{5.1}$$

$$\overline{AD} + \overline{BC} > \overline{AB} + \overline{CD} \tag{5.2}$$

$$\overline{BC} + \overline{CD} > \overline{AB} + \overline{AD} \tag{5.3}$$

曲柄搖桿機構中，若以曲柄為原動件，則曲柄無論運動至任何位置皆可使搖桿開始擺動。但若以搖桿為原動件，則當連桿運動至與曲柄成一直線時，連桿施於曲柄之力只有上拉或下壓的力量，若不加外力，則無法使搖桿自這兩個位置起動，曲柄便無法被帶動，運動便無法連續，這二個位置稱為死點位置(Dead point)，如圖 5-3 所示的C_1與C_2即是。然而靜點(死點)位置的消除，除可利用飛輪運動的慣性力外，並可利用兩組曲柄搖桿聯合操作，以便運動連續。

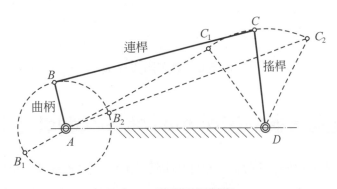

圖 5-3　曲柄搖桿機構

曲柄搖桿組的應用，如圖 5-4 所示的腳踏縫紉機，圖 5-5 所示的人騎腳踏車及圖 5-6(a)(b)所示的織布用壓光機等。

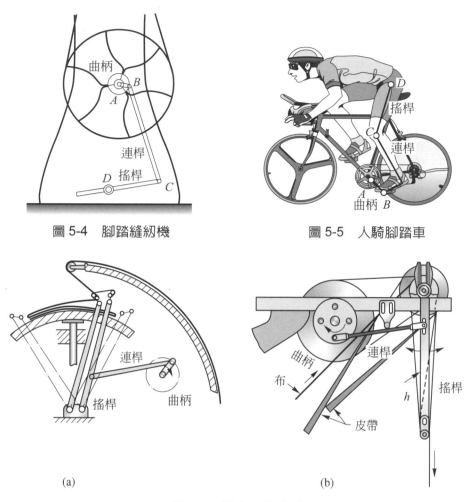

圖 5-4　腳踏縫紉機

圖 5-5　人騎腳踏車

(a)

(b)

圖 5-6　織布用壓光機

5-4 雙搖桿機構(Double rocker mechanism)

　　四連桿組中的兩個旋轉桿都不能作整周旋轉，只能各繞A、D軸作搖擺運動，此即為雙搖桿機構。此機構的構成條件，可依$\triangle AB_1D$及$\triangle AB_2D$中，三角形兩邊和大於第三邊的原理得到三個條件：

$$\overline{AB} + \overline{CD} > \overline{BC} + \overline{AD} \tag{5.4}$$
$$\overline{AD} + \overline{CD} > \overline{BC} + \overline{AB} \tag{5.5}$$
$$\overline{AB} + \overline{AD} > \overline{BC} + \overline{CD} \tag{5.6}$$

從以上三條件中，得知浮桿BC最短。

圖 5-7 中，搖桿AB當原動件時，它係在AB_1與AB_2間擺動(而不是在AB'')。而從動件$\overline{CD}$則在$\overline{C_1D}$與$\overline{C_2D}$(不是在AC'')間擺動，因此對B來說，B_1及B_2為死點。對 C 點來說，C_1及C_2為死點。克服死點的方式如同曲柄搖桿機構，不外乎是利用飛輪或兩組雙搖桿機構並用。

雙搖桿機構的應用如圖 5-8 所示的考理斯氣閥機構及圖 5-9 所示的電扇搖擺機構。圖 5-9 所示的電扇搖擺機構，浮桿A可以在空間作完全旋

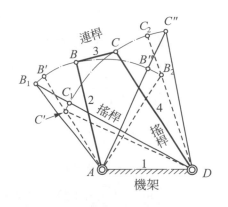

圖 5-7　雙搖桿機構

轉，所以當運動繼續時，浮桿就不停地在旋轉。故可以將原動力加於浮桿 A，而使 B 及 D 同時搖擺，桌上用電風扇的搖擺裝置就是利用這種機構做成的。

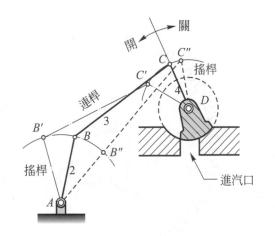

圖 5-8　考理斯氣閥

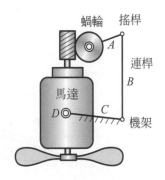

圖 5-9　電扇搖擺機構

5-5　雙曲柄機構(Double crank mechanism)

如圖 5-10 所示之四連桿機構中，若將連桿$\overline{AB}$固定，以$\overline{BC}$及$\overline{AD}$為曲柄，分別繞A及B兩固定軸迴轉，則$\overline{CD}$為連桿，因連桿$\overline{CD}$通常均較固定桿$\overline{AB}$長，又較曲柄$\overline{BC}$及$\overline{AD}$短，故此連桿常給予一專有名稱，通稱之為牽桿(Drag-link)，故此機構又稱為牽桿機構(Drag-link mechanism)。在牽桿機構中，若欲使兩曲柄均能作整周迴轉，且無"死點"位置時，則各連桿間之長度，必須合於下列兩個條件：

(1) 每一曲柄要大於中心連線(Line of center)，如圖 5-10 所示的曲柄$\overline{BC}$及$\overline{AD}$都大於中心連線AB。

(2) 較短之曲柄BC所作之圓，截分較長曲柄AD所作之圓的直徑為兩段，即$\overline{C_4F}$及$\overline{C_4D_2}$，連桿CD須大於較短之分段$\overline{C_4F}$，而小於較長之分段$\overline{C_4D_2}$。此條件可以下式表示之

$$\overline{CD} + \overline{BC} > \overline{AB} + \overline{AD}(見三角形AC_4D_4) \tag{5.7}$$

$$\overline{AD} + \overline{CD} > \overline{AB} + \overline{BC}(見三角形AC_4D_4) \tag{5.8}$$

$$\overline{AD} + \overline{BC} > \overline{AB} + \overline{CD}(見三角形BC_2D_2) \tag{5.9}$$

由上列條件中，可知機架$\overline{AB}$最短，任一根桿與機架相加其和必比另二根連桿的和要短。

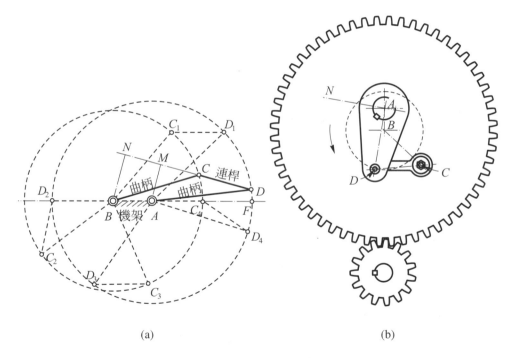

(a)　　　　　　　　　　　　　　　　　(b)

圖 5-10　雙曲柄機構

牽桿機構可以構成一速歸運動機構，即曲柄作等速旋轉運動，另一曲柄作不等速旋轉運動，如此一快一慢的旋轉運動即可做成速歸運動。如圖 5-10 中，畫$\overline{AM}$、$\overline{BN}$垂直於連桿$\overline{CD}$的延線上，則

$$\frac{\omega_{AD}}{\omega_{BC}} = \frac{\overline{BN}}{\overline{AM}}$$

若連桿 $\overline{CD}$ 運動至與機架 $\overline{AB}$ 平行時，則 BN 等於 $\overline{AM}$，即 $\omega_{AB} = \omega_{BC}$。若曲桿 $\overline{BC}$ 為主動件做等速運動，而 $\overline{AM} < \overline{BN}$ 時，則 ω_{AD} 較快，若 $\overline{AM} > \overline{BN}$，則 ω_{AD} 較慢，依此原理故可用於速歸運動機構，如圖 5-11 所示之插床速歸機構及圖 5-12 所示之 Morgan 氏划水車。

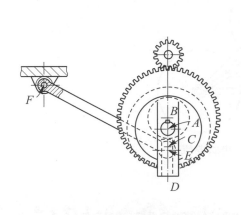

圖 5-11　插床速歸機構

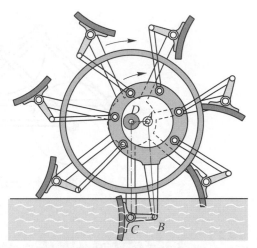

圖 5-12　Morgan 氏划水車

5-6 平行曲柄機構(Parallel crank mechanism)

在四連桿機構中，其相對二連桿之長度互等時，如圖 5-13 之(a)、(b)所示，曲柄 $\overline{AB}$ 與曲柄 $\overline{CD}$ 的長度相等，同時中心線 $\overline{AD}$ 與連桿 $\overline{BC}$ 也相等，所以這種四連桿組的四條中心線，不論運動在什麼位置，都是平行四邊形。而使兩曲柄的旋轉方向一致，圖中，兩固定軸至連桿的垂直線 $\overline{AM}$ 與 $\overline{DN}$ 相等，所以曲柄 $\overline{AB}$ 與曲柄 $\overline{CD}$ 的角速率相等。例如蒸汽火車頭的車輪上有一平行桿，A 與 D 就是兩個車輪的軸心。$\overline{BC}$ 就是兩輪間的平行連桿，這樣才能確保兩車輪的角速率相等，兩輪的進行速率也一樣，克服死點的方法可用兩組(或三組)平行曲柄機構配點使用，如圖 5-14 所示。

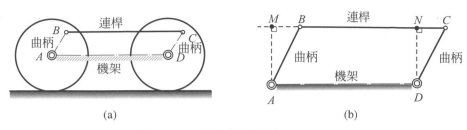

圖 5-13 平行曲柄機構(AD=BC)

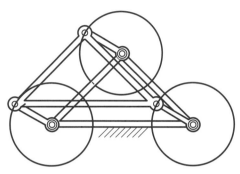

圖 5-14 三組平行曲柄機構

5-7 相等曲柄機構(Equal crank mechanism)

平行曲柄機構中的連桿 $\overline{BC}$ 短於兩曲柄中心聯線 $\overline{AD}$ 時,此種機構即謂之相等曲柄機構。如圖 5-15 所示,$\overline{AB}$ 與 $\overline{CD}$ 兩曲柄相等,而連桿 $\overline{BC}$ 短於機架 $\overline{AD}$,如此兩固定軸至連桿延線的垂線不相等,這樣將影響到兩曲柄的相對運動。

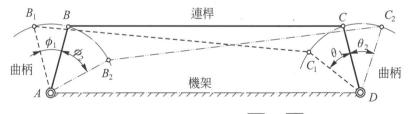

圖 5-15 相等曲柄機構($\overline{BC} < \overline{AD}$)

圖中,當 $\overline{BC}$ 平行 $\overline{AD}$ 時,則∠CDA等於∠BAD。當 $\overline{CD}$ 桿逆時轉動 θ_1 時,則 $\overline{AB}$ 桿逆時轉動 ϕ_1,但 ϕ_1 小於 θ_1。當 $\overline{CD}$ 桿順時轉動 θ_2 時,則 $\overline{AB}$ 桿亦轉動 ϕ_2 角度,但 ϕ_2 大於 θ_2。應用此種原理可應用在汽車之轉向機構(Steering mechanism of automobiles)。

如圖 5-16 所示，當汽車直行時，相等曲柄機構的位置，但當汽車右轉時，其右輪軸必須以固定軸 A 為中心轉動一較大的角度，而左輪軸則以固定軸 D 為中心轉動一較小的角度，若汽車左轉時，其情況恰與右轉時相反，如圖 5-17(a)(b) 所示。

如圖 5-18 所示，當汽車左轉時，其兩前輪之理想位置(即將左右前輪轉軸，畫兩條直線)，必與後輪大軸中心的延線相交於一點，如圖中的 Q 點。圖中左前輪必以 Q 為圓心 $\overline{QD}$ 為半徑作內圈的轉動，而右前輪則以 Q 為圓心，$\overline{QA}$ 為半徑作外圈的轉，如此才能減少汽車在轉彎時因離心而滑出道路。如圖 5-19 所示，汽車右轉時，其旋轉中心有兩個，如此必會造成汽車滑出道路。

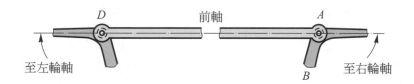

圖 5-16

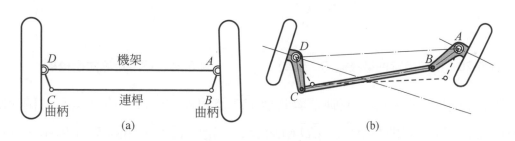

圖 5-17　相等曲柄機構

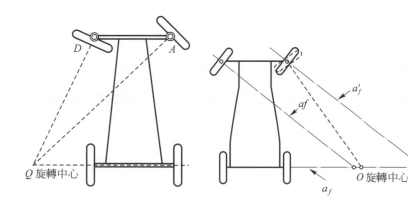

圖 5-18　汽車轉向之理想位置　　圖 5-19　汽車轉向之不正確位置

5-8 不平行等曲柄機構
(Non-parallel equal crank mechanism)

圖 5-20 中，$\overline{AB}$、$\overline{BC}$、$\overline{CD}$ 與 $\overline{AD}$ 四桿皆不平行，但曲柄 $\overline{AB}$ 與曲柄 $\overline{CD}$ 等長，而連桿 $\overline{BC}$ 則與機架 $\overline{AD}$ 相等，當曲柄 $\overline{AB}$ 等角速率迴轉時，$\overline{CD}$桿必作變角速率且方向相反的轉動(因 $\overline{AM}$ 與 $\overline{DN}$ 隨時變化)，但兩曲柄旋轉一週所需的時間是相等的，由於連桿 $\overline{BC}$ 與機架 $\overline{AD}$ 隨時都在交叉位置，故又稱交叉連桿組(Crossed four-bar linkage)。

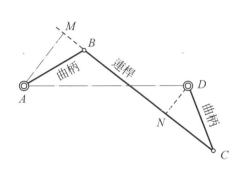

圖 5-20 不平行等曲柄機構($\overline{BC} \neq \overline{AD}$)

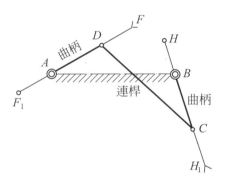

圖 5-21 不平行等曲柄機構

由於此機構，曲柄 $\overline{AB}$ 運動至與曲柄 $\overline{CD}$ 及連桿 $\overline{BC}$ 成一直線時有二個死點，欲克服死點，則可將曲柄 $\overline{AB}$ 及 $\overline{CD}$ 兩端延長一定的長度，如圖 5-21 所示，在F_1與 H 端裝上圓環，在 F 與 H_1 端裝上半圓環，如此可以使曲柄 $\overline{AB}$ 與$\overline{CD}$ 容易克服死點，繼續旋轉。

若要克服死點，亦可利用圓輪的方法，如圖 5-22 所示，固定橢圓輪 2 的焦點 A 及另一橢圓輪 4 的焦點 D，且 $\overline{AD}$ 的距離等於長軸 $\overline{FF_1}$ 或 $\overline{HH_1}$。當柄橢圓輪滾動接觸時，其接觸點在連心線上的一點 P，兩橢圓輪的角速比與轉軸至接觸點的距離成反比。即

$$\frac{\omega_2}{\omega_4} = \frac{\overline{DP}}{\overline{AP}}$$

當ω_2等速迴轉時，因 $\overline{AP}$ 及 $\overline{DP}$ 隨時改變，所以ω_4必做變速迴轉運動。利用這兩個滾動接觸的橢圓體，可改成橢齒輪，用在插床上，變成急回運動機構(切削衝程

慢速進刀，回程快速退刀)。如馬達帶動橢圓齒輪 2 等速轉動，橢圓 4 上的*C*點裝上一附件(曲柄)以推動溜座，則溜座可做急回運動。

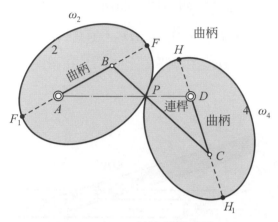

圖 5-22　橢圓輪($\overline{BC} \neq \overline{AD}$)

5-9　慢速運動連桿組(Slow motion by linkwork)

在四連桿運動裝置中，如果將各連桿的長度做適當的比例配合，就可使其中一個曲柄轉動時另一曲柄產緩慢的運動，如圖 5-23 所示，當曲柄 $\overline{AB}$ 繞固定軸 *A* 轉動時，由連桿 $\overline{BC}$ 傳遞的動力，可使曲柄 $\overline{CD}$ 繞固定軸 *D* 轉動。若曲柄 $\overline{AB}$ 順時針方向旋轉，則曲柄 $\overline{CD}$ 也順時針方向旋轉。但搖桿 $\overline{CD}$ 是做減速運動。當曲柄 $\overline{AB}$ 運動到與連桿 $\overline{BC}$ 成一直線時(即 B_1、*A* 與 C_1 成一直線)，則搖桿 $\overline{CD}$ 的轉速為零。若曲柄 $\overline{AB_1}$ 繼續以順時針方向運動時，則曲柄將由C_1 點慢慢加速運動至 *C* 點。

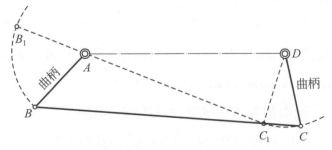

圖 5-23　慢速運動機構($\angle BAB_1 > \angle CDC_1$)

在圖 5-23 中，得知在同一時間內曲柄 $\overline{AB}$ 所轉過的角度($\angle BAB_1$)遠大於搖桿 $\overline{CD}$ 所搖擺的角度($\angle CDC_1$)，即搖桿 $\overline{CD}$ 的角速率小於曲柄 $\overline{AB}$ 的角速率，所以稱之為慢速運動機構，此種機構也用於考理斯汽閥機構(Coliss value mechanism)。

5-10 含有運動對的連桿組

如圖 5-24 所示,它也稱爲四連桿組,因滑塊 4 相當於圖 5-3 中,搖桿$\overline{CD}$的縮短使用。四連桿分別是$\overline{AB}$、$\overline{BC}$、$\overline{CD_\infty}$與$\overline{AD_\infty}$。其中$\overline{AD_\infty}$與$\overline{CD_\infty}$均垂直導路 1,並在無窮遠處相交。需注意的是$\overline{AD_\infty}$在導路 1 上,$\overline{CD_\infty}$在滑塊 4 上。這種含有滑塊的連桿組可分成兩大類。

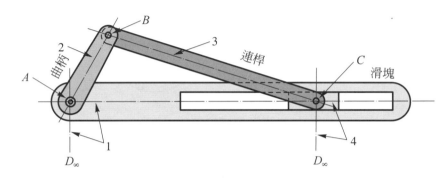

圖 5-24　滑塊曲柄機構

1. **滑動對的一個機件(導路)是固定的**

   ⑴　連桿長於曲柄,如圖 5-25 所示,導路 1 固定且連桿 3 比曲柄 2 長,此稱爲 往復滑塊曲柄機構(Reciprocating block slider crank mechanism)。

   ⑵　連桿短於曲柄,如圖 5-26 所示,導路 1 及滑塊 4 固定且連桿$\overline{AB}$比曲柄$\overline{BC}$短者,稱爲滑槽連桿組(Sliding slot linkage)。

2. **滑動對的一個機件(導路)是不固定的**

   ⑴　導路繞固定軸搖擺,而機架長於曲柄者,如圖 5-27 所示,圖中導路繞固定軸C而做搖擺運動,機架$\overline{BC}$長於曲柄$\overline{AB}$者,稱爲擺動滑塊曲柄機構(Oscillating block slider crank mechanism)。

   ⑵　導路繞固定軸而轉動,機架短於曲柄者(如圖 5-28 所示,導路繞固定軸A而轉動,而曲柄$\overline{BC}$長於機架$\overline{AB}$者)稱爲迴轉塊連桿組(Turning block linkage)。

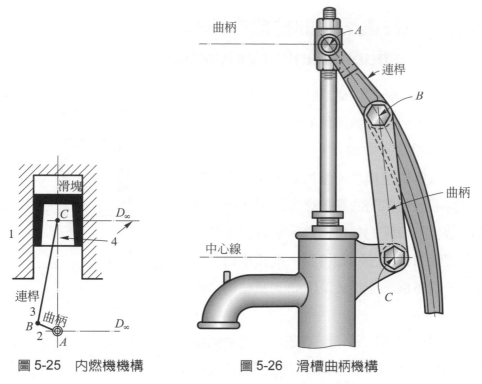

圖 5-25　內燃機機構

圖 5-26　滑槽曲柄機構

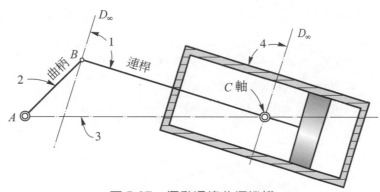

圖 5-27　擺動滑塊曲柄機構

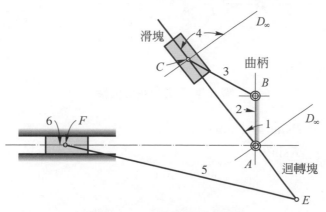

圖 5-28　迴轉塊曲柄機構

5-11 往復滑塊曲柄機構(Reciprocating block slider crank mechanism)

如圖 5-29 所示，爲一普通汽車引擎(Engine)的汽缸剖面圖，包括斜線部份的汽缸，內有活塞4、連桿3、曲柄2及曲軸A。

汽缸 1 視爲固定機件，當汽缸頂面的火星塞火花放電時，被壓縮的油氣爆炸，使活塞4(相當於滑塊C)做上下直線的往復運動，活塞桿3受活塞之力而帶動曲柄 2 繞A軸轉動。此種機構常用於蒸汽機、內燃機、往復式泵(Pump)及往復式壓縮機。

圖 5-30 中，滑塊C是作簡諧運動。當曲柄逆時轉動θ角時，滑塊由上死點C_1滑動到C點，其滑動距離$S = \overline{CC_1}$，即

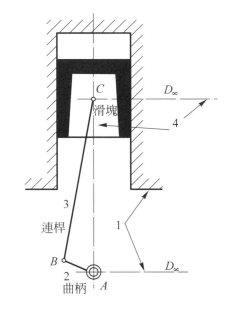

圖 5-29　滑塊曲柄機構

$$S = \overline{CC_1} = \overline{AC_1} - \overline{AC} = R + L - (\overline{AP} + \overline{PC})$$
$$= R + L - (R\cos\theta + L\cos\phi) \qquad (5.10)$$
$$= R(1 - \cos\theta) + L(1 - \cos\phi)$$

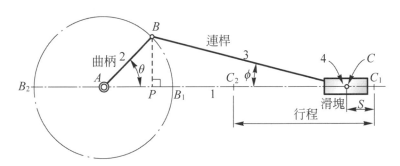

圖 5-30　滑塊曲板機構

由於　　　　$BP = R\sin\theta = L\sin\phi$

因此　　　　$\sin\phi = \dfrac{R\sin\theta}{L}$

而 $$\cos\phi = \sqrt{1-\sin^2\phi} = \left(1-\frac{R^2\sin^2\theta}{L^2}\right)^{\frac{1}{2}}$$

採泰勒氏二項式定理代入(5.10)式得

位移

$$
\begin{aligned}
S &= R(1-\cos\theta) + L\left[1-\left(1-\frac{R^2\sin^2\theta}{L^2}\right)^{\frac{1}{2}}\right] \\
&= R(1-\cos\theta) + \frac{R^2\sin^2\theta}{2L} \tag{5.11}
\end{aligned}
$$

速度

$$
\begin{aligned}
V &= \frac{ds}{dt} = \frac{d(R-R\cos\theta)}{dt} + \frac{R^2}{2L}\cdot\frac{d\sin^2\theta}{dt} \\
&= 0 - R(-\sin\theta)\frac{d\theta}{dt} + \frac{R^2}{2L}2\sin\theta\frac{d\sin\theta}{dt} \\
&= R\omega\sin\theta + \frac{R^2}{2L}2\sin\theta\cos\theta\frac{d\theta}{dt} \\
&= R\omega\sin\theta + \frac{R^2\omega}{2L}\sin 2\theta \tag{5.12}
\end{aligned}
$$

加速度

$$
\begin{aligned}
A &= \frac{dv}{dt} = \frac{dR\omega\sin\theta}{dt} + \frac{R^2\omega}{2L}\cdot\frac{d\sin 2\theta}{dt} \\
&= R\omega\cos\theta\frac{d\theta}{dt} + \frac{R^2\omega}{2L}\cos 2\theta\frac{d2\theta}{dt} \\
&= R\omega^2\cos\theta + \frac{R^2\omega\cos 2\theta}{2L}\times 2\frac{d\theta}{dt} \\
&= R\omega^2\cos\theta + \frac{R^2\omega^2\cos 2\theta}{L} \tag{5.13}
\end{aligned}
$$

由(5.11)式中，當 $\theta = 180°$ 時，則 $S_{max} = R(1-\cos 180°) + 0 = 2R$(最大行程為 2 倍曲柄長)。

5-12 滑槽連桿組(Sliding slot linkage)

　　如圖 5-24 中，如果將導路 1 及滑塊 4 固定不動，則連桿 BC 變成迴轉桿，繞固定軸 C 而作搖擺運動。連桿 $\overline{BA}$ 可繞 A 軸作迴轉或搖擺運動，則滑桿 1 的行程等於 $2\overline{BA}$，這種機構可用在手壓泵(Hand pump)，即手壓抽水機上，如圖 5-26 及圖 5-31 所示。

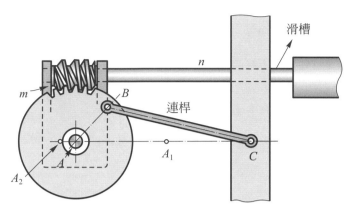

圖 5-31　滑槽連桿組

5-13 擺動滑塊機構(Oscillating block slider crank mechanism)

　　如圖 5-32 所示，為一使用於牛頭鉋床的內部的機構圖，溜座前端裝有刀具，當溜座在滑道上作左右往復連動時，則刀具在切削工件(Workpiece)。溜座向右滑動時，是切削行程，所以溜座要慢速且均勻的滑動，才能使切削的工件光度好而不損壞刀具。當溜座往左滑動時，是退刀行程，所以滑動速率可快，以節省加工時間。圖中，齒輪 2 由馬達帶動繞 B 軸而旋轉，曲柄 AB 與滑塊 1 在 A 點以樞紐相連，當齒輪 2 轉動時，使曲柄 $\overline{AB}$ 帶動滑塊 1 在導路內做上下的運動，使導路 4 以 C 為軸做左右的擺動，推動銷 S，使溜座左右運動著。

　　此機構可產生一種速歸運動，亦稱急回運動(Quick-return motion)，即溜座在同一行程內，回程時間遠比去程時間少者稱之，如圖 5-33 所示。

　　圖 5-33 中，曲柄 2 繞B軸順時方向旋轉，當 $\overline{BA_0}$ 垂直 $\overline{E_0C}$ 時搖臂在左端死點位置，準備使E_0向右滑動，溜座開始切削行程，當曲柄 $\overline{BA_0}$ 運動至$\overline{BA_1}$且垂直$\overline{E_1C}$時，則溜座已完成切削，曲柄 2 已轉了φ角度，溜座開始作回程退刀行程，在回程行程時，曲柄 2 已轉了β 角度，而得公式

$$\frac{切削行程所需之時間}{回程行程所需之時間} = \frac{\phi}{\beta} \tag{5.14}$$

上式中φ＞β，故切削行程所需時間比回程行程要長。又溜座的切削行程與回程行程的直線距離相等，而曲柄 2 為等角速度運動，去程時間比回程時間長，造成溜座的切削行程平均速率小於回程行程的平均速率。

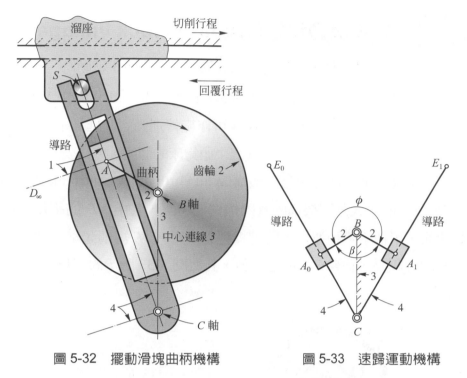

圖 5-32　擺動滑塊曲柄機構　　　　圖 5-33　速歸運動機構

　　圖 5-34(b)中，溜座 6 以連桿 5 帶動，若要調整溜座 6 的位置，只要將螺帽G鬆開，再移動溜座 6，然後再將螺帽G銷緊，如此調整位置即完成。若要調整溜座 6 的行程，則可利用調整行程的扳手，帶動連桿將動力傳給調整螺桿$\overline{BC}$，以改變曲柄$\overline{BC}$的距離，如此則可改變溜座的行程。

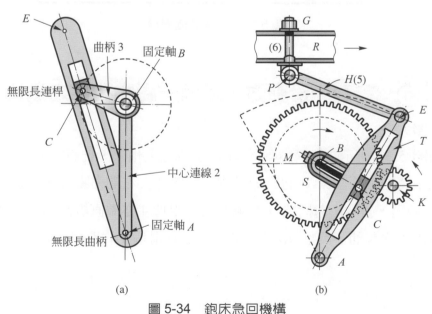

(a)　　　　　　　　　　(b)

圖 5-34　鉋床急回機構

5-14 迴轉塊連桿組(Truning block linkage)

如圖 5-36 所示，圖中機架$\overline{AB}$小於曲柄長$\overline{BC}$，當曲柄 3 轉動時，可使滑塊 4 及導路 2 也作圓周之旋轉運動，所以稱爲迴轉塊曲柄機構。圖 5-35 中，$\overline{AB}\infty$在導路 4 上也可稱爲曲柄，$\overline{AD}$稱爲機架桿。導路 4 可作旋轉運動，其延線上的一點E，可將動力由連桿$\overline{EF}$，傳至滑塊 6，滑塊 6 即代表牛頭鉋床的溜座，或代表龍門鉋床(Planer)的床台，此種機構又稱之爲惠氏急回機構(Whitworth quick-reutrn mechanism)。

圖 5-35 所示的惠氏急回機構的實際機構使用圖，其中 $\overline{AE}$ 的距離也可調整(只須由機器外部，用把手帶動連桿，將螺桿轉動即可。$\overline{AE}$ 短則溜座 F 的行程短。$\overline{AE}$ 長則溜座 F 的行程長，齒輪G由馬達帶動，其與圖 5-37 所示的字母 A、E 及 F 完全相同。

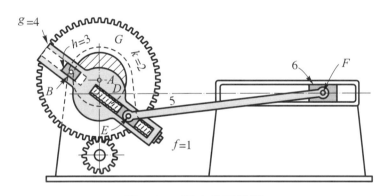

圖 5-35　插床急回機構

5-15 含有一滑動對，且有一膨大機件之機構

1. 機軸之擴大

如圖 5-38 所示之機構與圖 5-24 所示者完全相同，惟將機軸 A 之直徑膨大之，直至將曲柄活動銷 B 包含於其內，T 機件之左端亦膨大或環狀，包於膨大後之 A 軸上，當 $\overline{AB}$ 曲柄繞 A 軸轉動時，滑塊 4 亦做直線滑動，此種裝置，多用於短衝程之泵浦，調整 $\overline{AB}$ 的距離，可改變滑塊 4 的衝程。

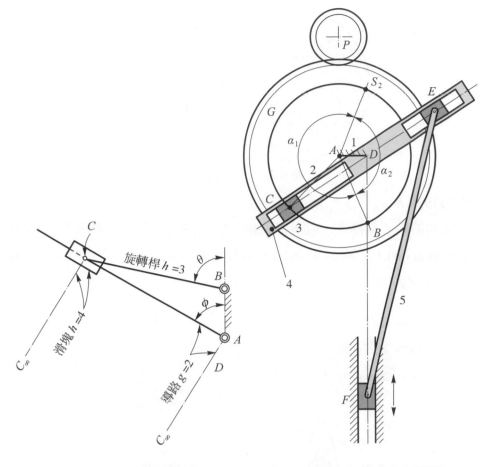

圖 5-36　迴轉塊曲柄機構　　　　圖 5-37　惠氏急回機構

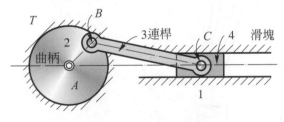

圖 5-38　短衝程泵浦

2. 曲柄活動銷之膨大

　　如圖 5-39 所示，若將曲柄銷 B 的直徑膨大之，直至將機軸 A 包含於其內，則變成普通的偏心輪與偏心輪桿(Eccentric rod)，多用於蒸汽機之汽瓣機構，調整 AB 的距離就可以調整滑塊 4 的行程。

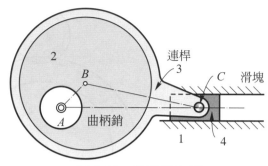

圖 5-39　蒸汽機汽瓣

3. 曲柄銷的再擴大

　　若使曲柄銷一直擴大，直至滑塊銷亦包括在內，則稱此種為丁字頭機構(Cross head mechanism)，如圖 5-40 所示，小型泵浦多採用之。其連桿 4 的位移、速度及加速度公式如下：

$$S_4 = R_2(1-\cos\theta) \tag{5.15}$$

$$V_4 = R_2\omega_2\sin\theta \tag{5.16}$$

$$A_4 = R_2\omega_2{}^2\cos\theta \tag{5.17}$$

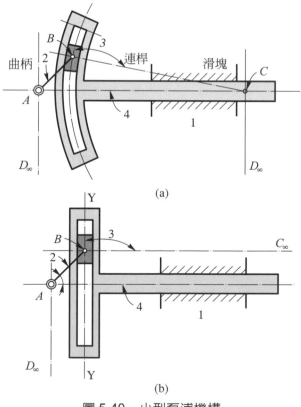

(a)

(b)

圖 5-40　小型泵浦機構

5-16 等腰連桿組(The isosceles linkage)

含有一滑動對之四連桿機構中,如圖 5-24 所示,將使連桿之長度$\overline{BC}$與曲柄$\overline{AB}$之長度相等,則得一等腰連桿機構,亦有稱為等邊連桿機構,如圖 5-41 所示。

在圖 5-41 中,機件 1 若是固定不動,$\overline{AB}$是主動件,當逆時迴轉時,C由C_1點開始運動,當曲柄$\overline{AB}$垂直$\overline{AC_1}$(滑塊C之動路)時,C點必與A點重合。如果$\overline{AB}$繼續逆時旋轉,則$\overline{CB}$轉的方向不變(順時方向轉動)。如果希望C點能繼續不斷的在運動,必須找到兩個瞬心的軌跡,第一個就是連桿$\overline{BC}$的瞬心軌跡(機件 1 固定)。第二個就是機件 1 的瞬心軌跡($\overline{BC}$固定不動)。

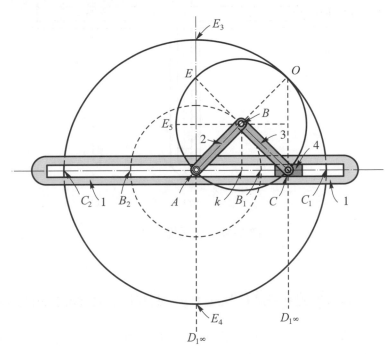

圖 5-41　等腰連桿組

當機件 1 固定不動,則$\overline{BC}$桿的瞬心軌跡(形心線)是以A為圓心,以$2AB$為半徑所畫的圓,如圖C_1、E_3、C_3、E_4所畫的圓,證明如下。圖中各連桿的位置,由B點作$\overline{Bk}$垂直$\overline{AC}$,於是在等腰三角形ABC內,$\overline{Ak} = \overline{kC} = \dfrac{\overline{AC}}{2}$,相似三角形$AOC$與$ABk$內,得知$\overline{AB} = \overline{BO}$,$\overline{AB} = \dfrac{\overline{AO}}{2}$,所以$O$點正是$BC$的瞬時軸,即$O$點的軌跡是以半徑$2AB$所畫的圓。同理,可以求得機件 1 的瞬心軌跡。即$\overline{BC}$為半徑所畫的圓(即圖中$A$、$C$、$O$及$E$所經過的圓)。

圖中當滑塊C行至行程中點A時，不能得到確切的運動，故在實際應用上，乃將連桿延長至E點，並在E點裝置一機構之變形(即為雙滑塊機構)，如圖5-42所示。

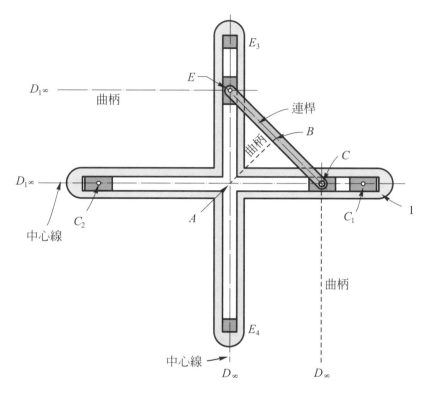

圖 5-42　雙滑塊機構

5-17　雙滑塊機構(Double slider mechanism)

　　如圖5-42中，當E運動至A時，滑塊C在C_1，而滑塊E在E_3時，$\overline{AB}$與$\overline{BC}$均垂直C_2AC_1，而是$\overline{AB}$與$\overline{BC}$在C_2AC_1之上方，當E回到A時，滑塊C在C_2。同理，當滑塊E在E_4時，則$\overline{AB}$與$\overline{BC}$均垂直C_1AC_2，且在C_1AC_2之下方。如圖5-42所示，$\overline{BE}$已由實際連桿代替，曲柄AB則已被刪掉，在十字槽內，滑塊E垂直滑動，滑塊C作水平滑動。

　　以下是雙滑塊機構的應用

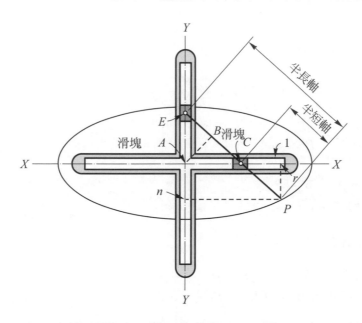

1. 橢圓規(The elliptic trammel)

橢圓機構是用於工程設計中，畫橢圓的工具，如圖 5-43 所示。

圖 5-43　橢圓規(畫橢圓的工具)

圖中，P點可以描繪橢圓，$\overline{PE}$爲橢圓的半長軸，$\overline{PC}$爲半短軸。若$\overline{PC} < \overline{PE}$，則橢圓的短軸沿著滑塊$E$的動路(即$Y$方向的橢圓，如圖 5-43 所示)，若$\overline{PC} > \overline{PE}$，則橢圓的短軸沿著滑塊$C$的動路(即$X$方向的橢圓)。畫橢圓的時候，可以調整$P$點，以得到不同形狀的橢圓，證明以原點爲中心橢圓方程式如下：

$$\frac{x^2}{a^2} + \frac{y^2}{b^2} = 1 \tag{5.18}$$

式中　a：半長軸$= \overline{PE}$；$y = \overline{Pr}$

　　　b：半短軸$= \overline{PC}$；$x = \overline{Pn}$

在圖 5-43 所示，$\triangle nPE$與$\triangle rPC$中

$$\frac{x}{a} = \frac{\overline{Pn}}{\overline{PE}} \tag{①}$$

$$\frac{y}{b} = \frac{\overline{Pr}}{\overline{PC}} \tag{②}$$

又因$\triangle nPE$與$\triangle rPC$相似，兩相似三角形的對應邊成比例，即

$$\frac{\overline{Pr}}{\overline{PC}} = \frac{\overline{nE}}{\overline{PE}}$$

將①、②式兩端平方得

而

$$\frac{x^2}{a^2} + \frac{y^2}{b^2} = 1 = \frac{\overline{Pn}^2}{\overline{PE}^2} + \frac{\overline{Pr}^2}{\overline{PC}^2} \qquad ③$$

$$\frac{\overline{Pr}^2}{\overline{PC}^2} = \frac{\overline{nE}^2}{\overline{PE}^2} \qquad ④$$

又

$$\frac{\overline{Pn}^2}{\overline{PE}^2} + \frac{\overline{Pn}^2}{\overline{PE}^2} \qquad ⑤$$

將④式與⑤式相加得

$$\frac{\overline{Pr}^2}{\overline{PC}^2} + \frac{\overline{Pn}^2}{\overline{PE}^2} = \frac{\overline{nE}^2}{\overline{PE}^2} + \frac{\overline{Pn}^2}{\overline{PE}^2} \qquad (5.19)$$

由直角三角形PnE中，兩直角邊之平方和等於斜邊之平方，即

$$\overline{Pn}^2 + \overline{nE}^2 = \overline{PE}^2$$

代入(5.19)式得

$$\frac{\overline{Pr}^2}{\overline{PC}^2} + \frac{\overline{Pn}^2}{\overline{PE}^2} = \frac{\overline{PE}^2}{\overline{PE}^2} = 1$$

因$\overline{Pr} = y$，$\overline{PC} = b$，$\overline{Pn} = x$，$\overline{PE} = a$，代入得

$$\frac{x^2}{a^2} + \frac{y^2}{b^2} = 1$$

這就是橢圓方程式，所以證明了P點的軌跡正是橢圓。

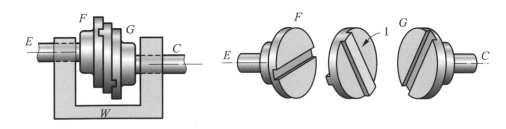

圖 5-44　歐丹聯軸器

2. **歐丹聯軸器**(Oldham coupling)

在圖 5-43 的橢圓形機構中，若將連桿EC固定，使兩滑槽x及y分別以C點及E點為旋轉中心，則又得一新的機構，圖 5-44 中，E軸上的圓盤F相當於圖 5-43 在E點的滑塊，C軸上的橢圓盤G，相當於圖 5-43 在C點的滑塊，中間圓盤 1 的兩面有可出的嵌條，左右兩面互成90°。此機構兩滑塊x及y所轉動的角度恆相等，且恆保持互相垂直，其中一滑槽迴轉，另一滑槽即以相等之角速度迴轉。

當兩軸的位置互相平行且軸距短，而有微小的變動時，則兩軸的運動可用此種機構傳達，連接此兩軸的機件叫做歐丹聯軸器。

5-18 肘節機構(The toggle mechanism)

如圖 5-45 所示，當滑塊C向右運動時，可以使小力P產生巨大的力量F，此種機構謂之肘節機構，根據轉距公式

$$F'(\overline{Ax}) = P(\overline{Ay}) \tag{5.20}$$

但 $F = F'\cos\alpha$，$F' = \dfrac{F}{\cos\alpha}$，代入上式得

$$\frac{F}{P} = \frac{\overline{Ay}}{\overline{Ax}} \times \cos\alpha$$

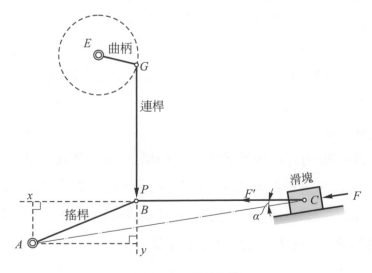

圖 5-45　肘節機構

因 α 角很小，因此 $\cos\alpha = 1$，而 $\overline{Ay} > \overline{Ax}$，因得 $F > P$，即用小力 P，可以獲得較大的力量 F，此種機構用於肘節壓床(如圖 5-46 所示)、空氣鉚接機(Penumatic riveters)、碎石機(Stone crushers)、壓床(Presses)及離合器(Clutches)等。

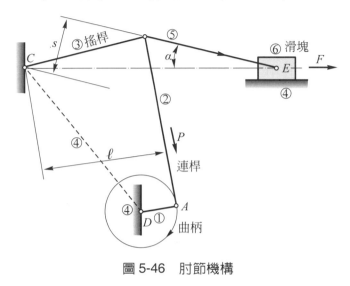

圖 5-46　肘節機構

5-19 直線運動機構 (Straight-line motion mechanism)

所謂直線運動機構者，係指機構中，其中一連桿上的某點，不直接由直線導路的約束，而能做直線動者，其中此動點又稱為畫點(Describing point)，這個畫點的動路有時在數學上是正確的，有時則是近似的，但得到正確直線運動的機構，其連桿數常嫌過多，構造繁雜故少實用價值，而近似直線運動機構則因其誤差甚微，構造又簡單，故實際上多用之。

1. **正確直線運動機構**

   ⑴ 皮氏(Peaucellier)直線運動機構：此機構是 1864 年由法人皮氏所發明，如圖 5-47 所示，連桿 $L_1 = L_4$，$L_2 = L_3$，$L_5 = L_6 = L_7 = L_8$，當主動桿 4 擺動時，帶動 L_5、L_6、L_7 與 L_8 運動(四連桿成菱形)，ACP 在一直線上，且 P 點在一個與連心線 $\overline{AD}$ 垂直的直線上運動。

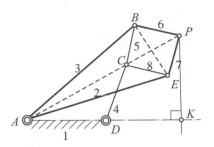

圖 5-47　皮氏直線機構(P點在一個與連心線$\overline{AD}$垂直的直線上運動)

(2) 波氏(Perrolaz)直線運動機構：圖 5-48 中，$L_1 = L_2$，$L_3 = L_4$(L_3與L_4各為一機件)，$L_5 = L_6 = L_7 = L_8$，當 2 桿運動，$\overline{O_1P}$在一直線上，且P點在一垂直於機架如斜線部份上做直線運動。

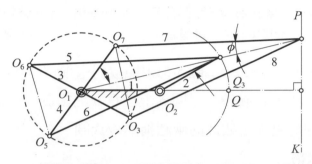

圖 5-48　波氏機構(P點在一垂直於機架如斜線部份上做直線運動)

(3) 哈特氏(Hart)直線運動機構：圖 5-49 中，$L_1 = L_2$，$L_3 = L_4$，$L_5 = L_6$，$\overline{O_1O_3P}$恆在一直線上，當 2 桿運動時，P點之動路為垂直於機架$\overline{Q_1Q_2}$的直線上運動。另外一種類似之直線機構(淺川機構，如圖 5-49(b)所示)。

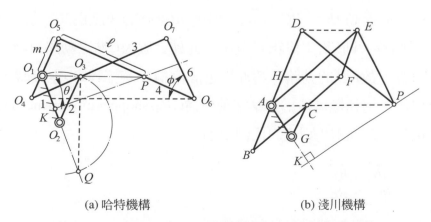

(a) 哈特機構　　　　　　　　　(b) 淺川機構

圖 5-49　P點之動路為垂直於機架Q_1Q_2的直線上運動

(4) 司羅氏(Scott russel)直線運動機構：此機構可視為等腰連桿組的應用，當 $\overline{AB}$ 桿繞 A 軸擺動時，滑塊 C 在導槽內作往復直線運動，E 點即沿與滑槽垂直之直線運動，如圖 5-50 中之 $\overline{E_1E_2}$ 直線。

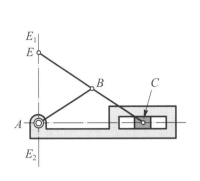

圖 5-50 司羅氏機構(E點即沿與 滑槽垂直之直線運動)

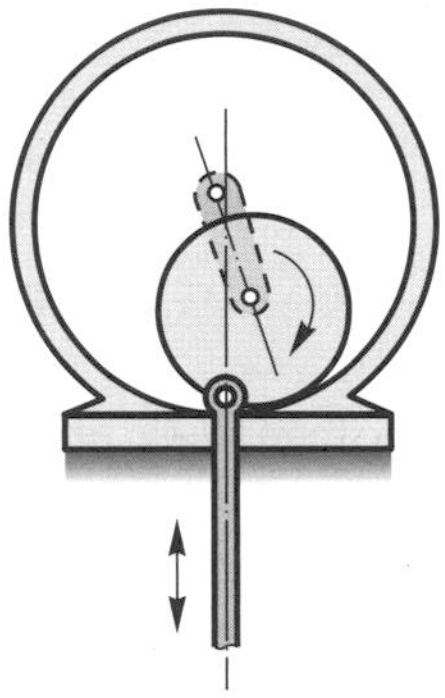

圖 5-51 卡氏圓(小圓周上任意一點 對於大圓之動路都是直線)

(5) 卡氏圓(Cardan's circles)：圖 5-51 中，大小兩圓直徑成 2 與 1 之比，令小圓在大圓之內滾動旋轉，小圓周上任意一點對於大圓之動路都是直線，也就是大圓的直徑，如此的兩圓稱為卡氏圓。

2. 近似直線運動機構

正確直線運動機構，其連桿數常嫌過多，構造複雜，若能使桿數減少，而動路為近似直線，則仍有實用價值。

(1) 更改後司羅氏(Scott & Russel)直線運動機構：如圖 5-50 中，將滑塊 C 與導槽改由連桿代替，如圖 5-52 的 $\overline{CD}$ 桿所示。其下端置於固定軸 D 處，使其能繞之而擺動 $\overline{AB} = \overline{BC} = \overline{BE}$，曲柄 AB 擺動的角度為 2θ。當 C 沿水平直線 XX 滑動時，則 E 沿垂直線 YY 運動。此種裝置因 C 點之動路恆屬甚短而極近於直線，故 P 點的動路 E_1E_2 亦極近於直線。若搖桿 $\overline{CD}$ 愈長時，所得之結果愈佳，這種機構稱為蚱蜢運動機構(Grasshopper motion mechamism)。此種機構，$\overline{BC}$ 是 $\overline{AB}$ 與 $\overline{BE}$ 的比例中項

$$\frac{\overline{AB}}{\overline{BC}} = \frac{\overline{BC}}{\overline{BE}}$$

此公式為 E 點做直線運動的條件。

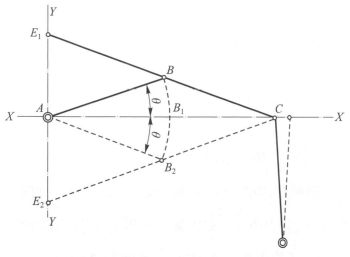

圖 5-52　蚱蜢機構(P點的動路E_1E_2亦極近似於直線)

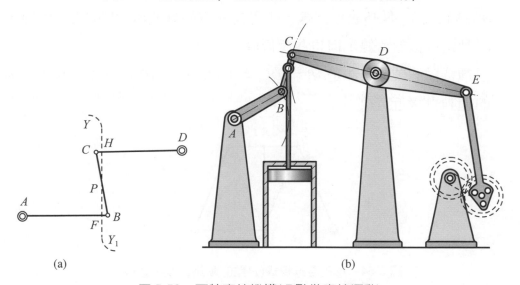

(a)　　　　　　　　　　　　　　　　(b)

圖 5-53　瓦特直線機構(P點做直線運動)

(2)　瓦特直線運動機構(Watt straight-line mechanism)：如圖 5-53(a)及(b)所示為
　　瓦特氏在其著名的天平機(Beam engins)上所使用的一種直線運動機構，
　　連桿$\overline{BC}$上的一點P沿$\overline{YY_1}$的直線部份運動，如果已知A點與D點的位置，
　　可以利用下列公式求出$\overline{AB}$與$\overline{DC}$的長度，同時利用作圖法$\overline{BC}$之長及P點的
　　位置，畫$\overline{AF}$與$\overline{DH}$垂直$\overline{YY_1}$。

$$\overline{AB} = \overline{AF} + (S^2/16/\overline{AF}) \tag{5.21}$$

$$\overline{CD} = \overline{DH} + (S^2/16DH) \tag{5.22}$$

式中 S 為預期 P 點所運動的行程，根據(5.21)式與(5.22)式，將 $\overline{AB}$ 與 $\overline{DC}$ 計算出來畫在圖上，連結 $\overline{BC}$ 兩點，垂直 $\overline{YY_1}$ 與 $\overline{BC}$ 之交點，即 P 點(做直線運動)。

注意：P 點位置決定法

$$\frac{\overline{FP}}{\overline{HP}} = \frac{\overline{BP}}{\overline{CP}} = \frac{\overline{FB}}{\overline{HC}} \div \frac{\overline{AB}}{\overline{CD}} \tag{5.23}$$

(3) 羅氏直線運動機構(Robert straight line mechanism)：如圖 5-54 中曲柄 $\overline{AB}$ 與曲柄 $\overline{CD}$ 相等，連桿$(BC)=\dfrac{1}{2}$機架長，P 點固定在 $\overline{BC}$ 連桿上。若 $\overline{BC}$ 平行於 $\overline{AD}$，則 P 點在 AD 的中央。$\triangle APB$、$\triangle BPC$ 與 $\triangle CPD$ 皆為等三角形。當曲柄 $\overline{AB}$ 轉動使 $\overline{BC}$ 與 $\overline{AB}$ 成一直線，也可向左方旋轉使 $\overline{BC}$ 與 $\overline{DC}$ 成一直線，P 點的動路近似於直線，但也些微偏直。

這種機構的裝置條件是 $\overline{AB} = \overline{DC} = 0.6AD$，若 $\overline{AB} = \overline{DC} > 0.6AD$，則 P 點的運動更接近直線。

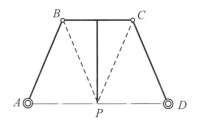

圖 5-54　羅氏直線機構(P 點的動路近似於直線)

(4) 柴比雪夫(柴氏)直線運動機構(Tchebicheff straight-line mechanism)：如圖 5-55(a)中，$\overline{AB} = \overline{CD}$，$\overline{BC} = \dfrac{2}{5}\overline{AB}$，$\overline{AD} = \dfrac{4}{5}\overline{AB}$，即若 $\overline{AD} = 4$ 長，則 $\overline{AB} = \overline{AD} = 5$ 長，$\overline{BC} = 2$ 長。BC 桿的中尺 P 點作直線運動($\overline{AB}$ 與 $\overline{DC}$ 兩連桿互相離開，即不能在同一平面)，當曲柄 AB 向右轉動時，C_1、P_1 與 B_1 成一直線，且與 $\overline{AD}$ 垂直。當曲柄 $\overline{AB}$ 向左轉動時，B_2、P_2 與 C_2 亦成一直線，且與 $\overline{AD}$ 垂直，P 點運動的軌跡，P_1、P 及 P_2，是近似的直線，其使用例如圖 5-55(b)所示。

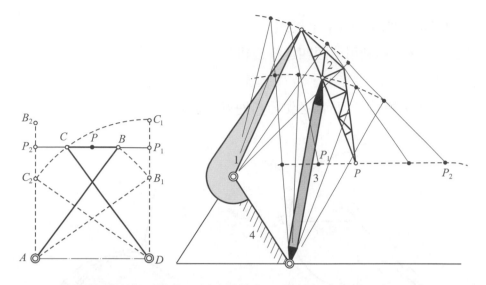

圖 5-55　柴氏機構及起重機的近似直線運動(P點運動的軌跡，P_1、P及P_2，是近似於直線)

5-20　球面四連桿機構與萬向接頭

1. 球面四連桿組

　　如圖 5-56 所示，連桿$\overline{AB}$、$\overline{BC}$、$\overline{CD}$及$\overline{DA}$可以互相活動，但四個活動軸的延長線並不是平行的，共同相交於一點。相當於一個球的球心，球心就是O點，如$\overline{AB}$與$\overline{CD}$兩個球面連桿間組成迴轉對，其中心軸線通過球心O，故可以用四個球面連桿構成一個球面四連桿組，如圖 5-56 所示，四個迴轉對的中心軸線同相交於O，將連桿G固定，$\overline{AB}$與$\overline{CD}$兩旋轉桿及以$\overline{OA}$、$\overline{OD}$為軸線而旋轉。B與C的動路各為球面上的圓，A、B、C及D在球面上，此即形成球面四連桿組。實際應用如圖 5-57 所示。

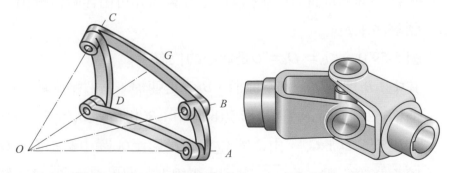

圖 5-56　球面四連桿(A、B、C及D在球面上，此即形成球面四連桿組)　　圖 5-57　萬向接頭

2. **萬向接頭(Hooke's joint)(十字接頭)**

如圖 5-58，為利用球面四連桿組組成的機構，又稱十字接頭即萬向接頭。T 軸與 S 軸各繞固定的軸旋轉，若 T 軸旋轉一圈，則 S 軸必在同一時候一圈，但是當 T 軸等角速度旋轉時，則 S 軸必做變角速度的旋轉。

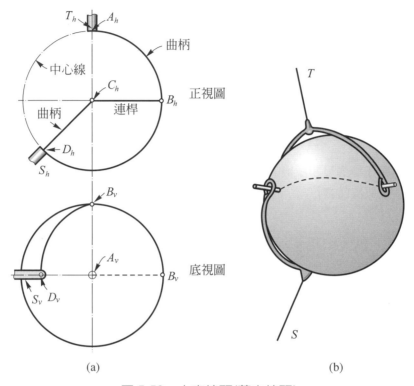

(a)　　　　　　　　　　　　　(b)

圖 5-58　十字接頭(萬向接頭)

(1) 萬向接頭中，兩軸的相對角運動關係：如圖 5-59(a)及(b)所示，當 T 軸轉一已知 θ 角時，則 S 軸必因此而轉動一個 ϕ 角，此 ϕ 角大小必與兩軸之夾角及曲柄 $\overline{AB}$ 平面的位置有關，ϕ 角可由計算法亦可由作圖法解出。

① 圖解法求 ϕ 角

圖 5-59 中，$O_h = O_v = O$ 是球心的位置。

其中 A_hB_h 與 C_hD_h 分別是曲柄，$\overline{B_hC_h}$ 是連桿。當 T_h 軸旋轉一個 θ 角時，曲柄 $\overline{A_hB_h}$ 轉到 $\overline{A_hB_h}'$(即投影至(b)圖中 A_vB_v)即 $B_vO_vB_v' = \theta$，畫 O_vC_v' 垂直 O_vB_v' 交 $\overline{C_vD_v}$ 於 C_v'。由 C_v' 點做垂線投影至(a)圖中交垂直於 O_hD_h 之直線 $X-X$ 於 C_h' 點。將 $\overline{O_hC_h}$ 轉到水平線上，使 $\overline{W_hO_h} = \overline{C_h'O_h}$。將 W_h 投影至(b)圖中，得 W_v。則

$$\angle W_v O_v C_v = \phi$$

當 T 軸轉 θ 角時，S 軸轉 ϕ 角，此時$A_h B_h{'}$是曲柄(即表示在圖(b)的 $A_v B_v{'}$位置)。$B_h{'}C_h{'}$是連桿(就是在圖(b)中的$B_v{'}C_v{'}$)，$C_h{'}K_h D_h$ 是另一曲柄(即表示在圖(b)中的$C_v{'}K_v D_v$)。

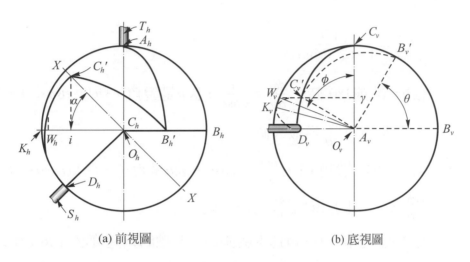

(a) 前視圖　　　　　　　　(b) 底視圖

圖 5-59　萬向接頭

② 計算法求ϕ

在圖 5-59 中，設 T 軸與 S 軸之夾角為 α，$\angle C_v{'}O_v C_v = \theta$，畫$W_v C_v{'}\gamma$垂直於$A_v C_v$，$\angle C_v{'}O_v\gamma = \theta$，則

$$\tan\phi = \frac{W_v\gamma}{O_v\gamma} \quad \tan\theta = \frac{C_v{'}\gamma}{O_v\gamma}$$

因此 $\dfrac{\tan\phi}{\tan\theta} = \dfrac{W_v\gamma}{C_v{'}\gamma}$

在圖(a)中

$$\cos\alpha = \frac{O_h i}{O_h C_h{'}} = \frac{O_h i}{O_h W_h} = \frac{C_v{'}\gamma}{W_v\gamma}$$

$$\therefore \quad \frac{\tan\phi}{\tan\theta} = \frac{1}{\cos\alpha} \quad \tan\phi = \frac{\tan\theta}{\cos\alpha} \tag{5.24}$$

註 上式當曲柄AB在T、S的平面上(當$\theta = 0°$時)可以適用，當曲柄垂直TS的平面，而$\theta = 90°$時，則上式須加以修正才可使用。

(2) 萬向接頭中，兩軸的角速度比

由上式中微分之，可得 T 軸與 S 軸之角速率比，$\cos\alpha$是常數，於是

$$\frac{d\phi}{d\theta} = \frac{\sec^2\theta}{\sec^2\cos\alpha} = \frac{1 + \tan^2\theta}{\cos\alpha(1 + \tan^2\phi)}$$

將前式帶入之，得

$$\frac{d\phi}{d\theta} = \frac{\cos\alpha}{1 - \cos^2\theta\sin^2\alpha} \tag{5.25}$$

① 當$\theta = 0°$ 或$180°$時，$\frac{d\phi}{d\theta} = \frac{1}{\cos\alpha}$，因$\alpha$是銳角，所以$\cos\alpha < 1$，$\frac{d\phi}{d\theta} > 1$，由此得知$\frac{d\phi}{d\theta}$為最大值。

② 當$\theta = 90°$或$270°$時，$\frac{d\phi}{d\theta} = \cos\alpha$，因$\alpha$是銳角，所以$\cos\alpha < 1$，$\frac{d\phi}{d\theta} < 1$，由此得知$\frac{d\phi}{\theta}$為最小值。

當T 軸(主動)以等角速率轉動時，S 軸的角速度必在$\cos\alpha$與$1/\cos\alpha$之間變化，每一迴轉中變化兩次，但有四點等速。若α角度不能等於$90°$，應小於$90°$，否則無法轉動。

③ $\frac{d\phi}{d\theta} = 1$時，表兩軸角位移之差為最大值，即$\theta - \phi = $最大值，則

$\frac{d\phi}{d\theta} = \frac{1 + \tan^2\theta}{\cos\alpha(1 + \tan^2\phi)}$，如 $\frac{d\phi}{d\theta} = 1$，則

$$1 + \tan^2\theta = (1 + \tan^2\phi)\cos\alpha$$

將 $\tan\phi = \frac{\tan\theta}{\cos\alpha}$ 帶入得

$$1 + \tan^2\theta = \cos\alpha\left(1 + \frac{\tan^2\theta}{\cos^2\alpha}\right)$$

即 $\tan\theta = \pm\sqrt{\cos\alpha}$

即$\phi > \theta$時，θ有兩個值。$\phi < \theta$，θ也有兩個值。所以當$\theta - \phi = $最大值時，$\theta$有四個值，在此四個值，兩軸的角速比為1。

(3) 萬向接頭中，被動軸的加速度

圖 5-59 中，設主動軸以等角速率(ω_T在轉動)，被動軸 S 的角速率為w_S，若角加速度為α_S，於是$\theta = \omega_T t$，$d\theta = \omega_T dt$代入$\dfrac{d\phi}{d\theta} = \dfrac{\cos\alpha}{1-\cos^2\theta\sin^2\alpha}$式中，分子與分母同除$dt$

$$\frac{\dfrac{d\phi}{dt}}{\dfrac{\omega_T dt}{dt}} = \frac{\cos\alpha}{1-\cos^2\omega_T t\sin^2\alpha}$$

即

$$\frac{\omega_s}{\omega_T} = \frac{\cos\alpha}{1-\cos^2\omega_T t\sin^2\alpha} \tag{5.26}$$

$$\alpha_S = \frac{d\omega_s}{dt} = \frac{-2\omega_t^2\sin^2\alpha\cos\alpha\sin\theta\cos\theta}{(1-\cos^2\theta\sin^2\alpha)^2} \tag{5.27}$$

$$\cos\theta = \pm\sqrt{\frac{(3\sin^2\alpha-2)+\sqrt{(3\sin^2\alpha-2)^2+8\sin^2\alpha}}{4\sin^2\alpha}} \tag{5.28}$$

當θ值在90°與180°之間，α_S有一個最大值。

θ值在270°與360°之間，α_S也有一個最大值。

(4) 雙萬向接頭，如圖 5-60 所示

欲使T角速度相等，但兩軸平行而不在同一直線時，則應使用雙萬向接頭。因

$$\tan\phi = \frac{\tan\theta}{\cos\alpha}$$

$$\tan\phi = \frac{\tan\gamma}{\cos\alpha}，\tan\alpha = \tan\phi\cos\alpha$$

將上式微分之

$$\frac{d\phi}{d\theta} = \frac{sce^2\theta}{\sec^2\phi\cos\alpha} \tag{5.29}$$

$$\frac{d\gamma}{d\phi} = \frac{\sec^2\phi\cos\alpha}{\sec^2\gamma} \tag{5.30}$$

將兩式相乘得

$$\frac{d\phi\times d\gamma}{d\theta\times d\phi} = \frac{\sec^2\theta}{\sec^2\phi\cos\alpha}\times\frac{\sec^2\phi\cos\alpha}{\sec^2\gamma} = \frac{\sec^2\theta}{\sec^2\gamma} = \frac{1+\tan^2\theta}{1+\tan^2\gamma} = \frac{1+\tan^2\theta}{1+\tan^2\phi\cos^2\alpha}$$

因$\tan\theta = \tan\phi\cos\alpha$代入得

$$\frac{d\gamma}{d\theta} = \frac{1 + \cos^2\alpha\tan^2\phi}{1 + \cos^2\alpha\tan^2\phi} = 1$$

即$d\gamma = d\theta$

$$\therefore \quad \frac{d\gamma}{dt} = \frac{d\theta}{dt} \tag{5.31}$$

因$\dfrac{d\gamma}{dt} = \omega$ 軸角速，$\dfrac{d\theta}{dt} = T$軸角速，因T軸與W軸角速相等，所以汽車傳動機構或多軸鑽床中常用之。

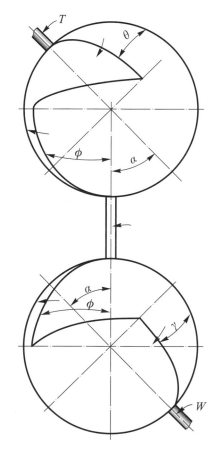

圖 5-60　雙萬向接頭(T軸與W軸角速相等)

▶ check! 習題五

1. 圖(a)中 Q_2 是固定軸，滑塊 4 在導路 1 上滑動，假如滑塊的行程是 10cm，則連桿 $\overline{AB}$ 的長度為若干？若 ϕ 角的最大值為30°，求 $\overline{AB}$ 桿的長度為多少？

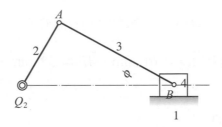

圖(a)　求 AB 桿的長度為多少

2. 圖(b)中，若 $\overline{Q_2Q_4}$ 為固定軸，指出四連桿的各部名稱及兩曲柄的循環路徑圖。

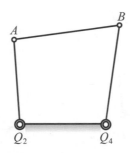

圖(b)　指出四連桿的各部名稱及兩曲柄的循環路徑圖

3. 圖(c)中，$\overline{Q_2Q_4}$ 為兩固定軸，$\overline{Q_4B}$ 為搖桿，$\overline{Q_2A}$ 為曲柄，求當曲柄 $\overline{Q_2A}$ 轉動一周時，則連桿 $\overline{AB}$ 中點的軌跡(即 m 點軌跡)。

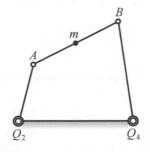

圖(c)　連桿 AB 中點的軌跡(即 m 點軌跡)

4. 圖(d)中，$\overline{Q_2A} = 9$公分，$\overline{AB} = 30$公分，求滑塊B之行程爲若干？

圖(d)　求滑塊B之行程爲若干

5. 圖(e)中的曲柄搖桿機構$\overline{AD} = 61$ mm，$\overline{AB} = 32$ mm，$\overline{DC} = 44$ mm，$\overline{BC} = 54$ mm，角$BAD = 60°$。

⑴　寫出各連桿的名稱。

⑵　將連桿以現在的位置向左方及右方各移動30°，而求$\overline{BC}$與$\overline{DC}$的相對位置。

⑶　若$\omega_{ab} = 1$ rad/sec，則ω_{cd}及$\omega_{bc} = ?$

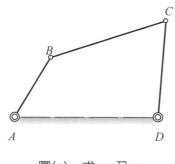

圖(e)　求ω_{cd}及ω_{bc}

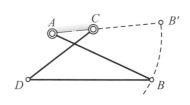

圖(f)　求$\overline{CD}$的軌跡

6. 圖(f)中，$\overline{AC} = 2$ cm，$\overline{DC} = 4$ cm，$\overline{DB} = 6$ cm，$\overline{AB} = 5$ cm，以$\overline{AB}$轉動30°爲一間隔而$\overline{AB}$從位置$\overline{AB'}$開始逆時旋轉，求$\overline{CD}$的軌跡。

7. 圖(g)中，$\overline{BC} = \overline{AB} = \overline{CD} = 4$ cm，$\overline{AD} = 7$ cm，求$\overline{BC}$在位置$\overline{B_1C_1}$和$\overline{B_2C_2}$之間的瞬心線；並求當$\overline{BC}$固定時，$\overline{AD}$的瞬心線。

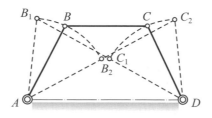

圖(g)　求 BC 在位置$\overline{B_1C_1}$和$\overline{B_2C_2}$之間的瞬心線

8. 圖(h)中曲柄銷B和C附在以E為圓心的圓盤上，如圖所示。E位置在機架$\overline{AD}$中點的垂直線上，曲柄$\overline{AB}$和$\overline{CD}$皆與$\overline{AD}$成相同的角度，$\overline{AD} = 13$ cm，$\overline{AB} = \overline{CD} = 5$ cm，$\overline{EC} = \overline{EB} = 4.5$ cm，求圓盤上其速度等於零之點，此點又稱甚麼？

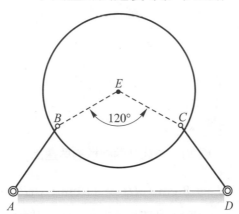

圖(h)　求圓盤上其速度等於零之點

9. 圖(i)中為一不平行等曲柄機構，$\overline{AB} = \overline{CD} = 7.5$cm，$\overline{AB} = \overline{BD} = 20$ cm，$\overline{AB}$以25rpm的等角速旋轉，求$\overline{CD}$桿的最大角速度(rad/sec)並將此時機構的位置圖畫出。

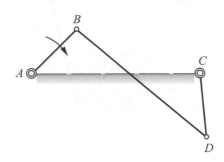

圖(i)　求CD桿的最大角速度(rad/sec)

10. 圖(j)中代表一曲柄搖桿機構，各連桿的長度如圖所示，其中CDE桿水平，唧筒內活塞從中點算起，其行程為80 cm，依比例畫出此機構並決定曲柄和連桿的長度。

圖(j)　依比例畫出此機構並決定曲柄和連桿的長度

11. 圖(k)中，$\overline{AB} = 3\,\text{cm}$，$\overline{AD} = 9\,\text{cm}$，$\overline{DC} = 5\,\text{cm}$，$\overline{BC} = 8.5\,\text{cm}$，角$BAD = 80°$，求此時兩曲柄的角速比。

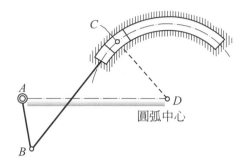

圖(k)　求此時兩曲柄的角速比

12. 圖(l)中，$\overline{AB} = 3\,\text{cm}$，$\overline{AP} = 8\,\text{cm}$，$\overline{AH} = 11\,\text{cm}$，角$PAH$及角$HBA$皆為$60°$，兩滑塊$P$和$H$在圖示位置時，何者的線速度較大，並求其線速度之比？

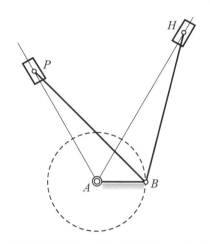

圖(l)　兩滑塊 P 和 H 在圖示位置時，何者的線速度較大，並求其線速度之比

13. 圖(m)中滑塊 4 為原動件，$\overline{AB} = 4\,\text{cm}$，$\overline{BC} = 10\,\text{cm}$，求滑塊的兩靜點位置。

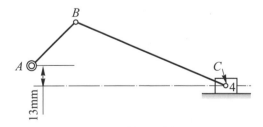

圖(m) 求滑塊的兩靜點位置

14. 圖(n)為一雙滑塊機構，$\overline{CE} = 5$ cm，$\overline{CR} = 2.5$ cm，$\overline{EP} = 1.25$ cm， 兩滑塊在固定槽裏滑動，求出連桿中P點與R點的正確路徑。

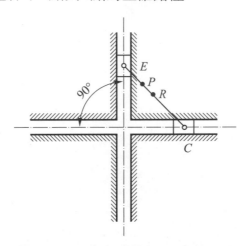

圖(n)　求出連桿中 P 點與 R 點的正確路徑

15. 圖(o)中圓盤 1 繞固定軸A旋轉，滑塊 5 和 4 在圓盤 1 的槽裏滑動，滑塊 6 在固定槽內滑動，連桿及滑塊C、E 及 P在一直線上，$\overline{CE} = 8.5$cm，$\overline{CP} = 31$ cm，求(1)當圓盤 1 作完全旋轉時，滑塊P作幾個行程？(2)求滑塊P點之行程的長度？

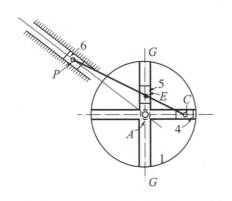

圖(o)　求(1)當圓盤 1 作完全旋轉時，滑塊 P 作幾個
行程？(2)求滑塊 P 點之行程的長度

圖(p)　求此機構的運動圖

16. 圖(p)中設計一個瓦特(Watt)直線機構引導P點在直線XY上作近似直線運動，P點如圖所示的位置各向上和向下運動 4cm，求此機構的運動圖。

Chapter 6

凸輪機構

6-1 凸輪(Cams)

凸輪為一平板或一圓柱，或其他形狀的物體，它具一曲線的周緣或曲線的凹槽，當其繞一固定軸作迴轉，搖擺或往復運動時，能將其等速連續運動傳給相接觸的從動件，而得到所預期的連續或不連續，等速或不等速的運動，此機件稱為凸輪(Cams)。

如圖 6-1 所示的板形凸輪，當凸輪轉動時，從動件就會隨凸輪的外形曲線，作上下的往復運動，以帶動汽車內燃機的排氣閥(Exhaust value)與進氣閥(Intake value)，在一定時間內作開啟與關閉的動作，達成引擎進氣、壓縮、爆炸與排氣的功能。

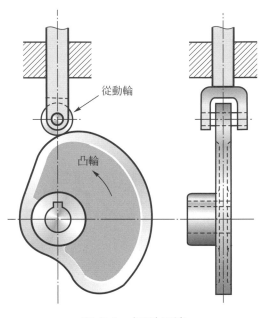

圖 6-1　板形凸輪

圖 6-2(a)、(b)所示之圓柱形凸輪，當其轉動時，利用其圓周上的曲線溝槽(Curve grooved slot)，可帶動從動件作左右的運動，如自動車床的進料(Loading)、下料(Unloading)，紡織機的自動繞線，或縫紉機的自動拉線等動作，常用此法來達成。

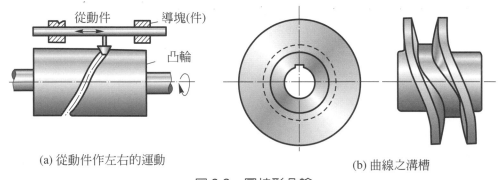

(a) 從動件作左右的運動

(b) 曲線之溝槽

圖 6-2　圓柱形凸輪

凸輪運動時，其與從動件的運動關係，可以用座標法表示之，如圖 6-3 所示。圖中橫座標表凸輪轉過的角位移，縱座標則表示從動件所移動的線位移，而$Oabc$線段則表示凸輪運動時，從動件所移動的軌跡。又圖中，凸輪以等角速率轉動時，由

點 0 至點 4 時，從動件靜止不動，當由點 4 至點 12 時，從動件等速上升，由點 12
至點 16 時，從動件等速下降而回復至原點，此時c點與O點重合。

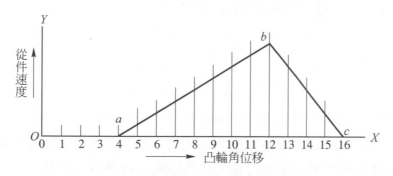

圖 6-3　凸輪角位移與從件速度圖

6-2　凸輪原理及各部份名稱

　　凸輪的周緣形狀，常依從動
件所須的動作而異，但其原理則
無差異，如圖 6-4 所示，它由凸
輪作迴轉運動而使從動件作往復
運動者。A為繞C軸運動的凸輪，
B為從動件，其前端一滾子D。因
凸輪A之動作及導路之約束，B桿
因而作往復運動。圖中GOE為凸
輪之升角，GOF為凸輪之降角。

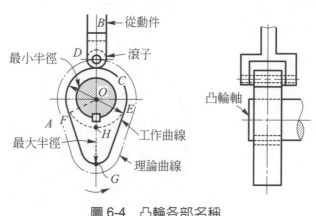

圖 6-4　凸輪各部名稱

設若凸輪與從動件成直接點或線接觸，即能使從動件發生預期之運動，若使用滾輪
為從動件，則滾輪中心具有之曲線，稱為理論曲線或稱節曲線(Pitch curve)，而凸輪
周緣所具有之周緣曲線，稱之為凸輪之工作曲線(Working curve)或稱凸輪廓。

　　以凸輪軸之中心為圓心，再以從動件尖端或滾子之軸心距B輪軸心最短之距離
為半徑，所作之圓即為凸輪輪之基圓(Base circle)。設計凸輪時，恒以基圓為基礎，
圖中EF之一段優弧，將使從動件靜止不動，因此當凸輪迴轉於EF之一段劣弧間，
從動件必發生上下運動，此劣弧$\widehat{EF}$所對之角EOF稱為作用角(Angles of action)。而
最大半徑與最小半徑之差$\overline{GH}$稱為總升距(Total lift)。

6-3 平面凸輪的傳力作用

　　前已敘述過，自滑動接觸點作接觸曲線的公法線與連心線的垂直線間所成的角稱為壓力角，如圖 6-5 之 θ 角所示。以尖端從動件為例，公法線 $\overline{NN'}$ 與從動件的運動方向間所成的角度就是壓力角，以 θ 表示，若無摩擦力存在，將從動件作為自由體來看，凸輪對於從動件B所作用的力R是沿公法線 $\overline{NN'}$ 的方向，將R分成兩個互相垂直的分力，與B的運動方向平行的是 $R\cos\theta$，這是推動B的力，與B的運動方向垂直的力是 $R\sin\theta$，這個分力產生B與其導路間正壓力，也就是增加B在其導路內滑行的摩擦阻力，增加推動的困難，由此得知，凸輪的壓力角應愈小愈好。

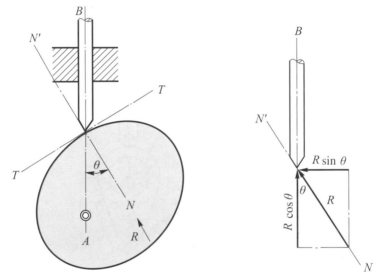

(a) 公法線 $\overline{NN'}$ 與從動件的運動方向間所成的　(b) 凸輪的壓力角應愈小愈好
　　 角度就是壓力角，以 θ 表示

圖 6-5　壓力角與側壓力與上升力之關係圖

6-4 凸輪周緣形狀對於側面壓力與傳動速度之關係

　　如圖 6-6 所示，劣弧 $\overset{\frown}{AC}$ 所對之 $\angle AOC$ 為作用角，$\overline{BD}$ 為從動件之總升距，凸輪上 $\overline{AD}$ 一段周緣，無論為何形狀，當凸輪迴轉 $\angle AOD$ 時從動部上升之距離恒等於 $\overline{BD}$，故凸輪周緣之形狀對於最終之總升距無關，然凸輪周緣之形狀，對於側面壓力與傳動速率則大有關係。

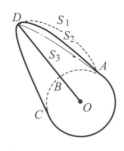

圖 6-6　周緣角與側壓力及傳動速度之關係

此側面壓力之大小，須視$\overline{AD}$一段對於$\overline{OD}$傾斜之角度而異。傾斜之角度愈大，側面之壓力愈小，傾斜之角度愈小，側面之壓力愈大，故就側壓力方面而論之，周緣傾斜之角度宜於大而不宜於小，然同一升角，同一之總升距，如周緣傾斜之角度愈小，如S_3周緣曲線，則傳動速度愈高，周緣傾斜之角度愈大，如S_1周緣曲線，則傳動之速率愈低。故就傳動速度方向面而論，又宜於小而不宜大。又同一之總升距，同一之升角，若增大最小半徑，亦可減輕側面壓力，即增大周緣角度。

6-5 凸輪線圖

在含有凸輪的機構裏，凸輪的作用是將其運動傳給從動件，以限制從動件在一定時間內，作一定動作的運動。此時從動件的運動，依形式可分為下列四種：

1. 等速運動(Uniform motion)

如圖 6-7 所示，若凸輪作等速運動旋轉時，從動件在單位時間內所上升或下降的位移皆相等者，稱之。圖上直線運動曲線為OMN，但在應用上，從動件在開始與終止處，易產生陡震(Shock)，所以應採下述的變形等速運動

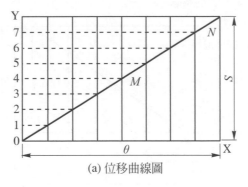

(a) 位移曲線圖

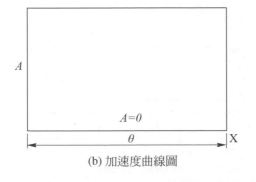

(b) 加速度曲線圖

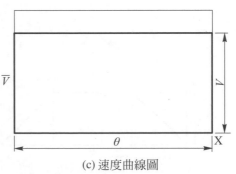

(c) 速度曲線圖

圖 6-7　等速運動從動件

2. **變形等速運動** (Ununiform motion)

　　上述之等速運動，在O點及N點處，從動件的速度有突然的改變，所以產生的加速度為無窮大。由於從動件本身的質量，其所產生的慣性力也變為無窮大，所以在此等處所，就必有陡震(Shock)發生，如此影響所及，就成為一部份功率的損失，而使機件受衝擊動力(Impact stress)，而產生噪音並損壞機件。因此在從動件升程的兩端應該設法使其速度減為零，如此當凸輪改變方向時，加速度不致於變為無窮大。位移曲線須由直線改為一種緩和的曲線，如圖 6-8(a)所示，在其兩$\overparen{Oc}$及$\overparen{da}$曲線的切線不為水平的，這樣從動件的運動就成為一種變速運動。同理，當要下降時，從動件亦作漸次減速的運動，以防機件損壞。如圖 6-8 所示。

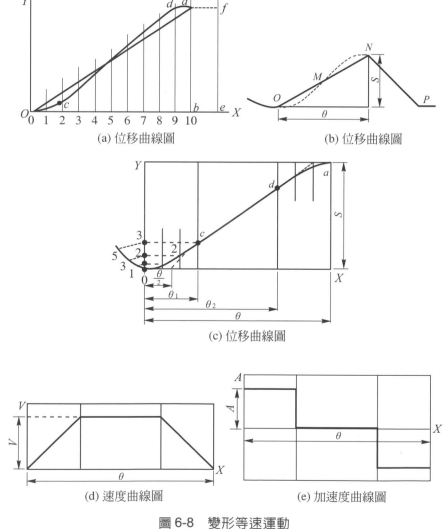

(a) 位移曲線圖　　　　　　　　(b) 位移曲線圖

(c) 位移曲線圖

(d) 速度曲線圖　　　　　　　　(e) 加速度曲線圖

圖 6-8　變形等速運動

3. 等加減速運動(Uniformly accelerated and retard motion)

為使從動件在凸輪周緣上運動平穩，常令從動件在底端由零速依等加速度
上升至總升距之半，再依等減速度繼續上升至最高點，而終於停止。從動件的
位移即是等差級數(按 1：3：5：7：9…9：7：5：3：1)之比例增減，如圖 6-9 所
示。這種從動件的運動，稱之為等加減速運動。

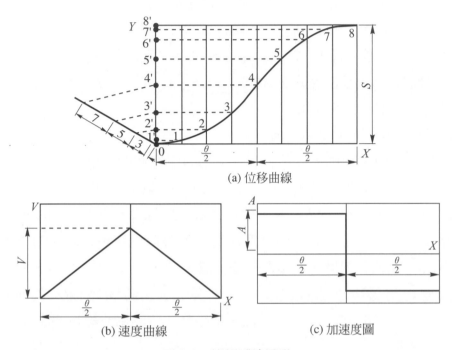

(a) 位移曲線

(b) 速度曲線　　　　(c) 加速度圖

圖 6-9　等加減速運動

等加速運動公式

$$S = V_0 t + \frac{1}{2} A t^2$$

因從動件由靜止而開始運動，所以初速 $V_0 = 0$。

$t = 0$時	$S_0 = 0$	①
$t = 1$時	$S_1 = \frac{1}{2} A$	②
$t = 2$時	$S_2 = \frac{4}{2} A$	③
$t = 3$時	$S_3 = \frac{9}{2} A$	④
$t = 4$時	$S_4 = \frac{16}{2} A$	⑤

由以上的計算式中，從動件第一秒行了$\frac{1}{2}A$的距離，第二秒行了$\frac{3}{2}A$距離，第三秒行了$\frac{5}{2}A$距離，餘此類推，則第一秒、第二秒、第三秒……的位移，就是按照 $1:3:5:7:9……9:7:5:3:1$ 的比例遞增再遞減，在圖 6-9 中，將時間座標OX等分為8，將升距OY按照比例 $1:3:5:7:7:5:3:1$ 共分成8段，因升距太短，分段不易，可以畫一條斜線，如圖 6-9(a)所示，在斜線上按 $1:3:5:7:7:5:3:1$ 分成8段，最後一段的末點與升距的最高點相連，並在其餘各點作此連線的平行線，得 1'、2'、3'、4'、5'、6'、7'及 8'等交點。再利用此交點畫水平線，交時間OX的垂直等分線，於1、2、3、4、5、6、7及 8等點，利用曲線板連接這些點，則得位移曲線。

4. **簡諧運動**(Simple harmonic moiton)

從動件依簡諧運動上升，若在其運動的兩端速度為零，從動件的運動就如同等等速圓周運動在總升距(等於直徑)上的投影，如圖 6-10 所示。圖中 1°、2°、3°、4°、5°、6°、7°及 8°，就是簡諧運動曲線。即從動件的上下運動，即按照此簡諧運動曲線。圖中若$\overline{OY}$為升距，$\overline{OX}$為時間座標，將$\overline{OX}$座標分成8等分，再以$\overline{OY}$為直徑畫圓，將半圓周等分成8分，如 1、2、3、4、5、6、7及8等，然後從這幾點作直徑的垂線並延長之，交時間座標$\overline{OX}$的垂直分線於 1°、2°、3°、4°、5°、6°、7°及8°等點，最後將這些點用曲線板連起來，即得從動件的位移曲線。

註 各位移曲線下皆有速度圖 6-10(b)與加速度圖 6-10(c)，如圖 6-10(b)所示，因凸輪從動件做簡諧運動，所以速度圖為曲線(類似拋物線)而加速度圖(c)，因加速度為變加減速運動，所以亦為曲線。

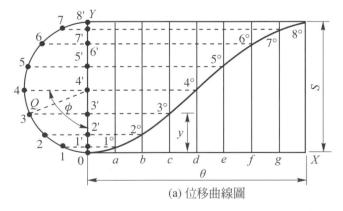

(a) 位移曲線圖

圖 6-10　簡諧運動圖

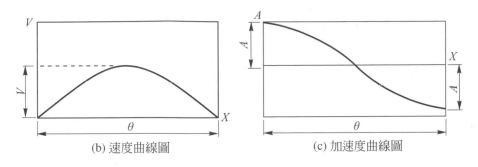

(b) 速度曲線圖　　　　　　　　　　(c) 加速度曲線圖

圖 6-10　簡諧運動圖(續)

5. 其他形狀運動

欲使凸輪從動件在運動時，不發生陡震，可以設計一公式，繪出一條沒有陡震的平滑曲線，如圖 6-11 所示。若從動件的升距爲直線AB而由A到C點爲漸漸加速，由C至B點爲漸漸減速而不致震動。可以找出一公式以畫出從動件的運動曲線，如圖 6-12 所示。

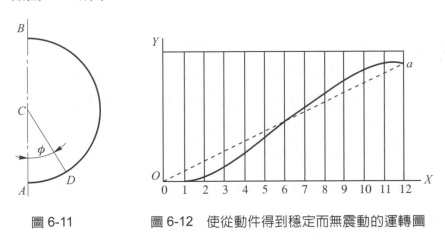

圖 6-11　　　　圖 6-12　使從動件得到穩定而無震動的運轉圖

圖 6-11 中，$\overline{CA}$以等角速度旋轉180°時，則A點將到達B點位置，設$\overline{AB}$爲升距L，當$\overline{CA}$轉動ϕ角時，從動件運動了S距離。注意$\overline{CD}$之長是可變的，以滿足經驗公式

$$S = \frac{L}{\pi}\left(\phi - \frac{1}{2}\sin 2\phi\right) \tag{6.1}$$

該凸輪轉動了β角時，而從動件已移動了L距離，又當$\overline{CA}$轉動ϕ角時，凸輪轉了θ角，於$\dfrac{\phi}{\pi} = \dfrac{\theta}{\beta}$代入(6.1)式

$$S = \frac{L}{\pi}\left(\frac{\pi\theta}{\beta} - \frac{1}{2}\frac{2\pi\theta}{\beta}\right) \tag{6.2}$$

按照(6.2)式，描繪從動件運動線曲線，如圖 6-12 的實曲線，而虛直線是利用 $\frac{L}{\pi}\left(\frac{\pi\theta}{\beta}\right)$ 描繪出的、垂直方向、虛直線 oa 與實曲線之間的垂直線長是 $\frac{L}{\pi}\left(-\frac{1}{2}\sin\frac{2\pi\theta}{\beta}\right)$ 描出的。只要按照圖 6-12 的實曲線求設計凸輪，就可使從動件得到穩定而無震動的運轉。

6-6 板形凸輪的設計

如圖 6-4 所示的就是板形凸輪，當凸輪作旋轉運動時從動件在垂直的方向作往復運動，其運動方向與凸輪相垂直，而運動的速度大小與運動的形式，皆由凸輪的外形曲線來決定。若以凸輪軸為圓心，凸輪軸心至滾輪中心的最短距離為半徑，所畫的圓稱為基圓(Base circle)。

例題 1

如圖 6-13 所示，已知凸輪從動件的升距為 1 公分，尖端從動件，凸輪基圓半徑 1.5 公分，當凸輪逆時旋轉180°時，從件滑桿S以等速上升，凸輪從180°轉至360°時，滑桿S以等速下降，試設此凸輪的外形。

解

如圖 6-13 所示，先以 Q 為圓心，$\overline{QA}$ 為半徑畫基圓(如圖上的虛線圖)。

(1) 先將半個基圓AVW等分為四等分，並從等分點連結圓心，得等分角線 $\overline{Qa}$、$\overline{Qb}$、$\overline{Qc}$ 與 $\overline{Qd}$。當然如果等分點愈多，則畫出的凸輪曲線愈正確。

(2) 將從動件升距也等分成四等，得 1、2、3 及 B 等點。

(3) 以Q為圓心，$\overline{Q1}$為半徑順時針畫弧，交$\overline{Qa}$直線於 1'點，此點即為凸輪逆轉 1/8 週時，從動件上升的 1 點位置，也就是 1 點應與 1'點重合。

(4) 同理，以Q為圓心，$\overline{Q2}$為半徑，順時畫弧交$\overline{Qb}$於 2'點。再以$\overline{Q3}$為半徑，畫弧與$\overline{Qd}$交於 3'，以$\overline{QB}$為半徑畫弧交$\overline{Qe}$於 B'點。

(5) 利用曲線板，平滑的將*A*、1′、2′、3′及 *B*′連結，即得凸輪前半周的外形，即 *A*、1′、2′、3′及 *B*′。

(6) 利用對稱法，畫凸輪後半周的曲線交點5′、6′及 7′點，並用曲線板連結之。

(7) 則曲線*A*、1′、2′、3′、*B*、5′、6′、7′及 *A*為凸輪全部的外形。此外形即可使從動件等速上升及下降$\overline{AB}$的距離。

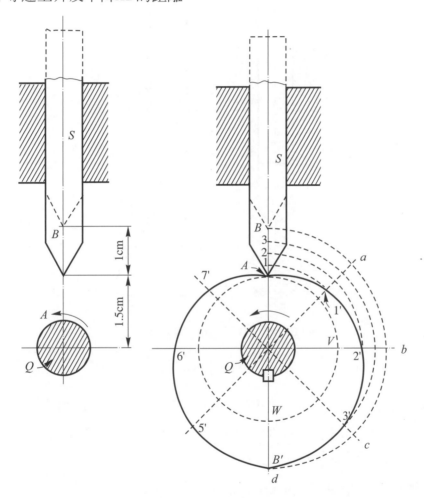

圖 6-13　板形凸輪之繪製

例題 2　如圖 6-14 所示，在前圖 6-13 的*A*點，裝上滾輪，從動件的升距*AB*
如例 1 所示，當凸輪逆轉180°轉至360°時，滑桿*S*以等速下降，試
設計此凸輪的外形。

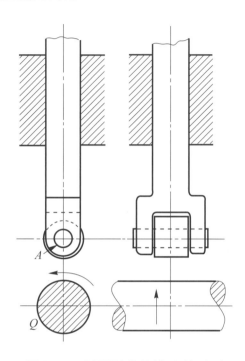

圖 6-14　試設計此凸輪 Q 的外形

解

(1) 先以*Q*點為圓心，$\overline{QA}$為半徑畫的基圓，如圖上所示的虛線圖。

(2) 如同前例，將半個基圓*AVW*等分為四等分，並從等分點連結圓心，得等分角
　　線 $\overline{Qa}$、$\overline{Qb}$、$\overline{Qc}$ 與$\overline{Qd}$。

(3) 依前例，畫出凸輪的節曲線。

(4) 在節曲線上，任取一點為圓心，以滾輪半徑為半徑畫圓弧，為使凸輪外形曲
　　線更精確圓滑，最好在節曲線上，每隔適當距離為圓心，滾輪半徑為半徑，
　　畫出很多弧線(Arc)，再用曲線板畫曲線使與這些弧線相切，即圖上曲線的實
　　線部份。此實線曲線又稱工作曲線(Working curve)，滾輪中心曲線稱為理論
　　曲線(節曲線，Pitch curve)，如圖 6-15 所示。

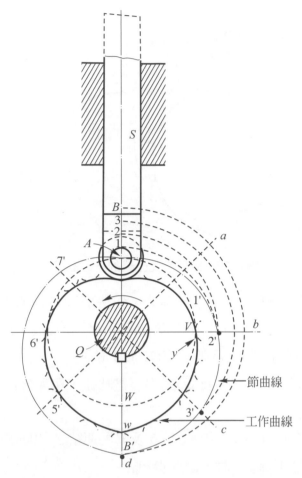

圖 6-15　實線曲線又稱工作曲線，滾輪中心曲線稱為理論曲線

例題 3

從動件位於凸輪之垂直上方，凸輪依反時針方向等速迴轉，從動件
之最低位置距凸輪軸心 1.5 吋，其總升距為 1 吋。若凸輪迴轉前半
週時，從動件依簡諧運動上升至最高位置後突然下降 $\frac{1}{2}$ 吋，再迴轉
半週時，從動件以等速下降至原來位置，試設計此凸輪的外形。

解

(1) 如圖 6-16 所示，以 O 為圓心，$\overline{OA}$ 為半徑畫凸輪的基圓。

(2) 將此半個基圓等分為 6 等分，並從等分點連結圓心，則得等分角線。

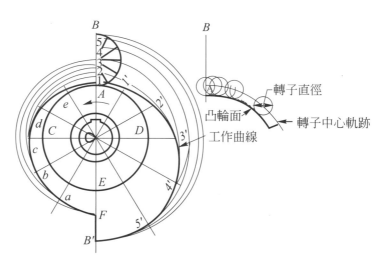

圖 6-16　試設計此凸輪的外形曲線

(3) 將升距$\overline{AB}$依簡諧運動方式分成 6 等分，作法是以$\overline{AB}$為直徑畫圓弧，再將此圓弧等分為 6 等分，並從等分點作直徑AB的垂線，得交點 1、2、3、4 及 5 等點。

(4) 以O為圓心，$\overline{O1}$為半徑畫圓弧，交$O1'$於 1'點。

(5) 以O為圓心，$\overline{O2}$、$\overline{O3}$、$\overline{O4}$ 及$\overline{O5}$為半徑畫圓弧，與等分角線交於 2'、3'、4'、5'及B'點。

(6) 利用曲線板，將A、1'、2'、3'、4'、5'及 B'點連結之，則得前半週之凸輪曲線。

(7) 在B'點從件突然下降 1/2 吋，因此得F點。

(8) 依對稱法作凸輪下半週的等分角線(6 等分)。

(9) 將從動件下半週的下降距離(1/2 吋)也等分成 6 等分。

(10) 分別從此 6 等分的點作弧線，交等分角線於a、b、c、d 及 e等點，利用曲線板連結F、a、b、c、d、e 及 A等點，則得此凸輪的下半週曲線。

(11) 曲線A、1'、2'、3'、4'、5'、B'、F、a、b、c、d、e 及 A即為凸輪之外形曲線。

例題 4

如圖 6-17 所示，從動件的下端有一滾輪，其中心與凸輪軸偏置一段距離D，而滾輪中心與凸輪中心相距N，當凸輪逆轉前180°時，從動件以等速上升一段距離$\overline{AB}$，再轉180°時，從動件以等速下降相同距離$\overline{BA}$，試設計此凸輪的外形曲線。

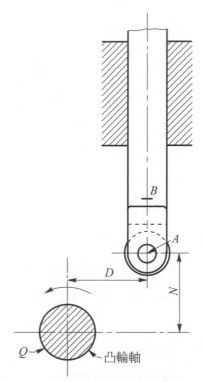

圖 6-17　試設計此凸輪的外形曲線

解

第一解法，如圖 6-18 所示。

(1) 連結$\overline{QA}$並延長至k點。

(2) 以Q爲中心，$\overline{QA}$爲半徑畫圓，得凸輪之基圓(如圖上虛線所示者)。

(3) 將基圓半圓，等分成 4 等分，並與Q點連接而延長之。

(4) 將升距$\overline{AB}$等分成 4 份，如圖 6-18 所示的 1、2、3 及B等點。

(5) 以Q爲圓心，$\overline{Q1}$爲半徑畫弧與$\overline{Qk}$相交於m點，與$\overline{Qa}$相交於m'點，使弧長$m'1'$等於$m1$，於是 1'爲凸輪節線上的一點。

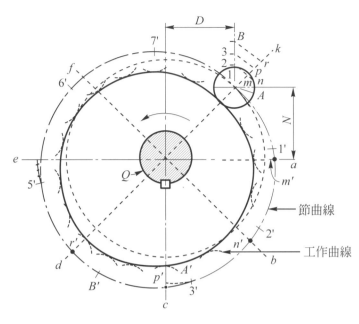

圖 6-18　第一解法

(6) 同理，以Q為圓心，$\overline{Q2}$、$\overline{Q3}$ 與 $\overline{QB}$為半徑畫弧交於$\overline{Qk}$於n、p 及 r等點，並交 $\overline{Qb}$、$\overline{Qc}$ 及 $\overline{Qd}$ 於n'、p'及 r'點，使弧長$\overset{\frown}{n2}$等於$\overline{n'2'}$，$\overset{\frown}{p3}$等於$\overline{p'3'}$，$\overset{\frown}{Br}$等於$\overline{B'r'}$。

(7) 再用同法，得$5'$、6 及 $7'$等點，利用曲線板，將A、$1'$、$2'$、$3'$、B'、$5'$、$6'$ 及 $7'$ 點相連，得凸輪的節曲線。

(8) 以滾輪半徑為半徑，在節曲線上每隔適當距離作一圓弧，再用曲線板，作這 些弧線的相切曲線，就是圖 6-18 的實線曲線，也就是凸輪的工作曲線。

圖 6-19 為第二種解法：

(1) 以Q為圓心，D為半徑畫虛線圓，此虛線圓與直線$\overline{AB}$相切於h點。

(2) 連接$\overline{Qh}$並延長至a點，並將$\overline{Qa}$順時轉$180°$，得$\overline{Qf}$。

(3) 將$\angle aQF$等分為 4 分，即$\overline{Qb}$、$\overline{Qc}$ 與 $\overline{Qd}$是等分線，此等分線與虛圓的交點為 w、x、y 及 z。

(4) 在w、x、y 及 z點畫虛線的切線，令切線$\overline{w1'}=\overline{h1}$，$\overline{x2'}=\overline{h2}$，$\overline{y3'}=\overline{h3}$，$\overline{zB'}=\overline{hB}$，得到 $1'$、$2'$、$3'$與B'，利用曲線板將A、$1'$、$2'$、$3'$與B'連接起來，即 得凸輪的節曲線，此曲線與圖 6-18 所示者相同。

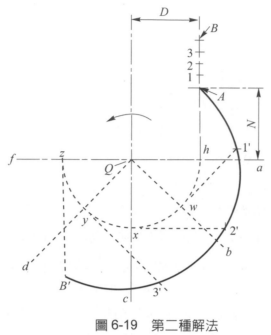

圖 6-19 第二種解法

例題 5

如圖 6-20 所示，凸輪逆時旋轉 1/3 週時，從動件以簡諧運動上升(即由A點至B點)，再轉 2/3 週時，從動件保持在最初原位不動(即回至A點)，試求凸輪的外形曲線。

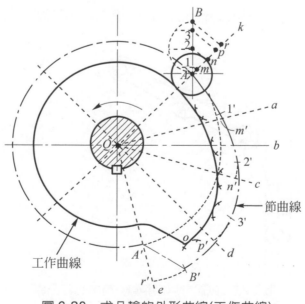

圖 6-20 求凸輪的外形曲線(工作曲線)

解

(1) 以Q為圓心，$\overline{QA}$為半徑畫圓弧，即得凸輪的基圓(虛線圓部份)。

(2) 連$\overline{QA}$並延長至k點，取$\angle kQe = 120°$。

(3) 從動件由A至B，是作簡諧運動。以$\overline{AB}$為直徑畫圓，並在半圓$\overline{AB}$的弧長上，等分成 4 分，在等分點上作$\overline{AB}$的垂線，得交點 1、2、3 點。

(4) 以Q為圓心，$Q1$為半徑畫弧，交$\overline{Qk}$於m點，交$\overline{Qa}$於m'點。令$m1 = \overline{m'1'}$，此 1' 點即為凸輪外形曲線上之一點。

(5) 同理，可得 2'、3'與B'點。

(6) 利用曲線板，將A、1'、2'、3'及 B'點連接，即得凸輪節曲線。

(7) 以Q為圓心，$\overline{QA}$為半徑，畫基圓(虛線圓)，基圓與Qe之交點為A'，連接$\overline{A'B'}$，此時凸輪的節曲線為A、1'、2、3'、B'及A'等。

(8) 在節曲線上，每隔適當距離作圓心，以滾輪半徑為半徑畫圓弧，利用曲線板畫弧線的切線，此實曲線即為凸輪之工作曲線。

例題 6　圖 6-21，試設計以凸輪軸O為中心的凸輪，當凸輪逆轉120°時(1/3 周)，推動搖桿BQD(支點在Q點)，利用連桿BA，帶動滑塊S以等速度由A運動至A_8點，在開始運動與停止運動時，緩和而不發生震動(即變形等速運動)。但當滑塊S到達頂點A_8點時，則急速回到A點，而凸輪再旋轉剩餘的240°(2/3 周)時，滑塊S保持在A點不動。

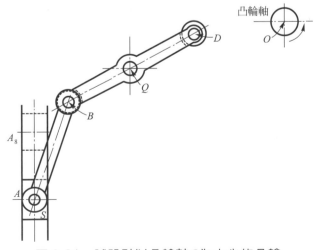

圖 6-21　試設計以凸輪軸O為中心的凸輪

解

(1) 如圖 6-22 所示，t 到 t_8 為凸輪旋轉120°時，滑塊S由A運動至A_8點所需的時間，$\overline{t_8a_8}$垂線等於滑塊升距$\overline{AA_8}$，連$\overline{ta_8}$直線，並等分時間座標$\overline{t_0t_8}$為 8 等分。由 t_0、t_1、t_2……及 t_8畫垂線交$\overline{t_0a_8}$直線。但在開始與停止運動處，為防止滑塊S產生凸震，所以使用適當的曲線，所以在$\overline{t_0a_8}$的實線曲線上與t_1、t_2……t_8的垂直線相交於a_1、a_2……a_7及 a_8等點。

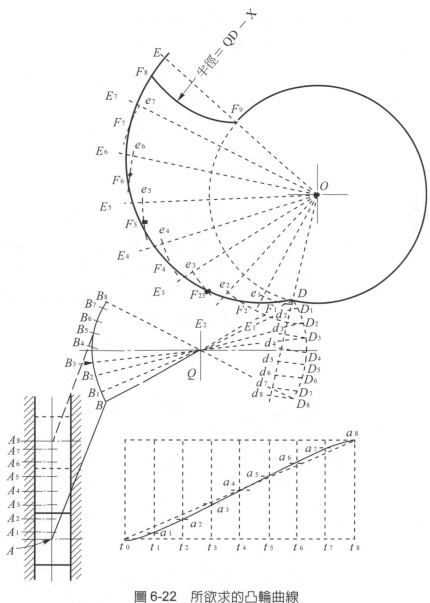

圖 6-22　所欲求的凸輪曲線

(2) 從a_1、a_2……a_8點作水平線與滑塊升距AA_8垂直相交於A_1、A_2……A_7及 A_8等點。

(3) 以Q為圓心，$\overline{QB}$為半徑畫弧，交以A_1為圓心，$\overline{AB}$為半徑所畫的圓弧於B_1點，再以A_2為圓心，$\overline{AB}$為半徑畫弧得交B_2。同理，可繼續求得B_3、B_4……B_8等點。

(4) 以Q為圓心，$\overline{QD}$為半徑畫弧，交$\overline{B_1Q}$延線於D_1點，交$\overline{B_2Q}$於D_2點，同理可繼續求點D_3、D_4……D_8等點。

(5) 由$\overline{OD}$線開始作$\angle DOE$等於$120°$，並將$\angle DOE$等分為 8 分。OE_1、OE_2、OE_3……OE_7為等分角線。

(6) 以O為圓心，$\overline{OD_1}$為半徑畫圓弧交$\overline{OE_1}$於e_1點；同時與$\overline{OD}$延線交於d_1點。在$\overline{DE}$弧線上，取$\overline{e_1F_1} = \overline{d_1D_1}$，此$F_1$點即為凸輪外形曲線上的一點。

(7) 同第(6)項方法，取$\overline{e_2F_2} = \overline{d_2D_2}$，$\overline{e_3F_3} = \overline{d_3D_3}$……如此可求得凸輪外形曲線上的其餘各點$F_2$、$F_3$、$F_4$……$F_8$等點，利用曲線板，將$D$、$F_1$、$F_2$、$F_3$……$F_8$點連結，所形成的曲線，即為凸輪的外形曲線，$F_8F_9$的曲線，是以$\overline{QD}$為半徑所畫出。其餘的 2/3 周，用實線基圓即可，圖 6-22 為所欲求的凸輪曲線。

例題 7

在圖 6-23 中，平板形凸輪繞Q軸逆時旋轉，而裝有滾子的從動件，在A軸上作上下運動。當凸輪逆轉$120°$時(即β角)，從動件由A_0向上運動至A_6點。當凸輪繼續旋轉$30°$時，從動件在A_6點不動。當凸輪再轉$120°$時，從動件由A_6點向下移動至A_0點，當凸輪繼續轉$90°$時，從動件不動，試繪製凸輪之外形曲線。

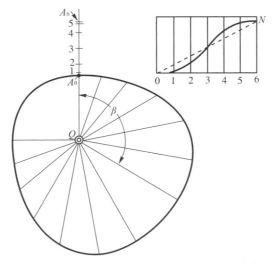

圖 6-23　試繪製凸輪之外形曲線(工作曲線)

解

(1) 因從動件由A_0運動至A_6，或由A_6運動至A_0，均按照公式(6.2)所示

$$S = \frac{L}{\pi}\left(\frac{\pi\theta}{\beta} - \frac{1}{2}\sin\frac{2\pi\theta}{\beta}\right) \tag{6.3}$$

設$\overline{QA_0} = 5$公分，$\overline{A_0A_6} = 3$公分$= L$，當凸輪轉120°，從動件的升距爲L，所以 $\beta = \frac{2}{3}\pi$，代入(6.3)式得

$$S = \frac{3}{3.14}\left(\frac{\pi\theta}{\frac{2\pi}{3}} - \frac{1}{2}\sin\frac{2\pi\theta}{\frac{2\pi}{3}}\right) = 0.95\left(\frac{3\theta}{2} - \frac{1}{2}\sin3\theta\right)$$

(2) 將β角6等分之，即$\theta_1 = \frac{\pi}{9}$，$\theta_2 = \frac{2\pi}{9}$，$\theta_3 = \frac{\pi}{3}$，$\theta_4 = \frac{4\pi}{9}$，

$\theta_5 = \frac{5\pi}{9}$，$\theta_6 = \frac{2\pi}{3}$。

(3) $S_1 = 0.95\left[\frac{3}{2} \times \frac{3.14}{9} - \frac{1}{2}\sin3\left(\frac{\pi}{9}\right)\right] = 0.95(0.5233 - 0.433) = 0.086$

$S_2 = 0.95\left[\frac{3}{2} \times \frac{2\pi}{9} - \frac{1}{2}\sin3\left(\frac{2\pi}{9}\right)\right] = 0.95(1.0467 - 0.433) = 0.583$

$S_3 = 0.95\left[\frac{3}{2} \times \frac{\pi}{3} - \frac{1}{2}\sin3\left(\frac{\pi}{3}\right)\right] = 0.95(1.57 - 0) = 1.491$

$S_4 = 0.95\left[\frac{3}{2} \times \frac{4\pi}{9} - \frac{1}{2}\sin3\left(\frac{4\pi}{9}\right)\right] = 0.95(2.0933 + 0.433) = 2.897$

$S_5 = 0.95\left[\frac{3}{2} \times \frac{5\pi}{9} - \frac{1}{2}\sin3\left(\frac{5\pi}{9}\right)\right] = 0.95(2.617 + 0.433) = 2.897$

$S_6 = 0.95\left[\frac{3}{2} \times \frac{2\pi}{3} - \frac{1}{2}\sin3\left(\frac{2\pi}{3}\right)\right] = 0.95(3.14 - 0) = 2.983$

(4) 將時間橫座標等分爲 6，在等分垂直線上，分別取S_1、S_2、S_3、S_4……S_6，再利用曲線板將各點相連，即得圖 6-23 右上角由 0 至 N 的曲線。由上項各點作水平投影線，在A_0A_6點間得 1、2、3……5 各點，即當凸輪轉動θ_1時，從轉動由A_0至 1 點，轉動至θ_2時，從動件由 1 至 2 點，餘此類推，當凸輪轉動到β角時，從動件將到達A_6。

(5) 利用曲線板將上項各點連接，則得凸輪前120°角位移時，其外形曲線。

(6) 依前述例子，可求出凸輪其餘的外形曲線。

例題 8

板形從動件與平板形凸輪(Plate cam with flat follower)，當凸輪順轉120°時，從動件S以簡諧運動由點 0 上升至點 8，再轉120°時，從動件在最高點保持不動。最後120°時，從動件由點 8 下降至點 0，試設計凸輪的外形曲線。

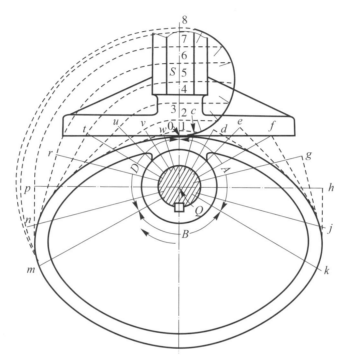

圖 6-24　板形從動件之繪製

解

平頭從動件的優點，是從動件無論與凸輪軸有否偏置，所得到的結果，與中心線通過Q點是一樣的，即不需考慮凸輪的旋轉方向。通常為減少凸輪的壓力角，當從動件偏置在凸輪軸右方時，凸輪應逆時旋轉，當從動件偏置在凸輪軸左方時，凸輪應順時旋轉。

(1) 將升距 $\overline{08}$ 按簡諧運動，分為 8 份，即以 $\overline{08}$ 為直徑畫半圓，然後等分半圓弧長為 8 段，再從等分點作升距之垂線，交直徑於 1、2、3、4、5、6、7 及 8 等點。

(2) 取角度0Qm等於oQk等於120°，並將0Qm、0Qk等分為 8 分，分角線為 $\overline{Qw}$、$\overline{Qv}$、$\overline{Qu}$、$\overline{Qt}$、$\overline{Qr}$、$\overline{Qp}$、$\overline{Qn}$、$\overline{Qm}$及$\overline{Qc}$、$\overline{Qd}$、$\overline{Qe}$、$\overline{Qf}$、$\overline{Qg}$、$\overline{Qh}$、$\overline{Qj}$及$\overline{Qk}$等。

(3) 以 Q 為圓心，$Q1$ 為半徑畫弧交 $\overline{Qw}$ 於 w 點，從 w 點作 $\overline{Qw}$ 之垂直線。

(4) 同理，可得 $\overline{Qv}$、$\overline{Qu}$、$\overline{Qt}$、$\overline{Qr}$、$\overline{Qp}$ 及 $\overline{Qn}$ 等各等分角線的垂直線。

(5) 用曲線板畫 $\overline{Qw}$、$\overline{Qv}$、$\overline{Qu}$、$\overline{Qt}$、$\overline{Qr}$、$\overline{Qp}$ 及 $\overline{Qn}$ 等各等分角線的垂直線的切線，則圖上的實線曲線即為凸輪前 1/3 週的外形曲線。

(6) 再 1/3 周，從動件靜止不動，以 Q 為圓心 $\overline{Qm}$ 為半徑，畫圓弧 mk。

(7) 最後 1/3 周，從動件再依簡諧運動回復至原位，所以可用前述方法求得 j、h、g、f、e、d 及 c 等點。

(8) 用曲線板連結 j、h、g、f、e、d 及 c 等點的切線，即得最後 1/3 周的凸輪曲線，如圖 6-24 所示的實線曲線。

例題 9

搖擺從動件，如圖 6-25 所示，搖桿底面是平的，固定軸在 p 點。當凸輪順時迴轉 1/4 周時，從動件 S 在原處不動，再轉 1/4 周時，從動件依簡諧運動由點 0 上升至點 6，凸輪繼續轉 1/4 周時，S 由點 6 以簡諧運動下降至 0 點，最後 1/4 周從動件在原處不動，試設計此凸輪的外形，其中 S 的下端是以 0 點為圓心所畫的半圓形。

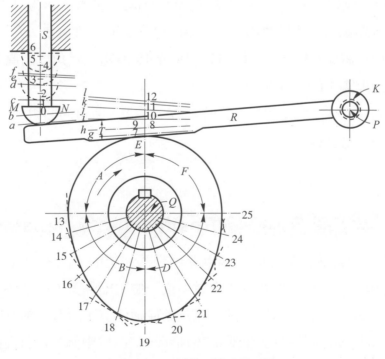

圖 6-25　搖擺從動件的繪製

解

(1) 將升距 06，依簡諧運動分為 6 段，即 0、1、2、3、4、5 及 6 等點，並利用這些點為圓心，畫虛線半圓(此半圓與從件半圓大小相等)。

(2) 以固定軸P為圓心，畫虛線圓K，此虛線圓應與搖桿上端平面的延線相切。

(3) 從K虛線圓的上端做從動件 6 個虛線半圓的切線，即a、b、c、d、e及f。

(4) 在K圓的下端，畫平行於a、b、c、d、e及f等線的切線。

例如，g為K圓下端平行a的切線，與凸輪軸Q的垂直線相交於點 7，h為K圓下端平行b的切線，與凸輪軸Q的垂直線相交於點 8，餘此類推，i、j、k及l分別為K圓下端平行c、d、e及f的切線，其與凸輪軸Q的垂直線相交於 9、10、11 及 12 等點。

(5) 從動件前 1/4 周為靜止不動，即以Q為圓心，$\overline{QE}$為半徑畫 1/4 圓，即∠A部份。

(6) 再 1/4 周，從動件以簡諧運動由點 0 上升至點 6，取∠B = 90°，將∠B等分為 6，以Q為圓心，Q7為半徑畫圓弧交第一條∠B分角線於點 14，經過點 14，畫一等於夾角g7Q的直線。以Q為圓心，$\overline{Q8}$為半徑畫弧，與第二條等分角線相交於點 15，經過點 15，畫一等於夾角h8Q的直線。同理，求得點 16、17、18 及 19，而各點都有一等於直線i、j、k及 m處經過Q之垂直之夾角。

(7) 用曲線板，將點 14、15、16、17、18 及 19 所畫一定角度的直線，畫曲線與之相切，即圖上的實線曲線。

(8) ∠D = 90°，所畫的曲線與∠B對稱。∠F = 90°，所畫的曲線與∠A對稱，此時全部凸輪外形曲線即完成了。

6-7 平板形確動凸輪(Positive motion platecams)

以上所述，凸輪與從動件間的約束關係是不完全的。凸輪只能將從動件向外推，在退回行程，從動件必須藉其本身重力或一個壓縮彈簧(Compression spring)的壓力將它抵在凸輪上。若使凸輪之動作能及於從動件滾子兩邊，則凸輪可使從動件遠離，亦可拖帶從動件回復原狀如圖 6-26 所示，在凸輪兩側，均有從動件的滾子，在曲線滑槽內滑動。滑槽曲線的中心線就是凸輪的節曲線，滑槽的寬度比滾子直徑大，如此可使滾子任意滑動。不需藉彈簧力或本身重力從動件可以永遠不離開凸輪，此種凸輪稱為確動凸輪；另一種平板形確動凸輪，如圖 6-27 所示。

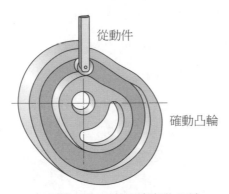

圖 6-26　平板形確動凸輪

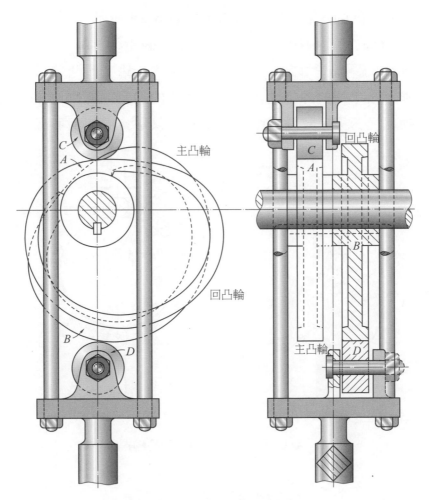

圖 6-27　主回凸輪(確動凸輪)

　　圖中，滾輪C與凸輪軸A相接觸，滾輪D與凸輪B相接觸，凸輪A與B皆固定在軸上，滾輪C與D固定在從動件的架子上，當滾輪C受力時(從件上升)，滾輪D不受力，當滾輪D受力時(從動件下降)，滾輪C不受力。如此可使從動件不藉外力，而能確實的隨凸輪作直線運動，此種凸輪稱為主回凸輪。

　　圖 6-28 中，為一定徑式確動凸輪，其從動件上備有 2 個滾子，各在凸輪之上下與凸輪周緣同時接觸，當從動件向上運動時，凸輪之作用及於上部之滾子，當從動件向下運動時，凸輪之作用及於下部之滾子。所以稱為定徑凸輪者，因經過凸輪軸之方向，兩滾子間的距離須恒為一定也，即

$$\overline{AH_1} + \overline{AH} = A1 + A1' = A2 + A2' = A3 + A3' = \cdots\cdots$$

　　第三種平板形確動凸輪為定闊凸輪，如圖 6-29 所示，凸輪F與一個從動件H的兩個對面平行的平面相接觸。設這兩個平面的距離為B，凸輪的外廓曲線上兩個平行切線間的距離恒等於B，故稱之為定闊凸輪。此凸輪只能指定其前半段的外廓曲線，後半段的外廓曲線就由前半段的外廓曲線來決定，此與定徑凸輪相同，從動件上升與下降的運動完全相同，只是方向相反而已。

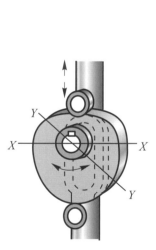

(a) 兩滾子間的距離須恒為一定

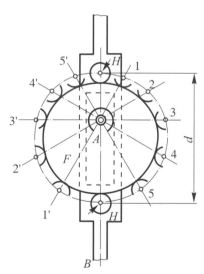

(b) AH+AH₁=常數

圖 6-28　定徑凸輪(確動凸輪)

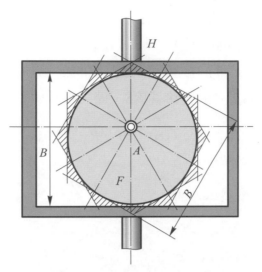

圖 6-29　定闊凸輪(確動凸輪)

6-8　偏心凸輪與三角凸輪
(Eccentric cam and Triangular cam)

1. 偏心凸輪

　　如圖 6-30(a)、(b)及(c)所示，凸輪中心原在B點，但以Q點為軸心旋轉，推動尖端從動件，如此從動件的行程為QB距離的兩倍。圖中，實線圖是從動件在最低的位置，虛線圓為凸輪轉90°後的位置。圖 6-31 為圖 6-30 的改良品，平板從動件，可以使凸輪與從動件的接觸點，永遠在B點的正上方，而從動件為作簡諧運動(為一種確動凸輪)。

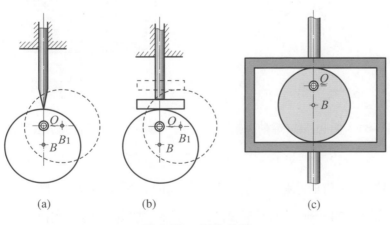

(a)　　　　　(b)　　　　　(c)

圖 6-30　偏心凸輪

　　圖 6-31(a)的偏心輪是最容易製造的凸輪，偏心輪A驅動一個往復平板從動件B，基圓半徑爲$R-e$（e爲偏心距），以B的最低位置爲起始位置算起，圖中凸輪的轉動一角位移θ，使從動件的接觸面，距凸輪的軸心A最近的一點爲T，若在起始位置時T在T_0，則凸輪上升的位移就爲S，而

$$S = \overline{AT} - \overline{AT_0} = e\cos(180°-\theta) + R - (R-e)$$
$$= e(1-\cos\theta)$$

若角速度ω_a，角加速度爲α_a，則

切線速度

$$V = \frac{ds}{dt} = \frac{d(e-e\cos\theta)}{dt} = + e\omega_a\sin\theta \tag{6.4}$$

切線加速度

$$A_t = \frac{dv}{dt} = \frac{d\,e\,\omega_a\sin\theta}{dt} = e\omega_a^2\cos\theta \tag{6.5}$$

圖 6-31 將凸輪封閉在矩形滑框中（如虛線所示），則變成確動凸輪。

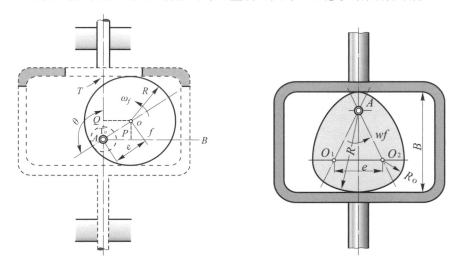

圖 6-31　偏心凸輪(確動凸輪)　　　圖 6-32　定三角凸輪(等寬凸輪)

2. 三角凸輪

　　圖 6-32 中三角形凸輪，由兩種半徑構成六段弧形的平面凸輪，此種凸輪也是屬於等寬凸輪的一種，因其外廓像三角形，故稱之爲三角凸輪(爲確動凸輪)。AO_1O_2是一個等邊三角形，此六段弧形就各以其三個頂點爲圓心，以半徑R與R_0

作成，R與R_0之差就等於從動件的總升距，以S表之，即S就等於三角形的邊長e。R與R_0之和就等於從動件兩平行面間的寬度B，基圓半徑爲R_0。R_0與S一經指定，這個三角凸輪就可決定。

設凸輪以均勻角速度ω_f逆時針旋轉，角位移θ由圖示位置算起。當從動件的接觸平面與以A爲圓心的圓弧接觸，從動件不動，故從動件的位程速度與加速度都爲零，即$0 \leq \theta \leq 30°$，$S = 0$，$V = 0$及$A = 0$，凸輪繼續迴轉，從動件接觸平面與以O_1爲圓心的圓弧接觸。將凸輪當作偏心輪看，則有

$$30° \leq \theta \leq 90°$$
$$S = e[1 - \cos(\theta - 30°)] \tag{6.6}$$
$$V = e\omega_f \sin(\theta - 30°) \tag{6.7}$$
$$A = e\omega_f{}^2 \cos(\theta - 30°) \tag{6.8}$$

凸輪繼續迴轉，從動件的接觸平面又以O_2爲圓心的圓弧接觸，即在

$$90° \leq \theta \leq 150°$$
$$S = -e \cos(\theta + 30°) \tag{6.9}$$
$$V = e\omega_f \sin(\theta + 30°) \tag{6.10}$$
$$A = e\omega_f{}^2 \cos(\theta + 30°) \tag{6.11}$$

凸輪再繼續旋轉，從動件的接觸平面與以A爲圓心的圓弧接觸，即在

$$150° \leq \theta \leq 180°$$
$$S = 0$$
$$V = 0$$
$$A = 0$$

以後θ由$180°$至$360°$之間，從動件的運動與前半周的運動完全相同，只有方向相反而已。故凸輪每旋轉一周，從動件有兩次停留不動，在其運動時，則爲兩段$1/3$的簡諧運動。

圖6-33的三角凸輪是由三種半徑構成四段弧形相聯而成。AO_1O_2是一個等腰三角形。R與R_0之差仍等於從動件的總升距S。R與R_0之和等於從動件兩平面間的寬度B，基圓半徑仍爲R_0。R_0與S一經指定則

$$B = R_0 + R = S + 2R_0$$

此種凸輪也是屬於定闊凸輪的一種，也稱為確動凸輪。

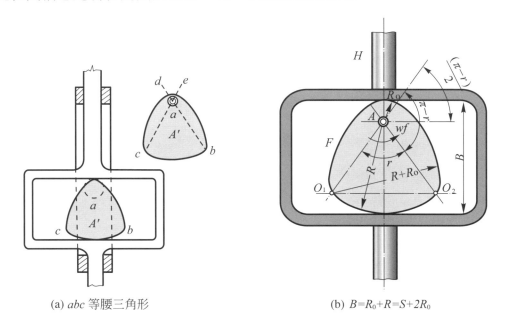

(a) *abc* 等腰三角形　　　　(b) $B=R_0+R=S+2R_0$

圖 6-33　三角凸輪

6-9　圓柱形凸輪(Cyclindrical cams)

　　圓柱凸輪是作成在圓柱體上的，從動件平行凸輪的旋轉軸線作往復運動。它與平板凸輪不同之處就在凸輪每旋轉一周，從動件不必一定回到原來位置。換言之，就是凸輪不一定每旋一周就完成一個循環。若凸輪旋轉一周完成一個循環者，稱為單周凸輪(Single-turn cam)。凸輪每兩個完成一個循環者，稱為雙周凸輪(Double-turn cam)。依此類推，凸輪旋轉多周始完成一個循環者，稱為多周凸輪(Multiple-turn cam)。

　　從動件的接觸部份或為一個圓銷，或為一個圓柱形或圓錐形的滾子。我們可以這個接觸部份的中心對於凸輪的圓柱面的相對動路作為節曲線。在凸輪的圓柱面的展開面(Developed surface)上，這個節曲線與位移線圖除比例尺可有不同外，其形狀完全相同。所以在圓柱凸輪，我們可以在其展開面上依照所指定的從動件作出節曲線，舉例如下：

例題 10

如圖 6-34 所示，是圓柱形凸輪的正剖面圖，有鍵槽(Key way)，可以將凸輪固定在軸上，並有固定螺旋孔，可防止凸輪向左右端面滑動，凸輪的輪轂(Hub)與溝槽(Groove)的尺寸如圖示(單位 mm)。當凸輪轉動 1/8 周時，從動件在原位不動。當凸輪再轉 3/8 轉時，從動件沿凸輪軸平行方向，依等加減速運動向右移動 4 公分。凸輪再轉 1/8 轉時，從動件不動。再轉 3/8 轉時，從動件依等加減速運動向左移動 4 公分，試設計此圓柱形凸輪的外形曲線。

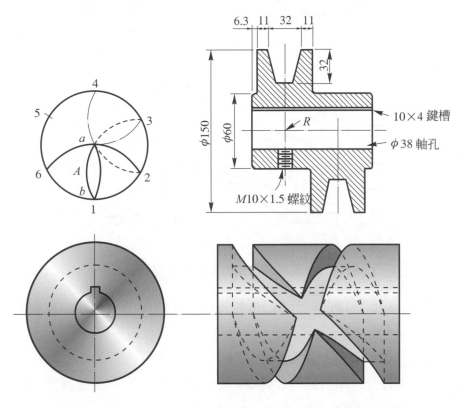

圖 6-34　圓柱凸輪(圓柱形凸輪的外形曲線)

解

(1) 從圖 6-35 中，畫中心線 $\overline{XX'}$，在此線上取一點 Q，並以 Q 為中心，畫圓柱凸輪的外圓 K 及溝槽圓 P(虛線圓部份)。

(2) 從 Q 點畫垂線 $\overline{YY'}$，並做 $\angle YQB = 45°$，即凸輪前 1/8 轉，從動件在原位不動的角度。

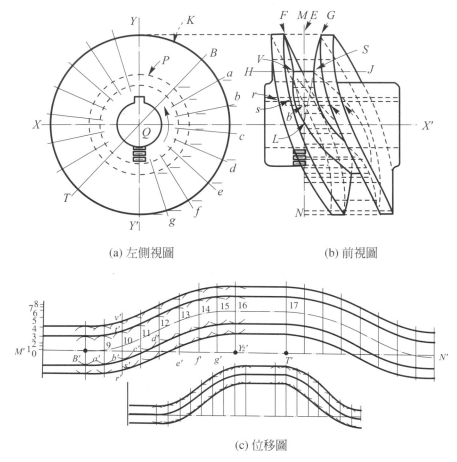

(a) 左側視圖 (b) 前視圖

(c) 位移圖

圖 6-35　畫圓柱凸輪的外圓 *K* 及溝槽圓 *P*

(3) 畫∠*BQY′* = 135°，即凸輪旋轉 3/8 轉，從動件依等加減速運動向右方移動 2 公分。

(4) 畫∠*Y′QT* = 45°，即凸輪再旋轉 1/8 轉，從動件靜止不動。

(5) 畫∠*TQY* = 135°，即凸輪再旋轉 3/8 轉，從動件依等加減速運動，向左方移動 4 公分，回到原位。

(6) 在 $\overline{XX'}$ 線上，畫垂線 $\overline{MN}$，並在此 $\overline{MN}$ 垂線上，定一點 *E*，使與 $\overline{XX'}$ 的距離等於圓柱形凸輪的外圓半徑。

(7) 經 *E* 點畫 $\overline{XX'}$ 之平行線，取 $\overline{FE} = \overline{EG}$，使等於從動件滾輪的半徑。

(8) 畫凸輪溝槽線，即 $\overline{HJ}$，但必須平行 $\overline{FG}$。

(9) 經 $\overline{MN}$ 與 $\overline{XX'}$ 之交點 *L*，畫直線 $\overline{FL}$ 及 $\overline{GL}$，且與 $\overline{HJ}$ 相交於 $\overline{VS}$，此 $\overline{VS}$ 即為凸輪溝槽底部的寬度。

⑩ 依凸輪的圓周長，畫凸輪外形曲線的展開圖$M'N'$，如圖(c)所示。

⑪ 取直線$\overline{M'B'}$等於弧長$\overset{\frown}{YB}$，$\overline{B'Y_2'}$長等於弧長$\overset{\frown}{BY'}$，$\overline{Y_2'T}$長等於弧長$\overset{\frown}{Y'T}$，$\overline{T'N'}$長等於弧長$\overset{\frown}{XY}$。

⑫ 將$\overline{B'Y_2'}$等分為 8 等分，等分點為a'、b'、c'、d'、e'、f'及g'並在等分點上畫垂線。

⑬ 在經M'點的垂線上，畫從件的升距 08 等於 4 公分，並將此升距按等加減速運動 1：3：5：7：7：5：3：1 之比例分成 8 段，得點 0、1、2、3、4、5、6、7 及 8。

⑭ 從 1 點，畫水平線，與經過a'點的垂線相交於點 9，從 2 點，畫水平線與經過b'點的垂線相交於點 10，同理從 3、4、5、6、7、8 各點作水平線，分別與經過c'、d'、e'、f'及Y'各點的垂線，相交於點 11、12、13、14、15 及 16。

⑮ 用曲線板，將點B'、9、10、11、12、13、14、15 及 16 等連結，即得凸輪的輪溝曲線。

⑯ 因$Y_2'T'$間，從動件不移動，所以是水平直線。

⑰ $T'N'$之間，從動件依等加減速運動向左移動 4 公分，此與$B'Y_2'$曲線對稱，所以可用對稱法，或模型板畫 17 畫N'曲線，則全部凸輪滑槽中心曲線(即從動件滾子運動曲線)的展開圖即可完成。

⑱ 以從件滾子半徑之長作為半徑，依滾子節曲線$M'-B'-16'-17-N'$作為圓心，畫圓弧並利用曲線板畫這些圓弧的切線，如此滾子滑動的滑槽寬度曲線即可完成。

⑲ 以滾子半徑加滑槽厚度之長為半徑，仍順著曲線
$M'-B'-16'-17-N'$為圓心，畫圓弧，再利用曲線板畫這些圓弧的切線，如此凸輪的滑槽外形曲線，其展開圖即可完成了。

⑳ 現在要畫凸輪滑槽底部的曲線展開圖，因底部的圓半徑較短，所以底部的曲線長度較短。P圓展開曲線就是滑槽底部的展開曲線，如圖 6-35(c)所示。

㉑ 由左側視圖K圓與等分角線$\overline{QB}$、$\overline{Qa}$、$\overline{Qb}$、$\overline{Qc}$、$\overline{Qd}$、$\overline{Qe}$、$\overline{Qf}$、$\overline{Qg}$及$\overline{QY}$之交點，畫水平投影線，再利用K圓展開的曲線$B'Y_2'B'$轉90°投影，此兩種投影線的交點，連結起來即得正視圖(b)所示。

例題 11

一圓柱形確動凸輪的從動件，平行於凸輪軸的平面上作往復運動，當凸輪旋轉 $1\frac{1}{4}$ 轉，從動件以等速向右移動 400 公厘，在其次 1/4 轉時，從動件靜止不動當凸輪再轉一轉後，以等加速度方式回至原位。而其次 $\frac{1}{2}$ 轉中，從動件靜止不動求凸輪之理論曲線。

解

(1) 圖 6-36 中，先畫一圓等於凸輪的外徑，並將此圓等分為 8 分，如等分點 1、2、3、4、5、6、7 及 0 等點。

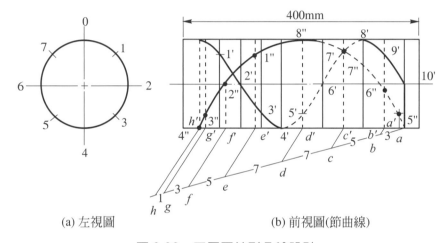

(a) 左視圖   (b) 前視圖(節曲線)

圖 6-36 三周圓柱形凸輪設計

(2) 將從動件向右移動之行程 400mm，等分為 10 分，並從等分點畫垂線。

(3) 從左圖圓上等分點做水平投影線，交凸輪行程等分點之垂線於 1'、2'、3'、4'、5'、6'、7'、8'、9' 及 10' 等點(因凸輪轉 $1\frac{1}{4}$ 圈所以共取十點)。

(4) 將上述各點以曲線板連接，則得凸輪前 $1\frac{1}{4}$ 轉之節曲線。

(5) 再 $\frac{1}{4}$ 轉從件靜止不動，所以畫 10'5" 直線。

(6) 再一轉，凸輪以等加速度回至原位，因此將凸輪行程 400mm，依等加減速運動方式，按比例 1 : 3 : 5 : 7 : 7 : 5 : 3 : 1 之比例，分段得 a'、b'、c'、d'、e'、f'、g' 及 h' 等點。

(7) 從 a'、b'、c'、d'、e'、f'、g'及 h'等點作垂線,交左方 5、6、7、0、1、2、3 及 4 等點之水平投影線於 5"、6"、7"、8"、1"、2"、3"及 4"等點,將這些點用曲線板連接,則得凸輪以等加減速轉一轉所須的節曲線。

(8) 最後 $\frac{1}{2}$ 轉,從件靜止不動,則從 4"點至 0 點畫直線,如此完成凸輪 3 周所需的節曲線。

例題 12　多周圓柱形凸輪。

解

如圖 6-37 中,從動件 F,下端裝有滑動件 G,可以在滑槽內滑動,當凸輪旋轉時,推動 F,使滑桿 K 作左右移動,當滑動件 F 在凸輪兩端時,因滑槽為垂直,所以滑件 F 會停留一段時間,此時間為凸輪旋轉半轉所需的時間。滑件 G 的形狀,必須是特別的形狀,如圖所示,它為兩頭尖的梭形體,以便於在交叉口,通行無阻。

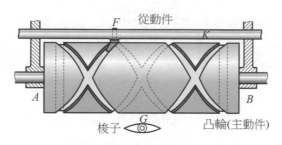

圖 6-37　多周圓柱形凸輪

圖 6-38 中,由一轉撥器(Switch)控制梭形滑動件(Shuttle shaped slider),圖(a)中,轉撥器 H 的內部有彈簧,壓迫 H 向右靠緊,梭形滑動件 G 向 b 槽而去,推動 H 使 e 槽封閉,c 槽打開。圖(b)中,G 由已張開的 c 槽進入,向 d 槽運動,推動 H,使 f 槽暫時封閉,e 槽張開。圖(c)中,梭子 G,由已張開的 e 槽進入,向 h 槽運動,如此則完成轉換滑槽之全部動作。

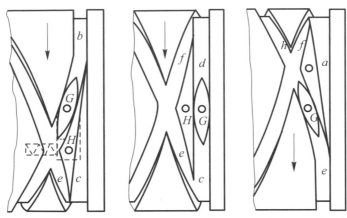

(a) 梭形滑動件 G 向 b 槽而去 (b) 由已張開的 c 槽進入 (c) 梭子 G，由已張開的 e 槽進入

圖 6-38　凸輪與滑動件

圖 6-39 所示凸輪 A 固定不動，但表面各有右旋及左旋滑槽各一，滑槽上裝有槽輪 (Sheave)用鏈條或繩帶動，槽輪側面裝有銷子以便銷子滑槽作向左或向右之運動。

圖 6-39　銷子作向左或右之運動

例題 13 多凸輪之機構。

解

在任何自動化機械中，凸輪幾乎成為不可或缺的機件，大至各種工業用機械的紡織、製煙及製罐等機械，小至各種各式內燃機、計算機及縫紉機等，若利用多凸輪的組合皆可以精確控制機件在一定的時間，作一定的運動，如圖 6-40 中，它主要由圓柱形凸輪B及平板形凸輪A組成，當A旋轉一次，則可使凸輪B轉動兩次，而圓柱R受搖桿S的控制，可左右轉交互進行。

插銷下受凸輪B之控制，當B先轉 $\frac{1}{8}$ 轉時，滑件T不動。當B再轉 $\frac{3}{8}$ 轉時，滑件T以簡諧運動移動 35mm，再轉 $\frac{1}{8}$ 轉時，滑件T不動，最後B轉 $\frac{3}{8}$ 轉時，滑件T以簡諧運動向左移動 35mm，向下向左移時，插入V槽或W槽，可使R停止轉動。當T向左移動時，則由S推R轉動。因為有T的控制，所以R的轉動確實。

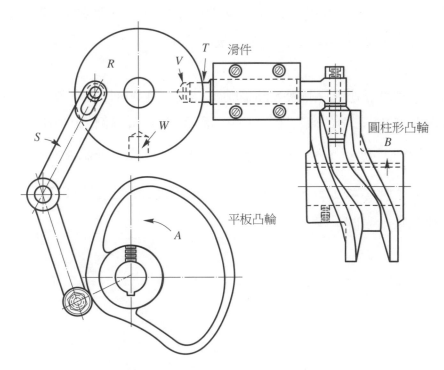

圖 6-40　多凸輪機構(自動化機械使用)

▶ check! **習題六**

1. 利用作圖法畫出一凸輪的輪廓(Cam profile)，其已知條件爲：

   (1) 此凸輪與一滾子從動件相配合，滾子直徑爲 11mm，滾子與凸輪軸 之中心距爲 23 mm。

   (2) 凸輪作等速旋轉，從動件沿一直線作上下往復簡諧運動(Simple harmonic motion)。

   (3) 凸輪升距(Cam raise)爲 23mm，凸輪軸與滾子軸在同一直線上。

2. 畫一凸輪從動件的位移曲線圖，從動件 4 秒內等加速度上升 2.5cm，再 4 秒內以等減速度下降 2.5cm，靜止 6 秒後再以簡諧運動以 6 秒內降低 3cm，再以等速度 3 秒內上升 1.5cm，最後立刻下降 3cm，停止 6 秒。按比例 1：1 以位移爲縱座標，時間爲柱座標，時間按比例 2.5cm ＝ 4 秒的比例畫出位移曲線線圖。

3. 設計一板形凸輪外形，已知從動件升距爲 5cm，凸輪軸與從動件軸在同一直線上，當凸輪轉120°時，從動件以等加減速運動 2.5 公分，然後60°保持靜止不動，再120°等加速度運動下降 2.5 公分，最後60°保持靜止不動。凸輪基圓半徑爲 2 公分，尖端從動件。

4. 一平板形凸輪以等速順時迴轉，凸輪軸左方有一滾子直徑爲 2 公分，滾子中心位於距輪軸左方 2.5 公分的直線上。滾子中心最高點距凸輪軸上方 7 公分處，從動件以下列情況運動，凸輪前 $\frac{1}{4}$ 周從動件依簡諧運動向下運動 2.5 公分，再 1/4 周靜止，立刻下降 1.25 公分，最後 $\frac{1}{2}$ 周內以簡諧運動向上運動 3.75 公分，畫出凸輪之節線並求出基圓半徑。

5. 如圖(a)所示，當凸輪從圖示的位置轉動150°以後，則凸輪軸心與滾子中心距離爲若干？(單位 mm)

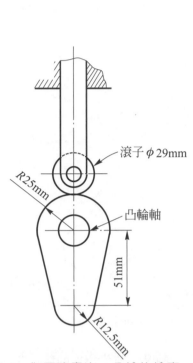

滾子 ϕ 29mm

R25mm

凸輪軸

51mm

R12.5mm

圖(a)　作圖法畫出一凸輪的輪廓

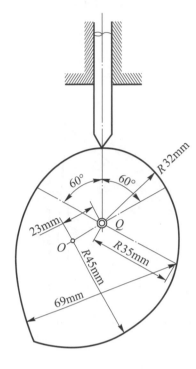

60°　60°

R 32mm

23mm

O

Q

R45mm

R35mm

69mm

圖(b)　凸輪軸心與滾子中心距離爲若干

6. 如圖(b)所示，爲一平板形凸輪，其旋轉軸爲Q，凸輪由三個圓弧組成，其半徑和圓心如圖示。凸輪逆時等速旋轉，試畫凸輪從動件之位移圖。橫座標表凸輪角位移，以30°作一點，求繪製從動件位移。

7. 設計一平板凸輪，使一直徑爲 1.5 公分之滾子從動件作直線上下運動，凸輪最初90°時，從動件以簡諧運動上升 4 公分，再90°時，從動件不動，然後再90°，從動件簡諧運動下降4公分再立即下降2.5公分，最後90°時，從動件等加減速下降5 公分。凸輪等速順轉，基圓直徑爲7.5 公分，從動件開始時之位置位於第二象限與垂直線成45°的位置。

8. 圖(c)中，從圖示位置開始，在凸輪 $\frac{3}{8}$ 轉內，滑塊以簡諧運動下降 5 公分，立即上升 2.5 公分後，$\frac{1}{8}$ 轉內使滑塊靜止，然後 $\frac{1}{2}$ 轉內以等加減速運動下降 5 公分，然後立即上升 2.5 公分，若搖桿尾端(A)點和凸輪接觸，凸輪順時迴轉，求凸輪外廓。為防止搖桿的A點脫離凸輪的接觸，則須用彈簧或其他外力。

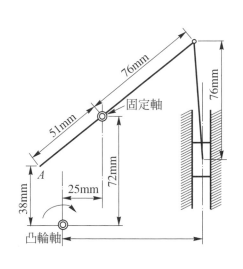

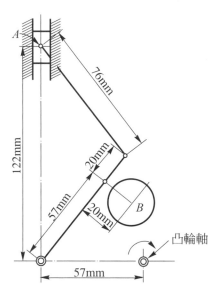

圖(c)　凸輪順時迴轉，求凸輪外廓外形　　　　圖(d)　求平板形凸輪之外形

9. 求平板形凸輪之外形，如圖(d)所示，凸輪以等速順時迴轉，滑塊A依下列方式運動，凸輪在 $\frac{1}{12}$ 轉內保持不動，然後 $\frac{1}{3}$ 轉內以簡諧運動上升 2.5 公分，再 $\frac{1}{3}$ 轉靜止不動，再突然下降 3.5 公分，最後 $\frac{1}{4}$ 轉內以等速上升 1 公分，凸輪驅動一直徑為 2.5 公分的滾子從動件B。

10. 圖(e)，從動件*A*有一銷子，此銷子帶動一搖桿*B*，求此平板形凸輪之外廓，此凸輪以等速順時迴轉，作用於*D*點使從動件*A*依下列方式運動，凸輪$\frac{1}{4}$轉內保持靜止，再$\frac{1}{4}$轉內從動件以簡諧運動上升 4 公分，再$\frac{1}{4}$轉內保持不動，立即下降 4 公分，最後$\frac{1}{4}$轉內保持不動。

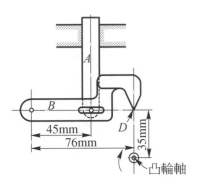

圖(e)　求此平板形凸輪之外形

11. 圖(f)中，兩滾子*AB*之中心距為 9 公分，裝於一升降桿上，二滾子同一平面內並且永遠和凸輪外廓接觸，若凸輪轉半周，從動件機架上升 2.5 公分，求凸輪之外廓曲線，並求再半周內從動件情形如何？

12. 圖(g)中，凸輪由兩圓弧及其公切線構成，凸輪繞固定軸*A*旋轉，求從動件的位移曲線(從動件作簡諧運動)。(單位 mm)

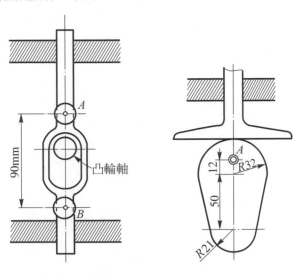

圖(f)　求凸輪之外廓曲線　　圖(g)　求從動件的位移曲線

Chapter 7

齒輪機構

7-1 齒輪

　　兩個呈滾動接觸的摩擦輪在接處會有發生滑脫的現象,因此,若需要兩輪保持準確的角速度比或傳達較大的功率,就不宜採用摩擦輪來傳動。因摩擦輪是靠接觸處面的摩擦力來傳遞動力;且傳力方向是沿接觸曲線在接觸點切線的法線方向,不若兩成滑動的理想剛體,其傳動力是沿接觸曲線在接觸點的公切線方向,所以是確切(Positive)而可靠的,因此採用滑動接觸來傳動,就不會有滑脫現象發生。就圓形輪來說,假如我們要保持兩輪間的瞬時角速比一定,這一對接觸曲線必須為共軛曲線(Conjugate curves),所謂共軛曲線就是:兩個成滑動接觸的剛體,在接觸過程中。過接觸點所作切線的法線,若恆經過

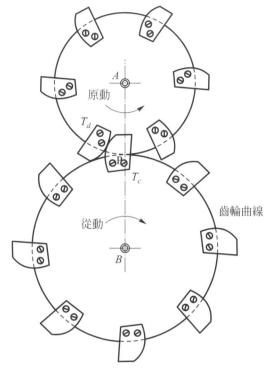

圖 7-1　齒輪之共軛曲線

兩個節曲線在聯心線上的公切點(節點),則這兩個接觸曲線成共軛曲線。如圖 7-1 所示。圖中兩剛體各繞A與B軸旋轉,其上若各固定一塊曲形板T_c與T_d,則從T_c與T_d接觸點所做切線的法線恆經過節點P,此兩曲線板即共軛;且此兩剛體除節點為滾動接觸外其餘曲線皆成滑動,因齒輪傳動通常是有滾動又有滑動。又因為齒輪傳動在齒與齒間成滑動接觸,在接觸點有相對速度,形成一種摩擦損失,減少噪音;以及如何減少接觸面的磨損為一重要的課題。

7-2 齒輪之用途及其重要性

　　齒輪係用來將一軸之運動或功率傳至另一軸,作用與摩擦輪類似,其功用及優點如下。

1. **齒輪的功用**

　　(1) 用來傳遞動力。

(2) 用來改變運動的方向。

(3) 用來改變旋轉軸速度。

2. 齒輪的優點

(1) 可傳遞較大的力量,因傳力在法線方向,不像摩擦輪傳力在切線方向,尤其摩擦輪傳力時其接觸面之正壓力太大,輪面易磨損而齒輪則無此項缺點。

(2) 傳動速比正確、可靠,因齒間不會有滑脫現象。

(3) 軸距較遠時,可採用齒輪組,以節省空間。

　　基於以上的的理由,無論是工業上或社會上,各種大小機器或交通工具,甚至於各行各業為了傳遞較大的動力,以得到正確的角速比或要改變運動轉向,都離不開齒輪,其重要性可以想見。

7-3 齒輪的種類

　　齒輪(Gears)的種類很多,依其所聯動的軸線為平行的、相交的,或不平行不相交的而分為正齒輪(Spur gears)、斜(傘)齒輪(Bevel gears)、與戟齒輪(雙曲線齒輪、蝸桿蝸輪及螺輪等)。

1. 正齒輪(Spur gears)

　　用於兩輪平行的場合。

(1) 外齒輪(External gears):為一種最普通的齒輪,此種齒輪適用於兩軸轉向相反而速度中等的場合,如圖 7-2 所示。

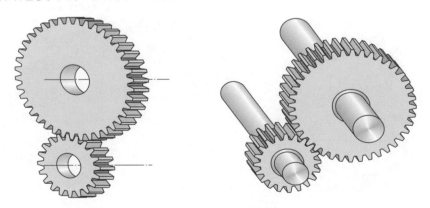

圖 7-2　外切正齒輪

(2) 內齒輪(Internal gears)：一個齒輪在其中一個齒輪的內面相接觸，大的稱為內(圈)齒輪(Annular gear)，小的稱為小齒輪(Pinion)。兩軸之迴轉方向相同，常使用於高減速比的場合，如圖 7-3 所示。

圖 7-3　內切正齒輪

(3) 螺旋齒輪(斜齒)(Helical gear)或稱正扭齒輪(Twisted spur gear)，適用於較大的負荷及較高的轉速。其傳動緻密且效率高，然軸向推力較大，如圖 7-4(a)(b)所示。圖中螺旋角一般為7°～23°，方向為左旋或右旋，若兩嚙合齒輪之螺旋(傾斜)方向相反，則螺旋角(傾斜角)必相等。此種齒輪因其齒的方向與正齒輪相較，只是將正齒輪以中心軸線為準，傾斜一個角度來銑製而已，所以又有將此種齒輪稱為斜齒或稱為傘齒。本書為避免讀者誤解，所以將此種齒輪寫成螺旋齒輪(斜齒)，而將斜齒輪寫成斜(傘)齒輪。

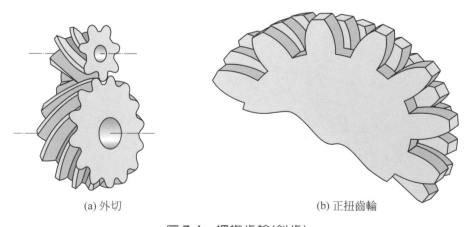

(a) 外切　　　　　　　　　　　(b) 正扭齒輪

圖 7-4　螺旋齒輪(斜齒)

(4) 人字齒輪(Herringbone gear)：又稱為雙螺旋(傾斜)齒輪，以一個左旋及一個右旋同軸所合成，其優點為無軸向推力，如圖 7-5 所示。

圖 7-5 人字齒輪(無軸向推力)

(5) 齒條和小齒輪(Rack and pinion)：齒條相當於半徑無窮大的齒輪，其用途為傳動時需將一機件之旋轉運動轉變為直線運動之場合，如圖 7-6(a)(b)所示。

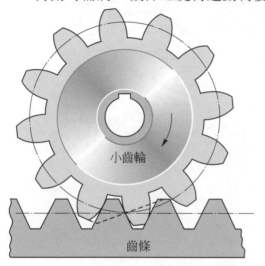

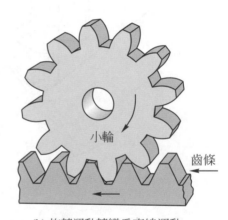

(a) 齒條相當於半徑無窮大的齒輪　　　　　(b) 旋轉運動轉變為直線運動

圖 7-6 齒條與齒輪

(6) 針輪(Pin gearing)此種齒輪因強度有限，一般都用於儀器上而不用作傳遞動力之用，如圖 7-7 所示，又稱為銷子輪。

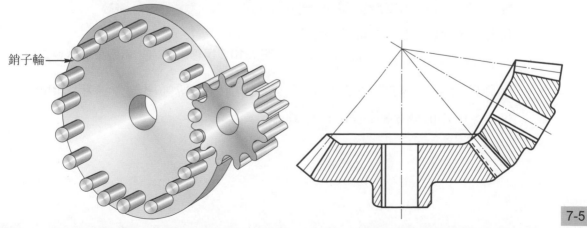

圖 7-7 銷子輪(儀器上而不用作傳遞動力之用)　　圖 7-8 直斜(傘)齒輪(普通斜(傘)齒輪)

2. **斜(傘)齒輪(Bevel gears)**

聯動兩相交軸線的齒輪，稱之。相當於兩成滾動接觸的圓錐面，包括下列各種：

(1) 直斜(傘)齒輪(Straight bevel gears)，即普通斜(傘)齒輪。如圖 7-8 所示。

(2) 斜方(傘)齒輪(Miter gears)：兩軸互成90°，如用於水平方向之旋轉軸而要改變成垂直方向時，如圖 7-9 所示。

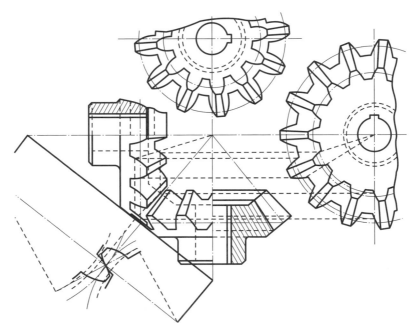

圖 7-9　斜方(傘)齒輪(兩軸互成90°)

(3) 蝸線斜(傘)齒輪(Sprial bevel gears)又稱蝸斜(傘)齒輪，如圖 7-10 所示。此種型式齒輪較直斜(傘)齒輪的優點，就如螺旋齒輪(斜齒)優於正齒輪一樣。其齒呈曲狀且是斜的，它有較高的軸向推力，

圖 7-10　螺線斜(傘)齒輪(齒呈曲狀且是斜的)

操作時穩靜，適於高速及重負荷。如從前汽車傳動用的差速箱(Differential box)，所用的就是螺線斜(傘)齒輪。

(4) 冠狀斜(傘)齒輪(Crown bevel gears)：一對斜(傘)齒輪，其中有一輪之頂角為180°時，其節錐變成平面圓盤，法錐變成圓柱體，該齒輪狀似皇冠，故稱冠狀斜(傘)齒輪，如圖 7-11 所示。

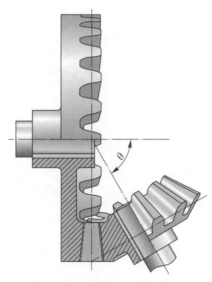

圖 7-11　冠狀斜(傘)齒輪(有一輪之頂角為180°)

3. 聯動兩軸不平行不相交的場合

(1) 雙曲面齒輪(Hyperboloidal gear)：又稱為歪斜齒輪(Skew gear)。如圖 7-12 所示。此類齒輪係作用線的接觸，齒面之間的滑動比率很大也不容易製造，故應用範圍不廣，常用於紡織機械中。

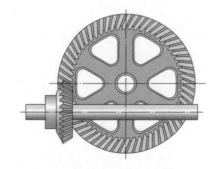

圖 7-12　雙曲面齒輪(歪斜齒輪用於紡織機械)

(2) 戟齒輪(Hypoid gears)：如圖 7-13 所示，與蝸線斜(傘)齒輪相似，但兩軸線不相交。它較直齒斜(傘)齒輪運轉時靜而穩，有較大的轉速比，且不易磨損，目前常用於汽車後軸的差速箱，以降低車軸的重心位置，藉以改善汽車的平穩度(兩輪之中心不相交)。

圖 7-13　戟齒輪(降低車軸的重心位置)

(3) 螺輪(Screw gear)：與螺旋齒輪(斜齒)相似，但軸線不平行且不相交，此組齒輪不適於傳動大的動力，如圖 7-14 所示。

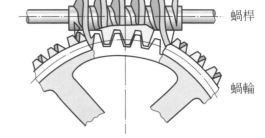

蝸桿

蝸輪

圖 7-14　螺輪(不適於傳動大的動力)　　圖 7-15　蝸桿蝸輪(常用於大的減速比，傳動時安靜，而且不易逆轉)

(4) 蝸桿蝸輪(Worm and Worm wheel)：如圖 7-15 所示，蝸桿蝸輪組常用於大的減速比，傳動時安靜，而且不易逆轉(有自鎖性)。

7-4　正齒輪之各部份名稱

　　一個正齒輪可以認為是一個圓柱體，在其周邊平行於圓柱軸方向切有許多齒，此為最簡單的齒輪設計也為最常用的形式。重要的齒輪中各種名詞說明如圖 7-16 及 7-17 所示。

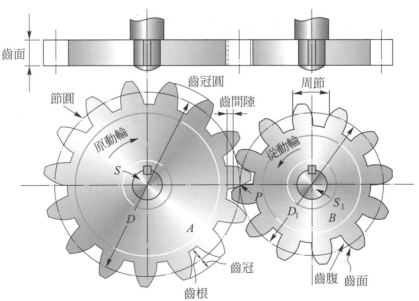

齒面

齒冠圓

周節

節圓

齒間隙

原動輪

從動輪

S

P

D

D_1

S_1

A

B

齒冠

齒腹　齒面

齒根

圖 7-16　齒輪名詞術語

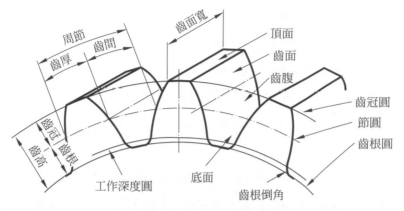

圖 7-17　齒輪各部份名稱

(1)　齒數：齒輪的齒數(Tooth)以T表示之。

(2)　節點(Pitch point)：兩節曲線的交點稱之，如圖 7-18 中，節點必須在兩齒輪中心的連線上。

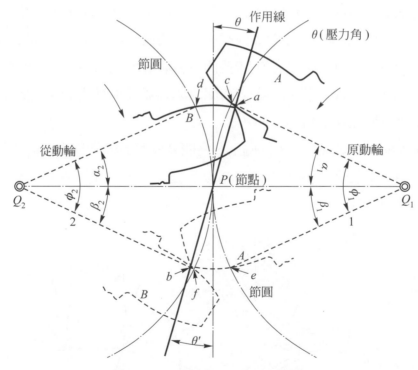

圖 7-18　齒輪之壓力角與作用線

(3)　節圓(Pitch circle)：齒輪之節圓即相當於摩擦輪之接觸面，如圖 7-16 所示。圖中兩圓在節點P成滾動接觸，這兩個圓就稱為節圓。

(4) 節圓直徑(Pitch diameter)：節圓的直徑稱為節徑，以D表示，節圓的半徑稱為節半徑以R表示，即$D = mT$(m為模數，T表齒數)，如圖 7-16 所示。

(5) 齒冠圓(Addendum circle)：通過齒輪頂部的圓稱之，圖 7-16 所示。

(6) 齒根圓(Dedendum circle)：通過齒輪兩齒之間底部的圓稱之，如圖 7-16 所示。

(7) 齒冠高(Addendum)：自節圓起至齒輪最外圓的輻向距離稱之，如圖 7-17 所示。

(8) 齒根高(Dedendum)：自節圓起至齒根圓的輻向距離稱之，如圖 7-17 所示。

(9) 工作深度(Working depth)：兩相嚙合齒輪齒頂高之和。在標準齒制中，工作深度等於齒頂高的兩倍。

(10) 齒間隙(餘隙)(Clearance)：齒根高減齒頂高，圖 7-16 所示。此底際是為了避免過切及潤滑方便，熱脹冷縮的裕度及製造時的公差。

(11) 齒深(Tooth depth)：齒輪齒冠高與齒根高之和，稱之，圖 7-17。

(12) 齒面(Face of tooth)：節圓以外至齒頂圓的齒廓曲面稱之，如圖 7-17 所示。

(13) 齒腹(Flank of tooth)：節圓以內至齒根圓的齒廓曲面稱之，如圖 7-17 所示。

(14) 齒厚(Tooth thickness)：沿節圓上齒的左右兩側間的弧長稱之，如圖 7-20 所示。

(15) 齒間(Tooth space)：沿節圓上兩齒間的間隔弧長稱為齒間，如圖 7-20 所示。齒間與齒厚之和又稱為周節。

(16) 背隙(齒隙)(Backlash)：沿節圓上，齒間減齒厚的弧長稱之。齒背隙是為了齒輪製造時的公差，熱脹冷縮的裕度及裝配時的方便。圖中s為齒間，t為齒厚，如圖 7-20。

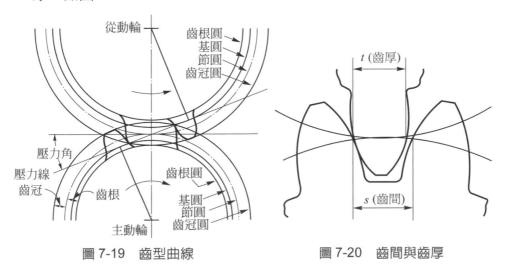

圖 7-19　齒型曲線　　　　圖 7-20　齒間與齒厚

⒄ 周節(Circular pitch)：沿節圓上自一齒的某一點到次一齒的對應點的弧長稱為周節，以P_c表之，如圖 7-16 所示。周節等於節圓的圓周長除以齒數。即

$$P_c = \frac{\pi D}{T} \quad (D表節徑，T表齒數) \tag{7.1}$$

兩齒輪嚙合時，其周節必相等，否則就會發生阻涉(Interference)或失去接觸。所以

$$\frac{\theta D_1}{T_1} = \frac{\theta D_2}{T_2} , \frac{T_1}{T_2} = \frac{D_1}{D_2} \quad (齒數與節徑成正比) \tag{7.2}$$

⒅ 模數(Module)：為節徑與齒數之比值，單位以mm表之。$m = \frac{D}{T}$(D＝節徑，mm)採用公制的國家，常以模數來設計齒輪，並以模數表示齒形的大小，且模數愈大齒形愈大。

⒆ 徑節(Diametral pitch)：即齒輪之齒數與節徑之比值謂之。相當於每單位直徑的齒數，$P_d = \frac{T}{D}$(P_d愈大，齒形愈小，P_d愈小，齒形愈大)。

⒇ 周節、模數與徑節之關係。

$$因 P_c = \frac{\pi D}{T} = m\pi \tag{7.3}$$

$$P_c = \frac{\pi D}{T} = \frac{\pi}{\frac{T}{D}} = \frac{\pi}{P_d}\left(因 P_d = \frac{T}{D}\right)，即 P_c \times P_d = \pi \tag{7.4}$$

$$m = \frac{D}{T} = \frac{1}{\frac{T}{D}} = \frac{1}{P_d}吋 = \frac{25.4}{P_d}mm，\left(因 P_d = \frac{T}{D}\right) \tag{7.5}$$

$$m \times P_d = \frac{25.4}{P_d} = 25.4(mm／齒)(齒／吋) \tag{7.6}$$

(21) 漸近角(Angles of approach)：兩齒自接觸開始至節點為止所旋轉過的角度稱之。如圖 7-18 所示之α_1及α_2角。

(22) 漸遠角(Recess angles)：兩齒自節點接觸開始至接觸完了，所旋轉過的角度稱之。如圖 7-18 所示之β_1及β_2角。

(23) 作用角(Action angles)：兩齒由開始接觸至接觸完了，所旋轉過的角度稱之。如圖 7-18 所示之ϕ_1及ϕ_2角。

⑳ 漸近弧(Arc of approach)：漸近角所對的節圓弧長，稱爲漸近弧。如圖 7-18 所示之 $\overset{\frown}{cP}$ 及 $\overset{\frown}{dP}$ 弧。

㉕ 漸遠弧(Arc of recess)：漸遠角所對的弧長，稱爲漸遠弧，如圖 7-18 所示之 $\overset{\frown}{Pe}$ 及 $\overset{\frown}{Pf}$ 弧。

㉖ 作用弧(Arc of action)：作用角所對的弧長稱爲作用弧；即漸近弧加漸遠弧，如圖 7-18 所示之 $\overset{\frown}{ce}$ 及 $\overset{\frown}{df}$ 弧長。兩齒輪之作用弧必須相同，因此兩齒輪對應之旋轉角(作用角)與節圓半徑成反比。關係如下：

因 $\overset{\frown}{ce} = R_1\phi_1$　$\overset{\frown}{df} = R_2\phi_2$　$\overset{\frown}{ce} = \overset{\frown}{df} = R_1\phi_1 = R_2\phi_2$

即

$$\frac{\phi_1}{\phi_2} = \frac{R_2}{R_1} = \frac{D_2}{D_1} = \frac{T_2}{T_1}$$
$$= \frac{N_1}{N_2} \quad (N表轉速，T爲齒數，D爲節徑) \tag{7.7}$$

由上式可知作用角與節半成反比但與轉速成正比。

齒輪之周節必須小於作用弧，才能使第一對齒尚未接觸完了，次一對齒就開始接觸，也不會使齒受到突然的荷載而產生陡震與噪音。作用弧與周節之比值稱爲接觸率(比)，依照一般原則，傳達功率用的齒輪，其接觸率(比)不得小於 1.4。

㉗ 壓力線(Pressure line)：兩相互嚙合之一對輪齒從接觸點至節點之連線，稱爲壓力線，亦稱爲作用線(Line of action)如 7-18 所示。

㉘ 壓力角(Pressure angle)：壓力線與經節點之節圓切線間所夾之角中稱爲壓力角，又稱傾斜角。該角之值約爲 $14.5° \sim 22.5°$，我國中央標準局制定的標準齒輪壓力角爲 $20°$，如圖 7-18 所示。壓力角過大，對於軸承的壓力較大，若壓力角過小，則兩齒輪易產生干涉現象；但推動齒輪轉動之力愈大，如 aP 方向之力可分解成垂直 $\overline{AB}$(推動被動輪之力)與平行 $\overline{AB}$ 之力(使兩齒輪軸分開之力)，如圖 7-21 所示。

㉙ 基圓(Basic circle)：與壓力線相切之圓稱之。基圓是爲了展開漸開曲線而生的假想圓，如圖 7-19 所示。

$$D_b = D\cos\theta \;(D爲節圓直徑，D_b爲基圓直徑，\theta爲壓力角) \tag{7.8}$$

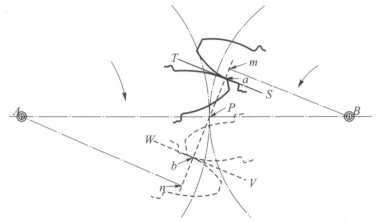

圖 7-21　$\overline{aP}$方向之力可分解成垂直$\overline{ab}$與平行$\overline{ab}$之力

7-5 齒輪傳動特性

　　兩齒輪傳動時，在齒接觸的任意瞬間，於其接觸點所作兩齒輪公切線之公法線，必須恆通過其節點，此為齒輪傳動之最基本定律。前已述及，使用齒輪之主要原因是要保持固定的角速比，齒輪傳動之特性即敘述其外形必須滿足此固定的角速比，欲滿足此特性時，嚙合之兩齒輪為產生共軛作用。

　　摩擦輪傳動的最大缺點是圓柱體可能有滑動現象發生，其傳力是沿切線方向，容易造成滑脫，不如採用滑動接觸的齒輪，傳力在公法線方向來的確切有效。當然齒輪傳動時，齒和齒間在接觸點總有相對速度，如此易形成一種摩擦損失。因此，齒輪的加工精度、潤滑系統的設計是一項不可忽視的問題。

1. 正齒輪的角速比

$$e = \frac{N_a}{N_b} = \frac{D_b}{D_a} = \frac{mT_b}{mT_a} = \frac{T_b}{T_a} = \frac{\phi_a}{\phi_b} (從公式(7.7)中得知)$$

(1) 轉速與節徑及齒數成反比，與作用角(ϕ_a , ϕ_b)成正比。

(2) 齒數與節徑成正比，作用角與節徑成反比。

　　兩輪外切時，中心距$(c) = \dfrac{D_a + D_b}{2} = \dfrac{m(T_a + T_b)}{2} = \dfrac{T_a + T_b}{2P_d}$

（m為模數，P_d為徑節）

　　兩輪內切時，中心距$(c) = \dfrac{D_a - D_b}{2} = \dfrac{m(T_a - T_b)}{2} = \dfrac{T_a - T_b}{2P_d}$

例題 1 兩正齒輪外切，若中心距爲 100 mm，周節爲 6.28 mm，兩輪之速比爲 3，試問兩輪齒數爲若干？

解

設大輪齒數爲T_a，小輪爲數爲T_b

大輪轉速爲N_a，小輪轉速爲N_b

$$\because C = \frac{m(T_a + T_b)}{2}$$

而$m = \frac{P_c}{\pi} = \frac{6.28}{3.14} = 2$ mm

$$\therefore 100 = \frac{2(T_a + T_b)}{2}$$

即$T_a + T_b = 100$ ①

$$\frac{N_a}{N_b} = \frac{T_b}{T_a} \quad \frac{1}{3} = \frac{T_b}{T_a}$$ ②

①，②聯立得，$T_b = 25$齒，$T_a = 75$齒

2. 螺輪之角速比(兩輪不平行不相交)

$$e = \frac{N_a}{N_b}$$
$$= \frac{D_b \cos\beta}{D_a \cos\alpha} \quad (\alpha，\beta分別爲A、B兩輪之螺旋角)$$

故兩相嚙合螺旋齒輪之速比與節徑及螺旋角之乘積成反比。

3. 斜(傘)齒輪速比

$$e = \frac{N_a}{N_b} = \frac{R_b}{R_a} = \frac{\sin\beta}{\sin\alpha} = \frac{T_b}{T_a}$$

兩斜(傘)齒輪嚙合時，轉速與節錐底半徑、半頂角之正弦或兩輪之齒數均成反比，如圖 7-22 所示。

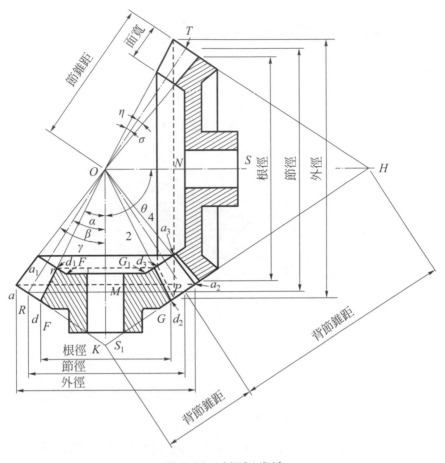

圖 7-22　斜(傘)齒輪

4. 蝸桿蝸輪速比(如圖 7-23 所示)

$$e = \frac{蝸桿之迴轉速\ N_a}{蝸輪之迴轉速\ N_b} = \frac{蝸輪之齒數}{蝸桿之螺線數} = \frac{T_a}{n_a}$$

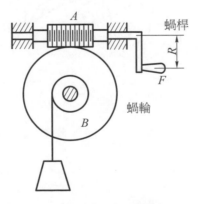

圖 7-23　蝸桿蝸輪

7-6 擺線齒輪(Cycloidal gears)之齒形

1. 擺線之定義

擺線分為正擺線(Cycloid)，內擺線(Hypocycloid)及外擺線(Epicycloid)三種。

(1) 正擺線：如一圓在一直線上滾動，則其圓周上任一點之軌跡稱之。而擺線在齒條上之使用，有如圖 7-24 所示。

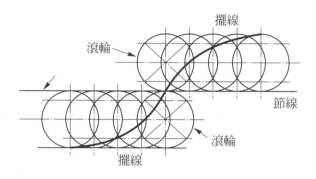

圖 7-24 正擺線

(2) 內擺線：如一圓沿另一圓之內緣滾動，此滾動之圓其圓周上任一點之軌跡謂之內擺線，如圖 7-25 所示。

(3) 外擺線：如一圓沿另一圓之外緣滾動，此滾動之圓其圓周上任一點之軌跡，謂之外擺線，如圖 7-25 所示。

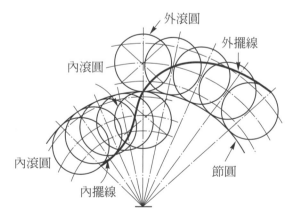

圖 7-25 內外擺線

2. 擺線之應用於齒輪

　　如圖 7-26 所示，設齒輪 2 與 4 之旋轉中心為Q_2與Q_4，其節圓A與B在節點P相切。設滾圓C、D的中心各為O_1與O_2在P點與節圓相切。若此四個圓的中心固定，並作純粹滾動接觸運動。於是在A節圓上的P點，移至a_1、a_2及a_3點。B節圓上的P點，移至b_1、b_2與b_3點，C滾圓上的P點，移至c_1、c_2與c_3點，且滾動時，A節圓與C滾圓為順轉，B節圓與D滾圓逆轉，因C滾圓在A節圓的內側滾動，所以P點的軌跡，$\overarc{a_1 c_1}$為內擺線，而C滾圓在B節圓的外側滾動，所以P點軌跡，$\overarc{b_1 c_1}$為外擺線。同理$\overarc{a_2 c_2}$，$\overarc{a_3 c_3}$為內擺線，$\overarc{b_2 c_2}$，$\overarc{b_3 c_3}$為外擺線。

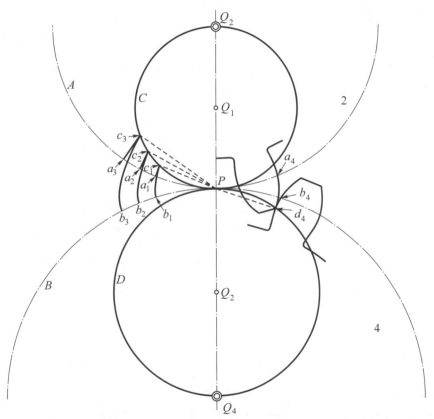

圖 7-26　P點軌跡，$\overarc{b_1 c_1}$為外擺線，$\overarc{a_2 c_2}$，$\overarc{a_3 c_3}$為內擺線

若$\overarc{c_2 a_2}$為齒輪 2 的齒腹，則$\overarc{c_2 b_2}$即為齒輪 4 的齒面。

　　前已述及若A節圓順轉時，則B節圓與D滾圓逆轉。設P點移至a_4，b_4，d_4，$\overarc{a_4 d_4}$為D滾圓在A節圓外側滾動而得之外擺線，$\overarc{b_4 d_4}$為D滾圓在B節圓內側所滾動而得的內擺線。所以$\overarc{a_4 d_4}$為齒輪 2 的齒面曲線。$\overarc{b_4 d_4}$為齒輪 4 的齒腹曲線。

擺線齒輪應注意的五點：

(1)　齒輪 2 的齒面曲線與齒輪 4 的齒腹曲線，必須由同一個滾圓D所形成的外擺與內擺線，方可嚙合。同理，齒輪 2 的齒腹曲線與齒輪 4 的齒面曲線，也必須由同一個滾圓C所產生的內擺線來形成。

(2)　滾圓C與D的直徑不一定相等。

(3)　接觸線$\overline{d_4Pc_1}$必須永遠在滾圓。

(4)　兩輪之中心距離，必須保持不變。

(5)　接觸弧(Arc of contact)之長，必須等於接觸線(Path of contact)之長。

3. **擺線齒輪之互換**

　　擺線齒輪輪齒之齒面，係滾圓沿節圓外圓滾動時，所得之外擺線，其齒腹係滾圓沿節圓內緣滾動時，所得之內擺線，兩者連接而成齒形。但兩擺線齒輪若要能互相嚙合而旋轉，則該兩齒輪之齒形不但其大小與形狀要完全一樣；且其周節亦應相同。決定擺線之大小乃滾圓，故兩齒輪節圓上用以形成內外擺線之滾圓，必須有一定之大小如圖 7-27(a)(b)(c)所示。滾圓直徑必須小於節圓直徑之半。

　　圖 7-27(a)所示，滾圓直徑等於節圓半徑時，齒腹變成直線。齒根比較弱。圖 7-27(b)所示，滾圓直徑小於節圓直徑之半時，則齒腹擴展，齒根較強。圖 7-27(c)所示。滾圓直徑大於節圓半徑時，則齒根內凹更弱，銑刀也無法銑製。由以上可知滾圓直徑不要大於一套齒輪中，最小齒輪之節圓半徑。又由圖 7-28(a)(b)(c)圖中，更可看出滾圓直徑大小與擺線的關係。

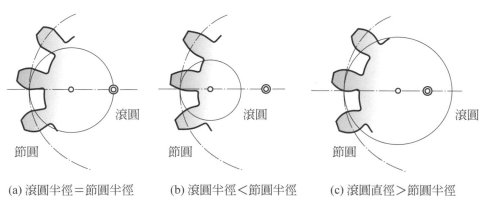

(a) 滾圓半徑＝節圓半徑　　(b) 滾圓半徑＜節圓半徑　　(c) 滾圓直徑＞節圓半徑

圖 7-27　滾圓直徑大小與擺線齒形關係

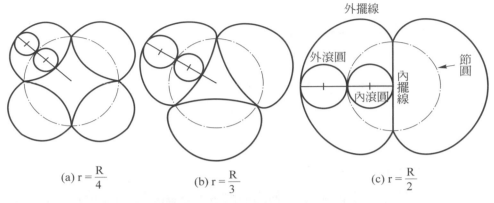

(a) $r = \dfrac{R}{4}$ (b) $r = \dfrac{R}{3}$ (c) $r = \dfrac{R}{2}$

圖 7-28　滾圓半徑 r 為大圓半徑 R 的 1/4、1/3 和 1/2 時
所畫出來的各種內外擺線曲線的形狀

4. **一對擺線齒輪的齒形畫法**(Drawing the teeth for a pair of cycloidal gears)

　　如圖 7-29 所示，A 與 B 為節圓，C 與 D 為滾圓，滾圓 C 在節圓 B 外側滾動時，得齒輪 4 的齒面。當滾圓 C 在節圓 A 的內側滾動，得齒輪 2 的齒腹。同理當滾圓 D 在節圓 A 的內側滾動，得齒輪 2 的齒面，當滾圓 D 在節圓 B 的內側滾動，得齒輪 4 的齒腹。圖 7-29 中，齒輪 2 為主動，當逆時迴轉時，在節圓 A 上找一點 b，在節圓 B 上找一點 a，並令 $\overset{\frown}{aP} = \overset{\frown}{bP}$，($P$ 為節點)。因 $\overset{\frown}{b_2 a}$ 是外擺線，$\overset{\frown}{bb_2}$ 是內擺線，所以 $\overset{\frown}{b_2 a}$ 是齒輪 4 的齒面，$\overset{\frown}{bb_2}$ 是齒輪 2 的齒腹。

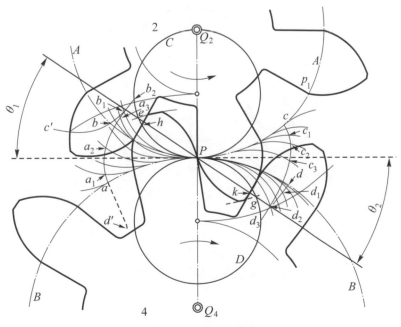

圖 7-29　擺線外齒輪

在節圓A上找一點c，在節圓B上找一點d，令$\overset{\frown}{cP} = \overset{\frown}{dP}$，則$\overset{\frown}{cd_3}$是外擺線，$\overset{\frown}{dd_3}$是內擺線，因此$\overset{\frown}{cd_3}$是齒輪2的齒面，$\overset{\frown}{dd_3}$是齒輪4的齒腹。

若已知周節、齒背隙、齒間隙及齒厚，這樣就可以在節圓上，一個一個地描下去，若有齒輪樣板來描繪更好。當然，應將齒頂圓、齒根圓先畫好，並將齒間隙(餘隙)留出來，齒腹部份的齒根圓倒角要平滑，接觸線為$\overline{ePg}$在兩滾圓上，如此擺線齒輪不會發生干涉，其中θ_1為漸近最大壓力角，θ_2為漸遠最大壓力角。

5. **擺線內齒輪**(Annular cycloidal gears)

如圖7-30所示，小齒輪2帶動內齒輪4，滾圓C在節圓A的內側滾動，得齒輪2的齒腹。滾圓C在B圓上滾動得齒輪4的齒面，滾圓D在A圓上滾動，得齒輪2的齒面。滾圓D在B圓上滾動，得齒輪4的齒腹。滾圓C稱為內滾圓(Interior describing circle)。D稱為外滾圓(Exterior describing circle)，圖中$\overset{\frown}{ePg}$為接觸線。

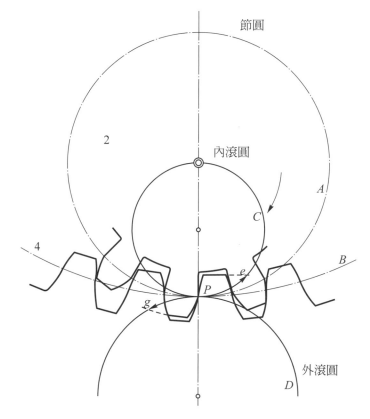

圖7-30　擺線內齒輪

6. **內擺線齒輪的限制**(Limitation in the use of an annular gear of the cycloidal system)

　　如圖 7-30 中，小齒輪爲主動，也帶動內齒輪，在齒嚙合之開始及脫離的瞬間，容易發生干涉的現象。如果滾圓 C 與 D 的半徑和，等於小齒輪與內齒輪的軸心距，則在齒傳動時，齒的兩面皆可互相接觸，若滾圓 C 與 D 的半徑和，大於兩齒輪的軸心距，則齒與齒間會發生干涉現象。

7. **擺線小齒輪的齒數**(Low-numbered pinions cycloidal system)

　　擺線齒輪的作用線與經節點切線所夾的角是隨時在改變的。當兩齒輪在漸近時，壓力角漸漸變小，在節點 P 時，壓力角變爲 0°。當分離時，壓力角漸變大。一般壓力角的大小最好是不要超過 30°，平均是 15°。如果嚙合的齒數，超過一對以上，則壓力角超過 30° 也未嘗不可。如果小齒輪的齒數減少時，爲了得到適當的接觸，則壓力角的角度要增加，當然滑動現象更難避免。

7-7 漸開線齒輪之齒形

1. **漸開線的定義**(Involute)

　　當一直線沿一圓周運動時，此直線上任一點之軌跡，稱爲該圓之漸開線。如圖 7-31 所示，$\overparen{PB}$ 就是漸開線。

　　漸開線的畫法，如圖 7-32 所示，在圓上取 $\overparen{pm} = \overparen{mn} = \overparen{nr} = \overparen{rs}$ 約等於基圓直徑的 $\frac{1}{8}$。在 m、n、r 及 s 各點，畫圓的切線，在此切線上令 $\overparen{pm} = \overline{m1}$，$\overparen{pn} = \overline{n2}$，$\overparen{pr} = \overline{r3}$，$\overparen{ps} = \overline{s4}$，再利用曲線板將 $p1$，2，3 及 4 各點相連，則 $\overparen{p1234}$ 就是漸開線，而該圓則稱爲漸開線上基圓(Base circle)。

註　漸開線有一項重要性質，即漸開線上任一點作切線之法線，必與基圓相切。

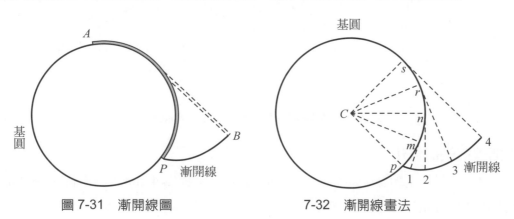

圖 7-31　漸開線圖　　　　7-32　漸開線畫法

2. 漸開線在齒輪上的應用

　　如圖 7-33 所示，齒輪 2、4 之中心為 Q_2 與 Q_4，兩節圓在 P 點相切；經過節點畫垂直 $\overline{Q_2Q_4}$ 之切線 $\overline{XX}$，並畫傾斜線 $\overline{YY}$，使與 $\overline{XX}$ 之夾角 θ(即壓力角)。從 θ_2 與 θ_4 點畫 $\overline{YY}$ 之垂線得 $\overline{Q_2a}$ 與 $\overline{Q_4b}$，以 $\overline{Q_2a}$ 及 $\overline{Q_4b}$ 為半徑所畫的圓稱為基圓(Base circle)。

　　因三角形 Q_2aP 相似於三角形 Q_4bP，則 $\dfrac{\overline{Q_2a}}{\overline{Q_4b}} = \dfrac{\overline{Q_2P}}{\overline{Q_4P}}$(對應邊成比例)即基圓半徑與節圓半徑成正比，漸開線齒輪齒形依基圓大小而定。因此 $\dfrac{\omega_2}{\omega_4} = \dfrac{\overline{Q_4P}}{\overline{Q_2P}} = \dfrac{\overline{Q_4b}}{\overline{Q_2a}}$ (兩齒輪之角速比與節圓半徑或基圓半徑成反比)。因齒輪 2 與 4 分別是依 $\overline{Q_2a}$ 及 $\overline{Q_4b}$ 的基圓半徑，所畫成的漸開線，而兩齒輪的接觸點，必須沿著直線 $\overline{aPb}$ 或 $\overline{a_1Pb_1}$ 上。即用漸開線所造的齒輪，其兩齒輪接觸點的軌跡是沿一直線，同時，其壓力角為常數。齒輪的傳力方向沿法線不變，且法線永遠經過節點，符合齒輪傳動的基本定律。

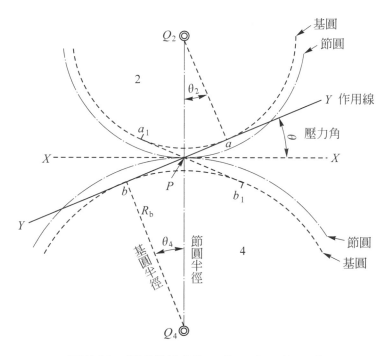

圖 7-33　基圓畫法($Rb = R\cos\theta_4 = R\cos\theta$)

3. 漸開線齒輪的畫法

　　設一對外切漸開線齒輪各有 30 及 20 齒，模數為 4 mm，齒冠高皆為 4 mm，齒根高為 5 mm，壓力角 θ 為 20°。

<<畫法>>

(1) 選Q_2為齒輪2的軸心，如圖7-34所示。

(2) 由公式求節圓直徑，$D = mT$，齒輪2之節徑$D_2 = 4 \times 30 = 120$ mm 被動輪4，節徑$D_4 = 80$ mm，兩輪的中心距$\overline{Q_2 Q_4} = C = \dfrac{D_2 + D_4}{2}$ $= 100$ mm，這樣求出Q_4的位置。並畫中心連線$\overline{Q_2 Q_4}$。

(3) 求節點P，因$\overline{Q_2 P} = 60$ mm，或$\overline{Q_4 P} = 40$ mm，經過節點，以$\overline{Q_2 Q_4}$為圓心，畫兩齒輪的節圓。

(4) 經過節點P，畫切線XX並垂直$\overline{Q_2 Q_4}$，再畫壓力線$\overline{YY}$使與$\overline{XX}$之夾角等於壓力角$\theta = 20°$。

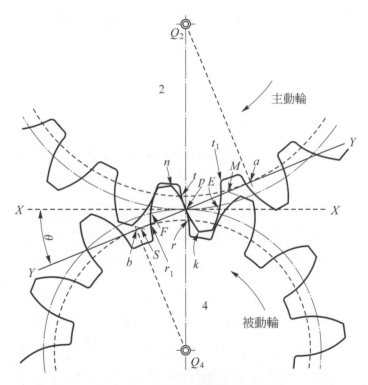

圖 7-34　漸開線齒輪的法周節

(5) 由$\overline{Q_2 Q_4}$畫$\overline{YY}$之垂線，得交點a及b，並以$\overline{Q_2 a}$及$\overline{Q_4 b}$為半徑畫兩齒輪之基圓。

(6) 畫齒頂圓。齒頂圓半徑＝節圓半徑＋齒頂高。即齒輪2的頂圓半徑為64mm，齒輪4的頂圓半徑為44mm。

(7) 畫齒根圓。齒根圓半徑＝節圓半徑－齒根高。節齒輪2的根圓半徑為55mm，齒輪4的根圓半徑為35mm。

⑻ 由a點，在 2 的基圓上，畫$\overset{\frown}{at}$等於$\overline{aP}$直線。再由t點畫齒輪 2 的漸開線，如tPk就是。

⑼ 同理，由b點，在 4 的基圓上，畫$\overset{\frown}{br}$等於$\overline{bP}$直線，再由r點，畫齒輪 4 的漸開線，rPn即是。

⑽ 在節圓上，決定齒厚與齒間，由公式$\overset{\frown}{Pc} = \pi m = 3.14 \times 4 = 12.56$ mm，因齒厚為周節的一半，若齒背隙(齒隙)不計，則齒厚為$\dfrac{12.56}{2} = 6.28$mm。

⑾ 在齒輪 2 的節圓上取$\overset{\frown}{PE} = 6.28$公厘，再由$E$點畫相似漸開線$\overset{\frown}{tPk}$的曲線，此時只需將前面畫的$\overset{\frown}{tPk}$曲線，製成樣板，反置於$E$點即可很方便的畫$tPk$了。

⑿ 畫$\overline{PF}$等於 6.28 公厘，以$\overset{\frown}{nPr}$為曲線樣板，反置於F點，以畫相同於nPr的曲線。

⒀ 從齒輪 2 的t、t_1點及齒輪 4 的r、r_1點，分別畫徑向輻射線。因漸開線齒輪的齒形曲線，基圓至齒頂圓為漸開線，至齒根圓為徑向輻射線。

⒁ 齒根處，再畫齒根圓倒角，這樣齒輪 2 與 4 各已完成了一個齒形，其他的齒形用樣板即可。

⒂ 若齒輪 2 為主動軸，順時，開始接觸點為M，即被動輪的齒頂圓與YY的交點。最後接觸點為S，即主動輪的齒頂圓與YY的交點。則接觸點的軌跡(接觸線)為$\overline{MPS}$。

4. 漸開線齒輪的法周節(Normal pitch)

一對漸開線齒輪，兩基圓的公切線，就是其公法線(Common normal)。如圖 7-34 中的$\overline{aPb}$就是公法線。在公法線上，量出兩個相鄰的同側距離，就是法周節。如圖 7-35 中的$\overline{CC_1}$。依據曲線原理，$\overline{CC_1}$為常數，其值等於齒輪上相鄰兩齒，在基圓上同側所量得的距離，(即$\overline{CC_1} = \overline{KK_1}$)。因此一對齒輪，若要連續傳動，其接觸線如圖 7-34 中所示的$\overline{MPS}$，必須大於或等於法周節。如圖 7-35 中，若P_n表法周節，P_c表周節，$T =$齒數，$\theta =$壓力角。基圓與傾斜線的相切點為a，連Qa並延長之，使與XX相交得點W，$\angle PQa = \angle aPW = \theta$(壓力角)則$\triangle aPW \cong \triangle PQa$，於是$\dfrac{Qa}{QP} = \cos\theta$，依據法周節之定義$P_n = \dfrac{\pi D_b}{T}$，周節$P_c = \dfrac{\pi D}{T}$，於是

$$\frac{P_n}{P_c} = \frac{\dfrac{\pi D_b}{T}}{\dfrac{\pi D}{T}} = \frac{D_b}{D} = \cos\theta \tag{7.9}$$

即法周節等於周節與壓力角餘弦的乘積。

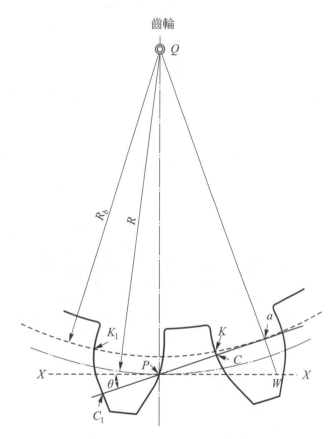

圖 7-35　接觸線之長度等於作用弧長與壓力角餘弦的乘積

5. 漸開線齒輪、接觸線(Path of contact)與作用弧(Arc of action)的長度

　　圖 7-36 中，一對齒輪在 M 點接觸開始(實線部份)，經過節點 P，到要分開的最後接觸點 S(虛線部份)。開始接觸點 M 是被動輪 4 的齒頂圓與作用線 $\overline{aPb}$ 的交點。最後的接觸點 S 是主動輪 2 的齒頂圓與作用線 $\overline{aPb}$ 的交點。當齒輪旋轉時，E 點沿齒輪 4 的節圓向節點 P 接近。F 點沿齒輪 2 的節圓向節點 P 接近。因此 $\overset{\frown}{EP}$ 是齒輪 4 的漸近弧，$\overset{\frown}{FP}$ 為齒輪 2 的就近弧。當齒輪繼續轉時，E 點由 P 點移至 G 點，F 點也由 P 點移至 H 點。則 $\overset{\frown}{PG}$ 與 $\overset{\frown}{PH}$ 分別為齒輪 4 與 2 的漸遠弧。而 $\overset{\frown}{EPG}$ 與 $\overset{\frown}{FPH}$ 為齒輪 4 與 2 的作用弧。

作用弧$\overset{\frown}{EPG}$與$\overset{\frown}{FPH}$所對的角ϕ_4與ϕ_2，分別為齒輪 4 與 2 的作用角，根據(7.9)式，基圓半徑／節圓半徑＝ $\cos\theta$，所以$\overset{\frown}{LK}/\overset{\frown}{EG}=\cos\theta$，再根據漸開線的特性，兩基圓的連線$ab$上找出接觸線，$\overline{MS}$的長度，等於$\overset{\frown}{LK}$弧長，於是

$$MG/EG = \cos\theta \tag{7.10}$$

接觸線(兩齒輪接觸點軌跡)之長度等於作用弧長與壓力角餘弦的乘積。

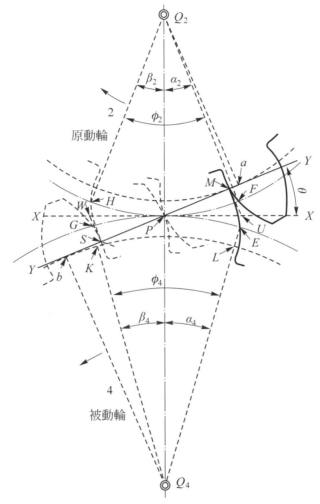

圖 7-36　作用弧與作用角的圖解法

作用弧與作用角的圖解法，如圖 7-36 所示。

(1)　在節點P上畫公切線$\overline{XX}$。

(2)　由M及S點畫$\overline{MU}$與$\overline{SW}$使垂直$\overline{MS}$，而與切線$\overline{XX}$交於點U與W。

(3) $\overparen{UP}$爲漸近弧，$\overparen{PW}$爲漸遠弧，$\overparen{UW}$爲作用弧。

(4) 將PU、PW轉到節圓上，得$\overparen{PE}$漸近弧，$\overparen{PG}$爲漸遠弧，而$\overparen{EPG}$爲齒輪 4 的作用弧。

(5) 連$\overline{Q_4E}$，$\overline{Q_4G}$所夾之角ϕ_4爲齒輪 4 的作用角。

(6) 同理可畫出齒輪 2 的作用弧($\overparen{FPH}$)與作用角ϕ_2。

6. 漸開線齒輪齒數的最小限制

齒輪壓力角一定時，小齒輪的齒數愈少，接近弧的最高限度也愈小。如圖 7-37 中比較$\overline{U_1P}$，$\overline{U_2P}$，$\overline{U_3P}$之長就可知。所以兩個齒輪齒數最少而要嚙合時，其所能達到的最高接觸率爲最少。假定漸近弧或漸遠弧等於周節，如圖 7-38 中在$\overline{XX}$線上量取漸近弧之長$\overline{UP}$等於周節，由點U作作用線的垂線$\overline{UM}$，則$\overline{MP}$爲漸近接觸線。因最少齒數的小齒輪不得與作用線相切於M點以內。因此延長$\overline{UM}$，與過P點所作$\overline{XX}$線的垂線相交於A點。此就是最少齒數齒輪之中心位置。由三角關係，小齒輪的最小節半徑爲$R_{min} = \overline{AP} = P_c \cot\theta$

$$T_{min} = \frac{2\pi R_{min}}{P_c} = 2\pi\cot\theta \tag{7.11}$$

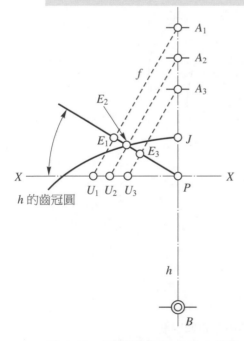

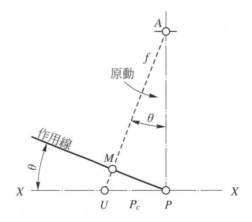

圖 7-37　漸開線齒輪之最少齒數

$$T_{min} = \frac{2\pi R_{min}}{P_c} = 2\pi\cot\theta$$

圖 7-38　小齒輪的最小節半徑爲

$$R_{min} = \overline{AP} = P_c \cot\theta$$

如$\theta = 14.5°$則$T_{min} = 2\pi\cot 14.5° = 24.3$取整數(即 25 齒)，若在14.5°標準制齒輪，所用的最小齒輪為 12，齒頂高$= \dfrac{周節}{\pi}$，顯然必會發生干涉。故為避免干涉(過切)，須將相配合的齒輪的齒面曲線加以修改。如何避免干涉將在下節 7-8 中介紹。

7. **漸開線齒輪的齒頂限制**(Limits of addendum)

如圖 7-36 中所示。為了設計上的需要，而要加長齒頂，必須使加長後的齒頂，不致於在齒與齒間，互相干擾。齒輪 4 的齒頂，可以加長，直至齒頂圓通過a點為止，即至斜線YY與齒輪 2 的基圓之交點為止。如圖 7-39 中，齒輪 4 的A齒齒頂太長，齒頂圓已超過a點，它已深入齒輪 2 的基圓。同時齒輪 2 的B齒，其齒頂圓可以通過b點，但B齒成尖形(Pointed)。易於斷裂。因此齒頂長度的極限有二，一為齒頂圓不要超過a點(即壓力線與基圓之切線)，二為齒輪之齒不要成尖形。

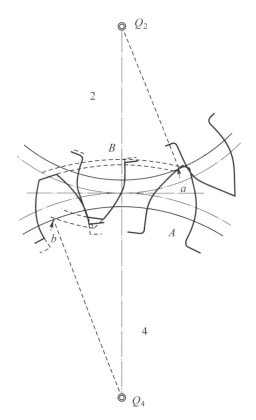

圖 7-39　漸開線齒輪的齒頂限制

8. 齒輪不成尖形齒的條件

圖 7-40 中，設漸遠弧為周節P_c的 3/4，在經節點之切線上取$\overline{Pb} = \frac{3}{4}P_c$。由 b 點畫 bc 垂直壓力線$\overline{YY}$，則 c 點為接觸線之終點。若 c 點在 d 點之左側，則此種齒輪無法運轉。換句話說，c 點必須在 a 與 d 點之間。

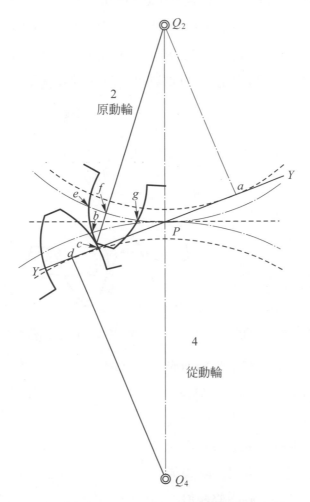

圖 7-40　齒輪不成尖形齒的條件

若要知道齒輪 2 的齒面是否可到達 c 點。則在齒輪 2 的節圓上，取 $Pe = Pb = \frac{3}{4}P_c$。如此齒輪 2 的齒面，可以經過 c 點與 e 點，則連結 cQ_2，與齒輪 2 的節圓相交於 f 點。若 ef 小於齒厚的一半，則齒輪可以轉動，同時齒面經過 c 點，而不致成尖形。設齒厚等於齒間，等於 eg，而 ef < 1/2eg，則齒輪轉動正常，且經過 c 點。

因此齒輪不成尖形的條件有下列三點：

⑴ $ef < 1/2\,eg$，齒型成短齒(Stub)。齒輪嚙合傳動正常。

⑵ $ef = 1/2\,eg$，則齒成尖形，但轉動正常。

⑶ $ef > 1/2\,eg$，則齒在正常運轉之前，已成尖形。

9. 漸開線小齒輪與齒條(Involute pinion and rack)

如圖 7-41 所示，為小齒輪與齒條相嚙合之情形。將正齒輪的節圓半徑延長至無限大，就形成齒條，如圖 7-42 所示，為小齒輪帶動齒條，齒輪接觸點在 a 點之前開始，若將齒條的齒冠加長，則傳動就可以在 a 點接觸開始，在 b 點接觸終止。

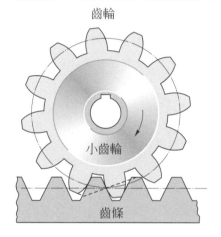

圖 7-41　小齒輪與齒條相嚙合

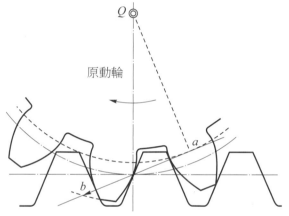

圖 7-42　小齒輪帶動齒條

如圖 7-43 所示。若要小齒輪與齒條在 a 點開始就接觸，在 b 點終止接觸。

在 a 點接觸開始時，齒條的齒面必須到達 a 點。由 a 點畫直線 ac 垂直作用線 YY，得 $\overset{\frown}{Pc}$ 為漸近弧，再由 a 點畫 ae 平行連心線 $\overline{Q_2P}$，若 ce 小於齒條齒厚一半，則齒輪漸近時，不會使齒成尖形。同理，畫 bf 垂直作用線 $\overline{YY}$，得 $\overset{\frown}{pf}$ 為漸遠弧，在小齒的節圓上，取 $\overset{\frown}{Pg} = \overset{\frown}{Pf}$，則小齒輪的齒面會經過 b 與 g，連結 bQ_2，與小齒輪之節圓交於 h 點，若 $gh < 1/2$ 齒厚，則在漸遠時，不會使齒成尖形。

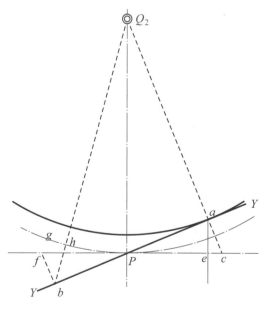

圖 7-43　不會使齒成尖形

10. 內齒輪與小齒輪(Annular gear and pinion)

在圖 7-44 中，為小齒輪與內齒輪之嚙合圖。此種傳動具有下列優點。

⑴ 所佔空間小，兩輪中心距離短。

⑵ 兩輪轉向相同，滑動現象少，而且磨損減少，效率較高。

⑶ 作用線較長，任何時間，接觸的齒較多，因接觸齒較多，齒的負荷減輕，可以增加齒輪的壽命。

⑷ 齒在開始嚙合時，衝擊力減少，傳動時，噪音較少。

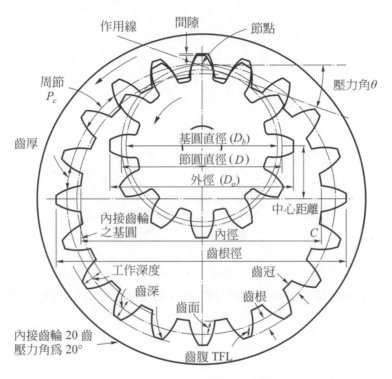

圖 7-44　內齒輪與小齒輪

11. 漸開線小齒輪與內齒輪

如圖 7-45 所示，內齒輪之齒頂高受到小齒輪之基圓與作用線的切點a的影響。因此小齒輪的齒高不受限制，不過齒不能成尖形即可。而內齒輪的基圓BB在內齒輪的內部，所以與傾斜線的切線為b，但齒輪嚙合時接觸點只在a點與c點，若在a點之右側接觸，則會發生干涉。若小齒輪與內齒輪的齒數比超過某一限度，同樣也會干涉，如圖 7-46 所示，小齒輪 18 齒，內齒輪僅 24 齒，壓力角 14.5°，則在k點發生干涉。因此為了避免干涉，小齒輪的直徑是壓力角與內齒輪齒頂高的函數。而利用數學公式算出合理的最大小齒輪齒數及內齒輪齒數是很困難的。所以常常如圖 7-46 所示的方法畫圖來檢查。

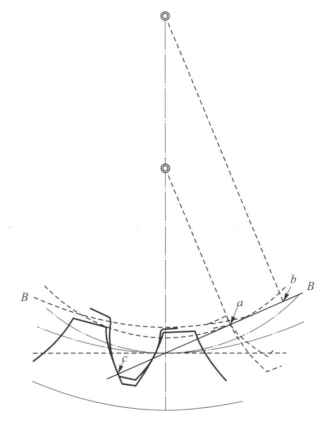

圖 7-45　齒輪嚙合時接觸點只在 a 點與 c 點，若在 a 點之右側接觸，則會發生干涉

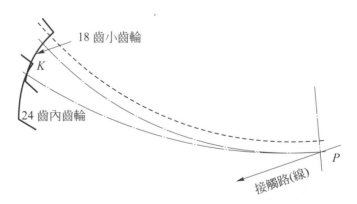

圖 7-46　小齒輪的直徑是壓力角與內齒輪齒頂高的函數

12. 兩漸開線齒輪中心距離變更的可能性

如圖 7-47 及 7-48 所示，它們是兩同樣的漸開線齒輪嚙合傳動，其中圖 7-48 中，兩輪的軸心距$\overline{O_2 Q_4}$比圖 7-47 所示者為長，在相同的節圓與基圓下，只要不影響兩輪的角速比，$\overline{O_2 Q_4}$的距離是可以調整的，但調整的限度是接觸線最短要等於法周節(Normal pitch)，雖然圖 7-48 中的壓力角$\angle bPm$比圖 7-47 的壓力角$\angle bPe$要大，齒隙及餘隙增加，但只要法周節(P_n)相同，中心距稍為誤差是不影響互換及傳動的。

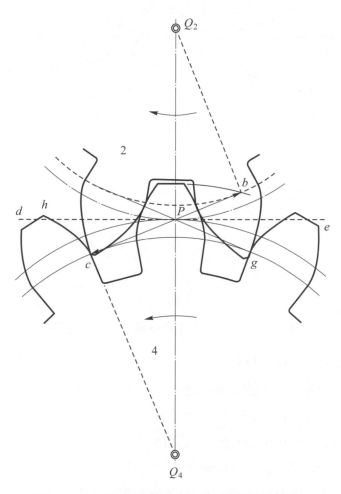

圖 7-47　兩漸開線齒輪中心距離變更的可能性

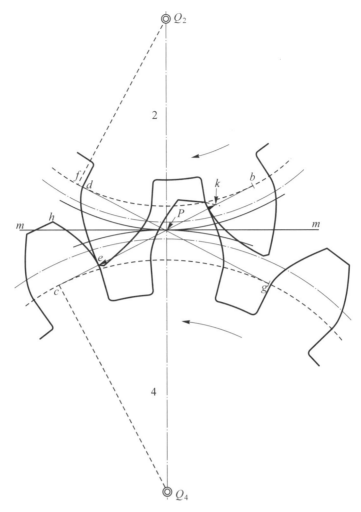

圖 7-48　在相同的節圓與基圓下，只要不影響兩輪的角速比，$Q_2 Q_4$ 的距離是可以調整的

13.漸開線齒輪運動之正確性條件

　　一對漸開線齒輪，要能正確的運轉，必須滿足下列條件：

(1)　兩齒輪的模數 m (Module)必須相等。

(2)　兩齒輪的周節P_c (Circular pitch)必須相等。

(3)　兩齒輪的法周節P_n (Normal pitch)必須相等。

(4)　兩齒輪的壓力角θ (Pressure angle)必須相等。

(5)　兩齒輪嚙合傳動時，齒與齒不發生干涉(避免干涉之最小齒數：

$$T_1{}^2 + 2T_1 T_2 = \frac{4k(T_2 + k)}{\sin^2\theta}$$ (θ表壓力角，k表齒頂高之常數，T_1：小輪齒數，T_2：

大輪齒數)，$a = \dfrac{k}{P_d}$(a：齒頂高，P_d：徑節，如短齒齒頂高$a = \dfrac{0.8}{P_d}$，則k為

0.8，長齒齒頂高 $\dfrac{1}{P_d}$，則 k 為 1)。

(6) 齒的前端不要成尖形。

(7) 接觸弧必須等於或大於周節 P_c (Circular pitch)。

7-8 漸開線齒輪之干涉與轉位齒輪

1. 干涉之定義

漸開線齒輪在基圓之上齒頂圓之下之形狀為漸開線，而在基圓之下齒根圓之上為徑向輻射線。因此兩齒輪相接觸時，一齒輪之齒面(或頂點)在另外一齒之非漸開線部份(齒腹)有挖切(Undercutting)現象，此謂之干涉(Interference)或稱干擾。此接觸是在兩個非共軛曲線內，故傳動之基本定律將不適用，在此情形之下，如圖 7-49 所示，主動齒的齒腹，首先與從動齒在 A 點的位置接觸，而此接觸點係發生於主動齒的漸開線齒形之前。換句話說：接觸是發生在齒輪 2 的基圓下側的非漸開線(Noninvolute)部份。圖中主動齒輪 2，係依順時方向迴轉，接觸的始點與終點分別為 A 為 B，並位於壓力線上。今切在壓力線的基圓 C 與 D 均位於 A 點及 B 點的內側。在此種情形下，干涉即會發生。

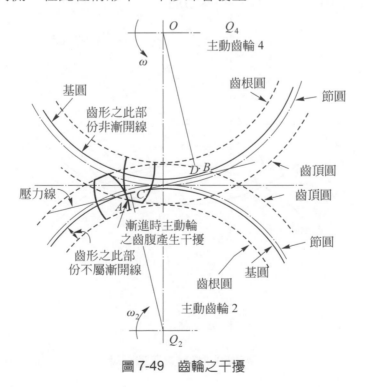

圖 7-49　齒輪之干擾

2. 干涉之計算

　　爲了防止干涉，齒頂圓直徑大小有一定的限制，底下爲無干涉發生時，齒頂圓半徑的最大可能大小爲如圖 7-50 所示的 $\overline{Q_1C}$ 及 $\overline{Q_2D}$。

由直角三角形 Q_1CD 中

$$\overline{Q_1C} = \overline{Ra_1}(齒頂圓半徑) = \sqrt{(Q_1D)^2 + (CD)^2}$$

$$\overline{Q_1D} = \overline{Q_1P}\cos\theta = R_1\cos\theta\ (R_1：節圓半徑) = Rb_1(基圓半徑)$$

$$\overline{PD} = \overline{Q_1P}\sin\theta，\overline{CP} = \overline{Q_2P}\sin\theta$$

$$\overline{CD} = \overline{CP} + \overline{PD} = (Q_1P + Q_2P)\sin\theta$$

兩齒輪的中心距離 $L = \overline{Q_1P} + \overline{Q_2P}$，代入上式得 $\overline{CD} = L\sin\theta$（$L$爲中心距 $\overline{Q_1Q_2}$長），齒輪 1 之齒頂圓半徑 $\overline{Q_1C} = \sqrt{(R_1\cos\theta)^2 + (L\sin\theta)^2}$ 即齒頂圓最大半徑

$$Ra_1 = \sqrt{(Rb_1)^2 + L^2\sin^2\theta} \tag{7.12}$$

同理，另一輪齒頂圓最大半徑

$$Ra_2 = \sqrt{(R_2\cos\theta)^2) + (L\sin\theta)^2} = \sqrt{(Rb_2)^2 + L^2\sin^2\theta} \tag{7.13}$$

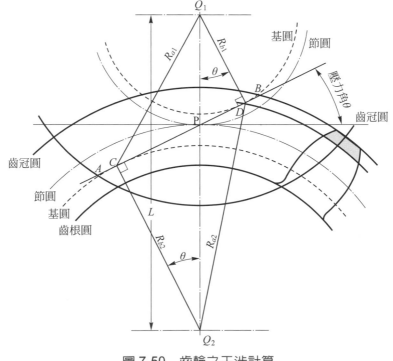

圖 7-50　齒輪之干涉計算

若齒頂圓半徑超過上式之計算值，則會有干涉發生，若齒頂圓半徑等於或小於上式之計算值，就不會產生干涉。

3. 防止干涉的方法

(1) 利用過切法，將齒輪中易干涉的齒腹部份削除，如圖 7-51 所示，削除部份為斜線陰影處。此齒輪有一缺點，即接觸長度減少，而造成接觸比之減少，同時會產生較大的噪音，且齒根部份變弱而易於折斷。

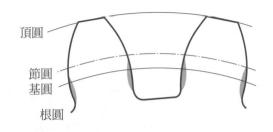

圖 7-51　防止干涉的方法(利用過切法)

(2) 減少齒深將齒面削除，因干涉之發生係在齒面與齒腹接觸時所產生，而將齒面削除，則可防止接觸面低於基圓部份，此種齒輪謂之短齒輪(Stub gear)。缺點是作用線減少，易生噪音。

(3) 增大壓力角(θ)，因壓力角增大，基圓半徑減小，如此可減少非漸開線部份，即增加齒形漸開線，而減少干涉，但也易因作用線減少而導致噪音產生。但對於較少齒數的齒輪(12 齒)仍以採用25°壓力角為佳。

(4) 齒數增加，但若齒數需達一已知的額定功率時，欲使齒數增加，唯有節徑增大。但齒輪會變大，節圓速度增加而減少傳達的功率，使噪音增大，此法甚少採用。

(5) 使齒輪切削時有不等的齒冠及齒根，即使用移位齒輪。當減少主動輪齒根時則將齒冠增加，而從動輪減少齒冠增加齒根。這種效果增加作用長度，此種齒輪稱之為長齒頂齒輪與短齒頂齒輪。此法的缺點是增加齒輪的生產成本，同時使得齒輪無互換性，而成非標準型齒輪(Non-standard gears)。

4. 轉位齒輪

所謂轉位齒輪，乃指齒輪切削時，故意將刀具的中心線，挪離欲被切削齒輪之基準節圓(或稱節圓)一位移量，所切削得的齒輪。齒輪切削時，要將刀具稍作移位，其原始目的在避免小齒數齒輪產生過切(Undercut)。後來，經過各界的潛心研究與應用，終於發現移位的運用可達到種種不同的目的。除了防止過切以外，還可增加小齒輪的齒根強度，或平均地使兩齒輪具有相等的強度。另外，接觸率(接觸比)的改善，磨耗量的均衡化，特殊中心距離的需求，以及其他特定條件的需求等皆可因移位的運用而達到目的。平常我們所使用的齒條或滾齒刀，其齒形與基本尺寸如圖 7-52 所示。

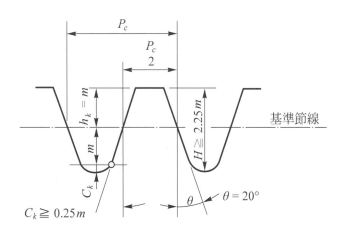

圖 7-52　基準齒條的中心線，指齒條齒空部與齒實部寬度相等的直線

　　所謂基準齒條的中心線，指齒條齒空部與齒實部寬度相等的直線，相當於螺紋有效直徑之圓周所在的位置。圖 7-53 所示者正為一標準齒高的齒條正在創生一齒數T之齒輪的情形，特別留意圖中齒條的中心線被切齒輪節圓偏離了一個$x \cdot m$的距離，這種現象就是所謂的刀具的移位。如此創生製成的齒輪就稱轉位齒輪(Modified gear)，又$x \cdot m$稱為移位量(Amonut of modification)，x稱為移位係數(Cofficient of modification)，m為模數。根據英國標準BS436-1940所推薦之值為參考：

(1)　若兩齒輪齒數和$T_1 + T_2 \geq 60$，則比較$0.4\left(1 - \dfrac{T_1}{T_2}\right)$與$0.02(30 - T_1)$取其較大者作為大齒輪的移位係數$x_1$，小齒輪的移位係數則取負值$x_2 = -x_1$即$x_1 + x_2 = 0$，兩輪中心距不變。

(2)　若兩齒輪齒數和$T_1 + T_2 < 60$，推薦值為大輪之移位係數$x_1 = 0.02(30 - T_1)$，小輪之移位係數$x_2 = 0.02(30 - T_2)$，此時中心距必變大。

(3)　內齒輪傳動，不論齒數為何，推薦值為$x_1 = 0.4$，$x_2 = -0.4$中心距亦不變。因此計算齒輪外徑與根徑時，可用上述方式調整，請參考P7-74 例 6 之計算例。

至此又得一規定，當齒條中心線往欲切齒輪節圓的外圓的內側偏移時稱爲負移位，反之往欲切齒輪節圓的外圓的外側偏移時稱爲正移位。前項的建議值通用於正移位與負移位，只要將移位係數x的符號加進去即可。

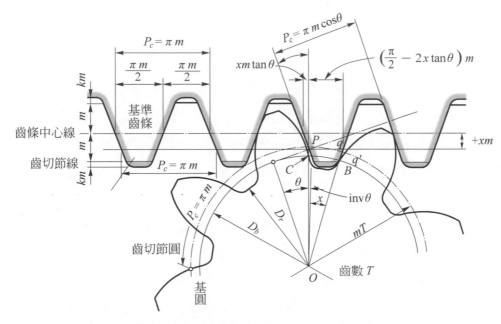

圖 7-53　移位齒輪(標準齒高的齒條正在創生一齒數 T 之齒輪)

由圖 7-54 中，正移位齒輪，其基圓上的齒厚較標準的齒輪大。圖中表示同一刀具而移位量不同時所銑切出來的齒形。其中 0 的位置表示齒條未移位，1 的位置表示齒條移位$x_1 m$，2 的位置表示齒條移位$x_2 m$，由圖中可見，正移位量愈大，齒輪齒根的厚度就愈大，而挖切(Undercut)就愈小。刀具的移位雖已使齒形發生變化，但所發生的變化只是齒厚與有效齒面的範圍而已，漸開線的曲線並未發生變化，因爲基圓並沒有任何變動。

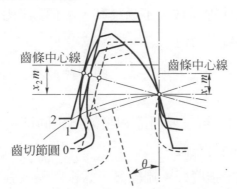

圖 7-54　正移位齒輪(基圓上的齒厚較標準的齒輪大)

7-9 擺線齒輪與漸開線齒輪之比較

因擺線齒之形狀依節圓及滾圓直徑大小而定，節圓之上為外擺線，節圓之下為內擺線。換言之，齒輪之齒，其外形係由兩種不同之曲線構成。故一對擺線齒，若節點不能完全一致，則速比將不正確。因此兩輪的中心距離必須等於兩輪節圓半徑之和或差。然而在漸開線齒輪，以其表面係由一種曲線而成，故兩輪之中心距稍有誤差，並不影響速比，當然壓力角必會有變化。另外一對擺齒輪能互相嚙合，其一輪之內擺線與另外一輪之外擺線必須由同一大小之滾圓所完成，且滾圓直徑必須小於節圓半徑。然而在漸開線齒輪，則無所謂滾圓，只需周節、壓力角相等，並配合不干涉條件，則均能完成嚙合。另外漸開線齒輪齒根較厚，就強度而言，較擺線齒輪堅固。

比較以上所述漸開線與擺線齒的性質，可得幾點結論，列舉如下：

(1) 漸開線齒輪容易製造。因漸開線齒輪齒廓為一條曲線曲率彎向一側，擺線齒輪為兩段曲線所合成，內外擺線曲率各彎向一側，所以製造較難。

(2) 漸開線齒輪的中心距離可以改變而不影響角速比。擺線齒輪的節圓只有一個，兩擺線齒輪在嚙合時，其節圓必須正確地相切，否則就得不到正確的共軛作用。因為中心距不能得到完全正確，尤其當傳動時，兩齒輪軸承上受壓力，因變形而改變了中心距離，所以擺線齒輪較難得到正確的角速比。此點為漸開線齒輪之最大優點。

(3) 漸開線齒輪的接觸路是直線，壓力角為一定，所以軸承上所受的壓力也是一定；而擺線齒輪壓力角隨時改變，軸承上所受的壓力也隨時在改變，故運轉時，易生振動。

(4) 擺線齒輪由兩道曲線做成，不易搖動，故傳動緻密，且無干涉現象，效率較優。漸開線齒輪壓力角一定，效率較差。

(5) 擺線齒輪，潤滑容易，磨損較少，漸開線齒輪，潤滑困難，磨損較大，噪音也大。

(6) 漸開線齒輪互換性佳(只要周節和壓力角相同即可互換)，擺線齒輪互換性差，且中心距需絕對正確。

(7) 漸開線齒齒根厚、強度好；擺線齒，齒根凹陷及強度較弱。

由以上幾點比較，可知雖然擺線輪發明在先，但卻少實用價值，且已漸被漸開線齒輪所代替。在今日擺線齒輪已不作為傳達動力之用，而用於鐘及其他精密儀器中。大型而負載較重之機械，如起重機、工具機、汽車……等，多採用漸開線齒輪以傳達動力。

7-10 齒輪之標準化及標準齒輪

為了經濟上的理由，欲將齒輪之設計與製造儘量使其標準化，則將徑節(或模數)、齒冠、齒根、齒厚及齒間隙等尺寸，均制定出一定之標準關係以使齒輪製造容易，增加效率與互換之方便等，此謂之齒輪之標準化。

標準齒輪之種類有：

(1) 布朗-沙普(Brown & Shape)混合齒制。又稱標準14.5°漸開線制，它為美國標準協會(USA)所核定之標準齒輪。其基準齒條如圖 7-55 所示。其齒形曲線由漸開線及擺線混合連接而成。適合於一般性之傳動用。

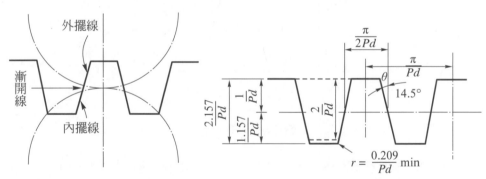

圖 7-55　Brown & Shape 齒輪(布朗-沙普　　圖 7-56　14.5°全深漸開線齒輪
(Brown & Shape)混合齒制)

(2) 14.5°全深漸開線齒(14.5° Full depth involute system)：其基準齒條如圖 7-56 所示。所謂全深係就短齒相對而言，因短齒的齒冠不及一個 $\frac{1}{P_d}$，故以齒冠為 $\frac{1}{P_d}$ 者稱為全深，以齒頂為 $\frac{0.8}{P_d}$ 者，稱為短齒。

(3) 20°全深漸開線制(20° Full depth involute system)：在基準齒條如圖 7-57 所示，其齒冠、齒根等之比例均與14.5°全深漸開線制相同。(其不同處僅在齒根之厚度而已)。因其壓力角加大、齒形變粗，故一般之機械傳動及汽車上之傳動齒輪常用之。

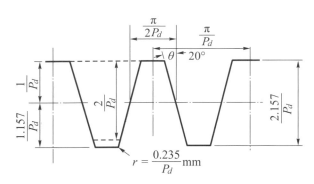

圖 7-57　20°全深漸開線齒

(4) 20°短齒漸開線制(20° Stub)：其基準齒條如圖 7-58 所示，其壓力角增加，齒深減小，仍能維持一定之接觸弧，以避免干擾，此種短齒，強度較強、不易折斷，常用於汽車傳動軸上。

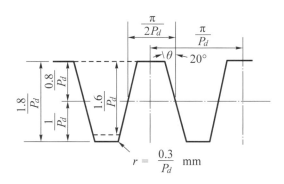

圖 7-58　20°短齒

(5) Fellows 短齒制(Fellows gear)：1899 年美 Fellows 鉋齒機公司所創，亦為常用之一種短齒制，壓力角為20°，但此種制度之徑節為一分數，以分子徑節P_{d1}計算齒厚、周節等。以分母徑節P_{d2}用以計算齒之縱向深度，如齒冠高、齒根高等。常用之徑節數值為 4/5，5/7，6/8，7/9，8/10，9/11，10/12，12/14，此類輪齒之齒間隙，較其他標準之齒間隙稍大，但恆等於齒冠之 1/4。株狀齒之優點。

① 強度較大。

② 用輪齒間滑動之速度相差較少，故齒面之損傷亦較均勻。

③ 淬火以增加其硬度時，收縮彎曲之現象較小。

(6) 公制模數制：公制齒輪之大小係以「模數」表之，即每齒所含之節圓直徑
(以 mm 表示)。此制常用之壓力角為14.5°、15°、20°、22.5°及25°，等數種。
我國中央標準局制定採用20°之壓力角。

依舊式德國DIN為標準，壓力角20°，常用之齒間隙有兩種一為 0.157 模數，另
一為 0.167 模數(m)，即若齒間隙為 0.157 模數(m)，則齒頂高為 1 m，齒根高為 1.157
m，齒厚為 1.57m。

依美國(AGME)之標準，齒頂高為 m，齒根高為 1.25m，其尺寸連同各型標準
齒之尺寸比例，列表如表 7-1 所示，此為目前工業上所採用。

表 7-1 標準齒制

齒型 名稱	$14\frac{1}{2}°$布朗 沙普混合制齒形	$14\frac{1}{2}°$ 全長齒	20° 全長齒	20° 短齒	Fellows 株狀齒	20° 公制齒輪
齒冠	$\dfrac{1}{P_d}$	$\dfrac{1}{P_d}$	$\dfrac{1}{P_d}$	$\dfrac{0.8}{P_d}$	$\dfrac{1}{P_{d2}}$	$1\ m$
齒根	$\dfrac{1.157}{P_d}$	$\dfrac{1.157}{P_d}$	$\dfrac{1.157}{P_d}$	$\dfrac{1}{P_d}$	$\dfrac{1.25}{P_{d2}}$	$1.25\ m$
齒間隙	$\dfrac{0.157}{P_d}$	$\dfrac{0.157}{P_d}$	$\dfrac{0.157}{P_d}$	$\dfrac{0.2}{P_d}$	$\dfrac{0.25}{P_{d2}}$	$0.25\ m$
工作深度	$\dfrac{2}{P_d}$	$\dfrac{2}{P_d}$	$\dfrac{2}{P_d}$	$\dfrac{1.6}{P_d}$	$\dfrac{2}{P_{d2}}$	$2\ m$
齒高	$\dfrac{2.157}{P_d}$	$\dfrac{2.157}{P_d}$	$\dfrac{2.157}{P_d}$	$\dfrac{1.8}{P_d}$	$\dfrac{2.25}{P_{d2}}$	$2.25\ m$
齒頂圓 直　徑	$\dfrac{T+2}{P_d}$	$\dfrac{T+2}{P_d}$	$\dfrac{T+2}{P_d}$	$\dfrac{T+1.6}{P_d}$	$\dfrac{T}{P_{d1}}+\dfrac{T}{P_{d2}}$	$m(T+2)$
齒厚	$\dfrac{1.5708}{P_d}$	$\dfrac{1.5708}{P_d}$	$\dfrac{1.5708}{P_d}$	$\dfrac{1.5708}{P_d}$	$\dfrac{1.5708}{P_{d1}}$	$1.5708\ m$
齒間	$\dfrac{1.5708}{P_d}$	$\dfrac{1.5708}{P_d}$	$\dfrac{1.5708}{P_d}$	$\dfrac{1.5708}{P_d}$	$\dfrac{1.5708}{P_{d1}}$	$1.5708\ m$
齒根倒 角半徑	$\dfrac{0.157}{P_d}$	$\dfrac{0.209}{P_d}$	$\dfrac{0.236}{P_d}$	$\dfrac{0.3}{P_d}$	$\dfrac{0.25}{P_{d1}}$	$0.25\ m$

P_d：徑節　　P_{d1}：第一徑節　　P_{d2}：第二徑節　　m：為模數

例題2 兩20°漸開線長齒外切嚙合之正齒輪，其中心相距20吋，徑節為4，如一輪每分鐘之迴轉數為他一輪之三倍，則兩輪之齒數為若干，各輪之齒頂高、齒根高、齒厚、外徑及根徑各為多少吋？

解

(1) $C = \dfrac{T_1 + T_2}{2P_d}$，$20 = \dfrac{T_1 + T_2}{2 \times 4}$，即 $T_1 + T_2 = 160$ ①

$\dfrac{N_1}{N_2} = \dfrac{T_2}{T_1} = 3$，即 $T_2 = 3T_1$ ②

①、②聯立得 $T_1 = 40$齒，$T_2 = 120$齒。

(2) 齒冠高 $= \dfrac{1}{P_d} = \dfrac{1}{4}$(吋)。

(3) 齒根高 $= \dfrac{1.157}{P_d} = \dfrac{1.157}{4}$(吋)。

(4) 齒厚 $= \dfrac{1.5708}{P_d} = \dfrac{1.5708}{4}$(吋)。

(5) 大輪外徑 $D_{o2} =$ 大輪節徑 $+ 2$ 冠高 $= \dfrac{T_2 + 2}{P_d} = \dfrac{120 + 2}{4} = 30.5$(吋)。

(6) 小輪外徑 $D_{o1} =$ 小輪節徑 $+ 2$ 冠高 $= \dfrac{T_1 + 2}{P_d} = \dfrac{42}{4} = 10.5$(吋)。

(7) 大輪根徑 $D_{r2} =$ 大輪節徑 $- 2$ 根高 $= \dfrac{T_2 - 2.314}{P_d} = \dfrac{117.686}{4} = 29.42$(吋)。

(8) 小輪根徑 $D_{r1} =$ 小輪節徑 $- 2$ 根高 $= \dfrac{T_1 - 2.314}{P_d} = \dfrac{37.686}{4} = 9.4215$(吋)。

例題 3 一標準正齒輪，周節為 6.28mm，齒數 20，試求齒冠，齒根，節徑，餘隙及齒輪之外徑。

解

∵周節$(P_c) = m\pi$，因此 $m = \dfrac{P_c}{\pi} = 2$mm。

(1) 齒冠 $= m = 2$(mm)。

(2) 齒根 $= 1.25m = 2.5$(mm)。

(3) 節徑 $= mT = 40$(mm)。

(4) 餘隙 $= 0.25m = 0.5$(mm)。

(5) 外徑 $= m(T + 2) = 44$(mm)。

例題 4

兩外切正齒輪齒數分別為 36 及 64 齒，小輪節徑為 90mm，試問兩輪之中心距，若齒隙為周節之 1/20，則齒厚為多少 mm？

解

$\because D_小 = mT_小$，$\therefore m = \dfrac{90}{36} = 2.5(mm)$。

$C = \dfrac{m(T_大 + T_小)}{2} = \dfrac{2.5(100)}{2} = 125(mm)$。

齒厚＋齒間隔＝周節＝ 7.85(mm) 　　　　　　　　　　　　　　①

齒間隔－齒厚＝背隙＝ 0.3925(mm) 　　　　　　　　　　　　②

①、②聯立，①－②得 2 倍齒厚＝ 7.4575(mm)，齒厚＝ 3.728(mm)。

7-11 斜(傘)齒輪(Bevel gears)

1. 斜(傘)形齒輪的定義

　　"在兩個相交軸之間起傳動作用的圓錐形齒輪"就是斜(傘)齒輪，英語叫做 Bevel gear。它的形狀就像是把雨傘的上半部剖切，然後在其外側斜面上切出齒形的齒輪。因目前常有人把斜齒輪稱之為傘齒輪，把螺旋齒輪當成(斜齒)，所以本章特別將斜齒輪寫成(傘)齒輪，把螺旋齒輪寫成(斜齒)供讀者參考，請留意。

　　雖然說兩軸的交角可以任意選擇，但也是有一定限度的，而且幾乎都採用直角相交軸。從機械結構和製作角度來看，直角相交軸最好，精度也容易得到保證。在兩個垂直相交軸間傳動的傘齒輪的齒數相同時，就把這一對齒輪叫做斜方(傘)齒輪，英語叫做 Miter gear。在這種情況下，其中心夾角為90°，如圖 7-59 所示。

　　根據齒向不同，把斜(傘)齒輪分成直齒斜(傘)齒輪(Straight bevel gear)、歪斜(傘)齒輪(Skew bevel gear)和蝸輪斜(傘)齒輪(Spiral bevel gear)。

　　直齒斜(傘)齒輪就是"齒向和節圓錐母線一致的斜(傘)齒輪"。如圖 7-60 所示。

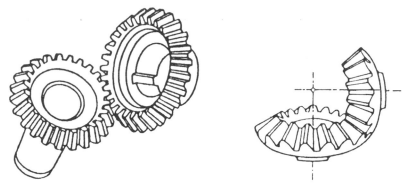

圖 7-59　斜(傘)齒輪

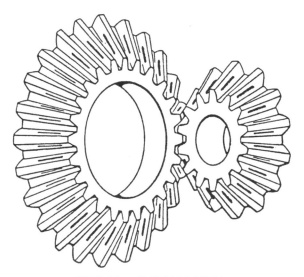

圖 7-60　直齒斜(傘)齒輪

對於歪斜(傘)齒輪來說我們可以這樣來設想，正如對應於正齒輪有螺旋齒輪(斜齒)的關係那樣，即對應於直齒斜(傘)齒輪也同樣有一種歪斜(傘)齒輪。如圖 7-61。

蝸線斜(傘)齒輪的定義也和歪斜(傘)齒輪的定義相同，即假定對置齒輪用冕狀齒輪，"和它嚙合的冕狀齒輪的齒向線呈曲線的斜(傘)齒輪"就是蝸線斜(傘)齒輪。雖然歪斜(傘)齒輪

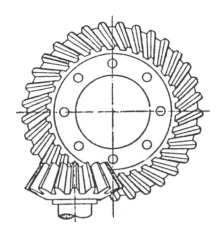

圖 7-61　歪斜(傘)齒輪(雙曲面齒輪)

的齒向線實際上很明顯地是曲線，但表面上看去都很像是直線，而對可以看到彎曲的齒向線。如圖 7-62 所示。

(a) 蝸線斜(傘)齒輪

(b) 齒向角 0° 之蝸線斜(傘)齒輪　　　　(c) 齒向角 0° 之蝸線斜(傘)齒輪

圖 7-62　蝸線斜齒輪(蝸線傘齒輪)

　　在蝸線斜(傘)齒輪中，如果齒向線的"螺旋角為 0 的齒輪"就是齒向角為 0 的斜(傘)齒輪，英語叫做 Zero bevel gear，如圖 7-62(c)所示。普通的蝸線斜(傘)齒輪其齒向線不只是曲線，而且還有一定的螺旋角。

　　由於斜(傘)齒輪是在節圓錐上切齒的，因此不論是齒頂也好，齒根也好，都呈圓錐狀。為此一般來說，越沿著圓錐頂方向去的齒高就越矮。不過，也有內側和外側齒高都相同的斜(傘)齒輪。其優點是齒堅實，容易測定。

　　斜交斜(傘)齒輪："在兩個不呈垂直相交的軸間傳動的傘齒輪對"就是斜交斜(傘)齒輪，如圖 7-60 所示。其中有的兩軸呈鈍角相交，有的兩軸呈銳角相交。

有一點很容易混淆的是，斜方斜(傘)齒輪是指兩個齒輪之兩軸交角成90°，而斜交斜(傘)齒輪是指兩齒輪軸不成90°相交。

2. **斜(傘)齒輪術語(如圖 7-60 所示)**

　　相交兩軸間傳送動力時常利用斜(傘)齒輪來傳動。一對斜(傘)齒輪的運動關係，與一對節圓錐傳動是相同的，兩斜(傘)齒輪的軸常成90°分開，亦有大於或小於90°之應用。但角速比與齒數或節圓半徑成反比。兩個節圓錐間相切的共同元線稱為節線，在此節圓錐面上作成齒形，可以得到確切的傳動而避免滑脫。

(1) 節圓錐(Pitch cone)：此為確保斜(傘)齒輪成滾動接觸所需的幾何形狀。

(2) 節圓錐點(Apex of pitch cone)：節圓錐元線的交點，如圖 7-63 之 O 點。

(3) 節錐半徑(Cone distance)：即經過節圓錐之傾斜高(即節錐元線之長度)如圖 7-63 之 $\overline{OT}$ 長。

(4) 面角(Face angle)：面圓錐元線與輪軸間的夾角，如 γ 角。

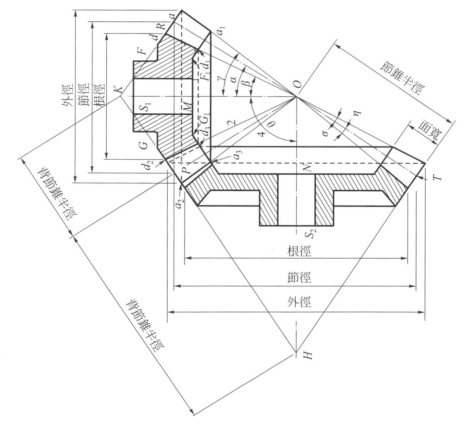

圖 7-63　節圓錐元線的交點—O 點

(5) 中心角(節角)Pitch angle：節圓錐元線與輪軸間的夾角，如α角。

(6) 根角(切削角)Root angle：根節錐元線與輪軸間的夾角，如β角。

(7) 齒寬(Face width)：輪齒的寬度，如$\overline{Rr}$。

(8) 齒冠(Addendum)：節錐元線至面圓錐元線在輪齒外側間的距離，如$\overline{Ra}$。

(9) 齒根(Dedendum)：節錐元線至根圓錐元線在輪齒外側間的距離，如$\overline{Rd}$。

(10) 齒冠角(Addendum angle)：節錐元線與面圓錐元線間的夾角。如$\gamma-\alpha$。

(11) 齒根角(Dendendum angle)：節錐元線與根圓錐元線間的夾角。如$\alpha-\beta$。

(12) 節徑(Pitch diameter)：在輪齒外側經節圓之直徑。如$\overline{PT}$與$\overline{PR}$。

(13) 根徑(Root diameter)：在輪齒外側經根圓之直徑。如$\overline{dd_2}$。

(14) 外徑(Outside diameter)：在輪齒外側經齒冠圓之直徑。如$\overline{aa_2}$。

(15) 背圓錐半徑(Back cone radius)：背圓錐元線的長度。

(16) 虛齒數(Virtual number of teeth)。

背圓錐展開後不足一個整圓，在這不完整的圓，若繼續補足一個整圓周的齒數，這個相對應的正齒輪的齒數通常不為整數，稱為虛齒數，又稱為型成齒數(Formative number of teeth)以T_f表之。

$$T_f = \frac{T}{\cos\alpha} \ (\alpha：為斜(傘)齒輪的半錐角) \tag{7.14}$$

註 在圓錐摩擦輪傳動的場合，由於摩擦輪的打滑，所以角速比不能一定，但對齒輪來說，則無此項問題，除非齒輪傳動負荷太大而打斷，正因為如此，所以一旦斜(傘)齒輪確定了兩軸的交角和減速比(齒數比)之後，則一齒斜(傘)齒輪的中心角(節圓錐角)，自然就決定了。

3. 斜(傘)齒輪的速比

斜(傘)齒輪的速度比與正齒輪的速度比表示法相同，如輪 2 與 4 分別代表主動件與從動件。

$$e = \frac{N_2}{N_4} = \frac{T_4}{T_2} = \frac{R_4}{R_2} \ (N表角速度，T表齒數，R表節圓半徑)$$

如兩輪之中心角為θ，齒輪 2 之中心角為α，齒輪 4 之中心角為β，則

$$\theta = \alpha + \beta(兩輪外切) \tag{7.15}$$

$$e = \frac{N_2}{N_4} = \frac{R_4}{R_2} = \frac{\overline{OP}\sin\beta}{\overline{OP}\sin\alpha} = \frac{\sin\beta}{\sin\alpha} \tag{7.16}$$

由(7.15)式中，$\beta = \theta - \alpha$代入(7.16)中得

$$e = \frac{N_2}{N_4} = \frac{\sin(\theta - \alpha)}{\sin\alpha} = \frac{\sin\theta\cos\alpha - \cos\theta\sin\alpha}{\sin\alpha} \tag{7.17}$$

(7.17)式中分子分母分別除$\cos\alpha$得$\dfrac{N_2}{N_4} = \dfrac{\sin\theta - \cos\theta\tan\alpha}{\tan\alpha}$交叉相乘得

$$\tan\alpha\left(\frac{N_2}{N_4}\right) = \sin\theta - \cos\theta\tan\alpha$$

$$\tan\alpha = \frac{\sin\theta}{\dfrac{N_2}{N_4} + \cos\theta} \tag{7.18}$$

同理得

$$\tan\beta = \frac{\sin\theta}{\dfrac{N_4}{N_2} + \cos\theta} \tag{7.19}$$

若兩輪內切

$$\theta = \alpha - \beta \tag{7.20}$$

$$e = \frac{N_2}{N_4} = \frac{\sin\theta}{\sin\alpha} \tag{7.21}$$

由(7.20)式代入(7.21)式得

$$\tan\alpha = \frac{\sin\theta}{\cos\theta - \dfrac{N_2}{N_4}} \quad , \quad \tan\beta = \frac{\sin\theta}{\cos\theta - \dfrac{N_4}{N_2}} \tag{7.22}$$

若$\cos\theta < \dfrac{N_2}{N_4}$，則調整成下式(7.23)

$$\tan\alpha = \frac{\sin\theta}{\dfrac{N_2}{N_4} - \cos\theta} \tag{7.23}$$

例題 5 一對斜(傘)齒輪外切，兩軸交角為70°，兩齒輪的速度比為 1/2，求兩齒輪的半錐角(半頂角)。

解

設大輪半錐角為α，小輪半錐角為β，速比 $=\dfrac{N_{大}}{N_{小}}=\dfrac{1}{2}=\dfrac{N_1}{N_2}$

$$\tan\alpha=\frac{\sin\theta}{\dfrac{N_1}{N_2}+\cos\theta}=\frac{\sin70°}{\dfrac{1}{2}+\cos70°}=\frac{0.94}{0.842}=1.12，\alpha=48.2°$$

$$\tan\beta=\frac{\sin\theta}{\dfrac{N_2}{N_1}+\cos\theta}=\frac{\sin70°}{2.342}=0.401，\beta=21.8°$$

7-12 螺輪(Screw gear)

當傳動兩軸不平行又不相交的場合使用之。如圖 7-64 所示。兩輪為點的接觸，作用力集中於一點，齒受磨損很大，適於輕負荷，其動作類似螺桿與螺帽，速比不一定與直徑成反比。在研究螺輪之前，應先瞭解螺旋線(Helix)的形成與特性。一個直角三角形紙片，繞在一直線上，三角形紙片斜面的軌跡，所得到的是螺旋線(Helix)，如圖 7-65 所示。

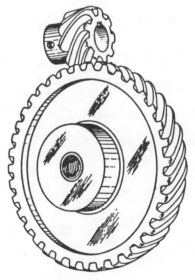

圖 7-64　螺輪

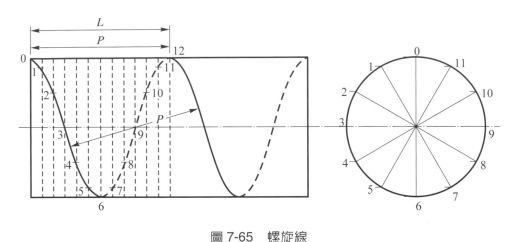

圖 7-65　螺旋線

1. 螺輪之名詞術語

(1) 螺旋角(Helix angle)，就是螺旋線的切線與圓柱體軸向之夾角，圖 7-66 所示的α及β均為螺旋角。

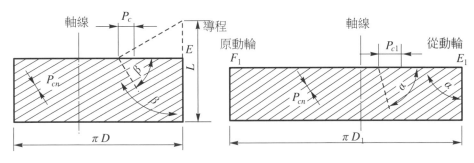

圖 7-66　α 及 β 均為螺旋角

(2) 法螺旋線：兩條螺旋線的切線，互相垂直，則稱法螺旋線(Normal helix)。

(3) 螺旋方向右旋或左旋：若以右手的拇指為螺旋進行方向，其餘 4 指為螺紋旋轉的方向，則稱為右旋(Right-hand helix)，即螺旋線右邊比左邊高者，如圖 7-67 所示為右旋。

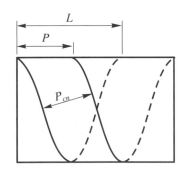

圖 7-67　節距、導程與法節距之關係圖

(4) 導程(Lead)：螺旋旋轉一周，螺輪沿軸向前進或後退的移動距離，如圖 7-67 及 7-65 所示之導程(L)。

(5) 軸節距(Axial pitch)：如圖 7-65 的 P 及圖 7-67 中的距離P，沿軸向，兩條螺旋線之間的距離，單螺旋線中$L = P$，即導程等於軸節距，雙螺旋線中，導程等於 2 倍的軸節距。

(6) 法節(Normal pitch)，如圖 7-67 中的距離P_{cn}，沿螺旋線的方向，兩螺旋線間的垂直距離。

7-13 螺旋齒輪(Helical gears)或稱正扭齒輪(Twisted gears)

1. 螺旋齒輪(斜齒)的定義

螺旋齒輪(斜齒)，顧名思義是其齒形為傾斜的，即齒向線呈螺旋線的圓柱齒輪就是螺旋齒輪(斜齒)，如圖 7-68 所示，我們似乎也可以把螺旋齒輪(斜齒)看作是將正齒輪的齒沿垂直軸的方向切成好幾個薄片，然後將每一齒稍微錯開一個位置，然後把無數個薄片按階梯形重疊起來組成的，如圖 7-70 所示，一般為了便於理解，可以把螺旋齒輪(斜齒)看作是將正齒輪的齒向線傾斜一個角度而成。所以把螺旋齒輪(斜齒)看作是將正齒輪的齒向線傾斜一個角度而成。所以有許多人將其稱為斜齒輪，不過無論如何，記得它叫 Helical gear 即可。這時無論是節圓也好，齒數也好都和正齒輪一樣。但正確的說法應該是在圓柱的外周切出螺旋狀齒的齒輪，這也就是螺旋齒輪(Helical gear)的定義或稱正扭齒輪(Twisted gears)。

螺旋齒輪(斜齒)不僅有斜齒圓柱齒輪(如圖 7-68)即正扭齒輪，還有歪斜齒輪(雙曲線齒輪)及螺線斜(傘)齒輪等，其中後兩種齒輪其製造與檢測皆較麻煩，但螺旋齒輪嚙合傳動時，聲音小而平穩，振動小效率也高。當螺旋齒輪嚙合傳動時，就以一對 45 齒的螺旋齒輪來說，其嚙合的齒有 3 對，如果換成正齒輪，其嚙合齒也許不足 2 對。尤其是在正齒輪的場合，當一對齒進入嚙合時，是由該齒的某一端開始進入嚙合，而對螺旋齒輪來說，當一對齒進入嚙合時，是由該齒的某一端開始進入嚙合，而後順著嚙合線逐漸進入整個齒寬的嚙合，顯然這種嚙合狀態較平穩。雖然說螺旋齒輪的嚙合狀態較好，但還是存在某些問題。即螺旋齒輪嚙合時在齒上沿垂直軸方向的傳動力被分解，產生了一個軸向的分力，使齒輪在傳動中沿軸向滑動。因此為了避免此項滑動，可以利用左右方向的螺旋齒輪組合成的人字齒輪來傳動如圖 7-69 所示。或是利用止推軸承以防止齒輪的軸向移動等，如圖 7-70 最左及最右端所示的為斜角滾子(止推)軸承。

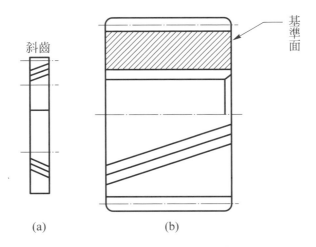

圖 7-68　螺旋齒輪(斜齒)

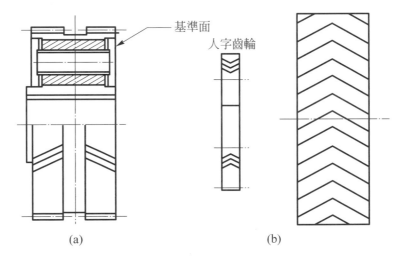

圖 7-69　人字齒輪

圖 7-70　螺旋齒輪(斜齒)之組合

人字齒輪為齒向向左右兩側傾斜而構成的螺旋齒輪，如果從橫向看齒輪，其齒形像山峰，倒過來看就像山谷。人字齒輪英語叫做 Herringbone gear 或稱 Dobule herical gear。

2. 螺旋齒輪(斜齒)的虛齒數

設計螺旋齒輪時，將齒輪的法面，取其斷面，因在法面上的齒形，正是正齒輪的標準齒形。在螺旋線垂直面上的斷面，正是一個橢圓，其短軸等於節圓直徑(Pitch diameter)，其長軸等於節徑除以螺旋角的餘弦。長軸$\frac{D}{\cos\beta}$ (β：螺旋角)，如圖 7-71 所示。

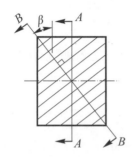 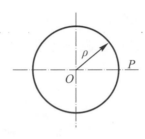 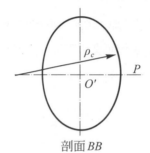

(a) 螺旋齒輪，在垂直於其軸線及垂直於齒之螺旋角做剖面　　(b) 剖面 AA 上之齒輪節圓　　(c) 剖面 BB 所成之曲率半徑為正齒輪之節半徑，它可近似的表示出(a)螺旋齒輪的特性

圖 7-71　螺旋齒輪虛齒計算

若橢圓的短軸端點的橢圓曲線，其曲率半徑為ρ，就是法面上的節半徑，可畫出標準之正齒輪，即

$$\rho=\frac{\frac{D}{2}}{\cos^2\beta}=\frac{D}{2\cos^2\beta} \tag{7.24}$$

(D表節圓圓柱體直徑)，設T為螺旋齒輪上的齒數，T_n：在法面上，螺旋齒輪投影後相當於正齒輪的齒數，則

$$T=\frac{\pi D}{P_c}=\frac{\pi D}{P_{cn}/\cos\beta}=\frac{\pi D\cos\beta}{P_{cn}} \tag{7.25}$$

$$T_n=\frac{2\pi\rho}{P_{cn}} \tag{7.26}$$

由(7.25)式代入(7.26)式得

$$T_n = \frac{2\pi\rho}{P_{cn}} = \frac{2\pi}{P_{cn}} \times \frac{D}{2\cos^2\beta} = \frac{\pi D}{P_{cn}\cos^2\beta} \tag{7.27}$$

$$\frac{T_n}{T} = \frac{\pi D/P_{cn}\cos^2\beta}{\pi D \cos\beta/P_{cn}} = \frac{1}{\cos^3\beta} \text{ , } \left(\text{即虛齒數 } T_n = \frac{T}{\cos^3\beta}\right)$$

（T為螺旋齒輪的實際齒數，β為螺旋角）。 \tag{7.28}

圖 7-72 中若螺旋角為α，P_{cn}為法周節，$P_{cn} = P_c \cos\alpha$。

法徑節$P_{dn} = \dfrac{\pi}{P_{cn}} = \dfrac{\pi}{P_c \cos\alpha} = \dfrac{P_d}{\cos\alpha}$。法周節，就是在垂直螺旋線間的垂直距離，即在法面上的周節。

3. **軸心距**(Distance between axes)(C)

　　若兩軸線不平行不相交之螺輪之直徑分別為D與D_1，D輪螺旋角為α，D_1輪之螺旋角為β，則

$$C = \frac{D + D_1}{2} \tag{7.29}$$

又因$D = \dfrac{T}{P_d} = \dfrac{T}{P_{dn}\cos\alpha}$，$D_1 = \dfrac{T_1}{P_{dn}\cos\beta}$，則

$$C = \frac{1}{2P_{dn}}\left(\frac{T}{\cos\alpha} + \frac{T_1}{\cos\beta}\right)（兩螺旋齒輪中心不平行不相交時） \tag{7.30}$$

若採公制，則

$$C = \frac{m_n}{2}\left(\frac{T}{\cos\alpha} + \frac{T_1}{\cos\beta}\right) \tag{7.31}$$

（m_n＝法模數＝$m\cos\alpha$，或m_n等於$m\cos\beta$，m為模數，$\alpha(\beta)$為兩輪螺旋角）

當兩正螺旋齒輪(斜齒)傳動時，因螺旋角相同，則中心距

$$C = \frac{1}{2Pd_n}\left(\frac{T}{\cos\alpha} + \frac{T_1}{\cos\alpha}\right) \tag{7.32}$$

或

$$C = \frac{m_n}{2}\left(\frac{T}{\cos\alpha} + \frac{T_1}{\cos\alpha}\right)（兩輪之中心線互相平行時） \tag{7.33}$$

4. **壓力角(Pressure angle)θ 與法向壓力角θ_n**

正齒輪可用一個壓力角來表示，螺旋齒輪則需要兩個壓力角。圖 7-72 為螺旋齒輪的螺旋角圖，而圖 7-73 及 7-74 為 7-72 中剖面$\overline{AA}$及$\overline{BB}$的齒型輪廓(Tooth profile)。剖面$\overline{AA}$為與軸線垂直，其齒型輪廓的壓力角稱為橫向壓力角θ，剖面$\overline{BB}$與齒線的法線方向切割而得，此時齒輪廓的壓力角稱為法向壓力角θ_n。(一般螺旋齒輪之壓力角，係指法向壓力角)。

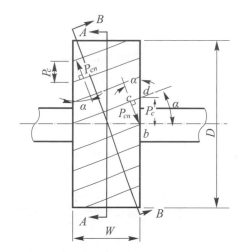

圖 7-72　壓力角(Pressure angle) θ 與法向壓力角 θ_n

剖面 AA	剖面 BB
剖面 AA(垂直齒輪軸線)之齒型輪廓，顯示出橫向壓力角	剖面 BB(螺旋線的法線方向)說明法向壓力角 θ_n
圖 7-73	圖 7-74

為了證明θ及θ_n為壓力角，若描繪兩齒條上齒間的接觸如圖 7-75 所示。齒輪的節圓，變成齒條的節線(Pitch line)如圖中的$\overline{PP}$線，FE垂直於接觸的齒面並表示齒間力的作用線，前已敘述，壓力角為兩嚙合齒輪作用線與經節點切線間所夾之角，而圖 7-75 中，$\overline{PP}$不僅為節線，亦為經節點之切線，因此壓力角為作用線$\overline{FE}$與$\overline{PP}$間之夾角θ。由$\triangle bad$之關係，得知θ為壓力角。

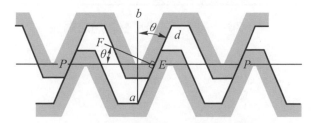

圖 7-75　兩齒條上齒間的接觸圖

由圖 7-73 及 7-74 中亦可得壓力角，螺旋角及法向壓力角之關係。

$$\tan\theta = \frac{\overline{bd}}{\overline{ab}} \text{ 和 } \tan\theta_n = \frac{\overline{bc}}{\overline{ab}} \tag{7.34}$$

因此

$$\frac{\tan\theta_n}{\tan\theta} = \frac{\overline{bc}}{\overline{bd}} \text{ ，由圖 7-72 中得知 } \cos\alpha = \frac{\overline{bc}}{\overline{bd}}$$

$$\text{即} \quad \cos\alpha = \frac{\tan\theta_n}{\tan\theta} \tag{7.35}$$

由(7.35)式中，可看出橫向壓力角永遠大於法向壓力角，當兩螺旋齒輪在平行軸上傳動，則其螺旋角必相等。若兩軸不平行不相交則螺旋角不一定相等，然而其法周節、法徑節或法模數必須相等。至於橫向、法向及壓力角之關係也可從圖 7-76 所示。

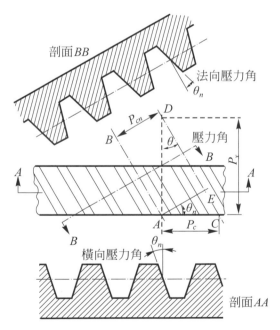

圖 7-76　橫向、法向及壓力角之關係

例題 6

一馬達傳遞扭矩爲 8 kg-m，轉速爲 1500 rpm，由一對螺旋齒輪帶動，主動輪爲 30 齒，從動輪爲 78 齒，法模數爲 2.5。螺旋角α爲 12°，法向壓力角爲20°，求兩輪之節徑、外徑、根徑及兩輪傳遞之徑向力、切線力及法線方向作用力。

解

(1) 小輪節圓直徑$D_1 = \dfrac{T_1 M_n}{\cos\alpha} = \dfrac{30 \times 2.5}{\cos 12°} = 76.67$ ($T_1 = 30$齒)

　　大輪節圓直徑$D_2 = \dfrac{T_2 M_n}{\cos\alpha} = \dfrac{78 \times 2.5}{\cos 12°} = 199.35$ ($T_2 = 78$齒)

(2) 小輪外徑$D_{o1} = D_1 + 2m_n = 76.67 + 2 \times 2.5 = 81.67$ ($T_1 = 30$齒)

　　大輪外徑$D_{o2} = D_2 + 2m_n = 199.35 + 2 \times 2.5 = 204.35$ ($T_2 = 78$齒)

(3) 小輪根徑$D_{r1} = D_1 - 2 \times 1.25 m_n = 76.67 - 2 \times 1.25 \times 2.5 = 70.42$ (T_1)

　　大輪根徑$D_{r2} = D_2 - 2 \times 1.25 m_n = 199.35 - 2 \times 1.25 \times 2.5 = 193.1$ (T_2)

註 若考慮移位係數 x (Addendum modification coefficient)則

小輪外徑$= D_1 + 2m_n + 2x_1 m_n = 76.67 + 2 \times 2.5 + 2 \times 0.179 \times 2.5 = 82.565$

大輪外徑$= D_2 + 2m_n + 2x_2 m_n = 199.35 + 2 \times 2.5 - 2 \times 0.179 \times 2.5 = 203.455$

小輪根徑$= D_1 - 2 \times 1.25 m_n = 76.67 - 2 \times 1.25 \times 2.5 = 70.42$

大輪根徑$= D_2 - 2 \times 1.25 m_n = 199.35 - 2 \times 1.25 \times 2.5 = 193.1$

又依據英國標準BS436-1940 所推薦之值爲參考：

① 若兩齒輪齒數和$T_1 + T_2 \geq 60$，則比較$0.4\left(1 - \dfrac{T_1}{T_2}\right)$與 $0.02(30 - T_1)$取其較大者作爲x_1，而令$x_2 = -x_1$即$x_1 + x_2 = 0$，故中心距不變。

② 若兩齒數和$T_1 + T_2 < 60$，則推薦值爲$x_1 = 0.02(30 - T_1)$，$x_2 = 0.02(30 - T_2)$，此時中心距離必須增大。

③ 內齒輪傳動，不論齒數如何，推薦值爲$x_1 = 0.4$，$x_2 = -0.4$中心距離亦不變由$T_1 = 30$，$T_2 = 78$齒來看，得$x_1 = 0.179$，$x_2 = -0.179$。

(4) 齒輪受力計算如圖 7-77 及 7-78 所示。

齒輪在設計時，理想情況下，兩齒輪之節圓必相切，即中心距等於兩節圓半徑之和(無移位)，但漸開線齒輪傳動時，往往爲了傳動容易，而將兩輪之中心距離稍爲挪離一些，此時就造成偏位，只是使用者不自知而已。然而在真正

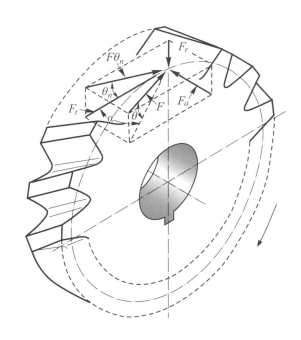

圖 7-77　齒輪受力計算

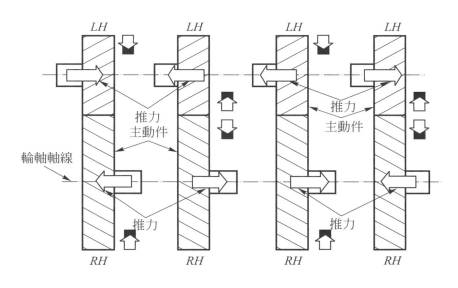

圖 7-78　安裝在平行軸上之螺旋齒輪的推力負荷方向

考慮到干涉問題，或是兩平行傳動軸上有幾對齒輪要互相嚙合傳動時(如圖 7-101
所示)，因中心距已不能再變動而各對齒輪之節圓半徑之和，往往又難相等，
所以設計之初設計者就要考慮到偏位問題，使各對齒輪嚙合時中心距皆一樣，
若中心距比兩輪之節圓半徑之和還大(即未移位前兩節圓無法交到時)此時新的

節圓半徑設計必比原來的節圓半徑還大，如此必造成齒輪之正移位，當然有可能兩輪之移位係數皆為正，亦有可能一輪不移位，另一輪為正移位，若中心距比兩輪之節圓半徑之和還小，(即未移位之前兩節圓半徑必交於兩點)，此時新的節圓半徑設計必比原來的節圓半徑還小，如此必造成齒輪之負移位，當然有可能兩輪之移位係數為負，亦有可能一輪不移位，而另一輪為負移位。

齒輪之移位，原先設計之意主要用來解決中心距的問題，後來發現移位對於一對齒輪在某種齒數搭配而會造成干涉時也特別有用，所以讀者將來在設計齒輪時，可能都會考慮到移位的問題，那時最好多參閱有關移位齒輪的書籍(資料)，以利設計。

螺旋齒輪之移位係數，除了用上述方法求解外，事實上也可由跨齒厚來算得，即先算跨齒數。

$$Z = \frac{T \cdot \theta}{180} + 0.5 \text{齒} \quad (Z\text{表跨齒數}) \tag{7.36}$$

$$S_{mz} = m_n \cos\theta_n \{\pi(Z-0.5) + T \cdot \text{inv}\theta_n\} \pm 2xm_n \sin\theta_n \tag{7.37}$$

S_{mz}：跨 Z 齒之跨齒厚讀值

θ：橫向壓力角

θ_n：法向壓力角

m_n：法向模數

T：齒數

Z ：跨齒數

$\tan\theta = \dfrac{\tan\theta_n}{\cos\alpha}$ (α：螺旋角)

$\text{inv}\alpha$：漸開線函數(須查表)，可從本章後面 P7-107 至 P7-112 中之表 7-2 查到 (表中α係表示壓力角)

① $F_t = \dfrac{T}{R}$ (T為扭矩 torque)(F_t：切線力；推動齒輪旋轉之力)

② $F_r = \dfrac{F_t \tan\theta_n}{\cos\alpha} = \dfrac{F_t \tan20°}{\cos12°} = 0.3721\, F_t$ (F_r方向傳力；即直接徑向壓力)

③ $F_a = F_t \tan\alpha = F_t \tan12° = 0.2126\, F_t$ (F_a：軸向推力)

齒輪 1 的受力計算(F表齒輪上所受之合力)

① $F_{t1} = \dfrac{T}{R_1} = \dfrac{8 \times 1000}{38.4} = 208.3\text{(kg)}$

② $F_{r1} = 0.3721 \times F_{t1} = 77.5\text{(kg)}$

③ $F_{a1} = 0.2126 \times F_{t1} = 44.3\text{(kg)}$

齒輪 2 的受力計算

① $F_{t2} = \dfrac{T}{R_2} = \dfrac{8 \times 1000}{99.675} = 80.2\text{(kg)}$

② $F_{r2} = 0.372\, F_{t2} = 29.81\text{(kg)}$

③ $F_{a1} = 0.2126\, F_{t1} = 17.03\text{(kg)}$

7-14 蝸桿蝸輪(Worm and Worm wheel)

　　兩輪互成垂直的一對螺輪，其中一輪輪面向上彎曲求包圍另一輪的部份稱為蝸桿蝸輪傳動。作螺旋狀(Screw)者稱為蝸桿(Worm)，部份包含蝸桿稱為蝸輪(Worm wheel)。因為普通的螺輪傳動只是點接觸，蝸輪面之所以彎曲成凹形，乃要得到線接觸之故。蝸桿相當於一個螺旋，各部份的名稱與螺旋相同。圖 7-81 為蝸輪的斷面，其符號代表的意義如下：

　　D：節徑

　　R：蝸輪喉的半徑(Radius of the throat)

　　D_t：喉徑(Throat diameter)

　　B：輪面之寬(Face width)

　　D_0：外徑(Outside diameter)

　　蝸桿可以為單線的、雙線的甚至多線的。其螺紋的線數等於蝸桿在垂直於軸線的斷面上的齒數，蝸桿只不過是一種螺旋角增大後所形成的螺旋齒輪，除了在銑床上銑削外，在車床上所車削的29°梯形螺桿就是這種齒輪。而蝸輪是一種輪面車成和蝸桿圓弧相同的凹弧，然後利用筒形銑刀在凹弧面銑成螺旋齒。當兩者嚙合傳動時，蝸桿每轉一周(單口螺紋)必推動蝸輪旋轉一齒，若蝸桿為雙口螺紋，則每轉一周，必推動蝸輪旋轉兩個齒，其餘依此類推。由上所述，可知蝸輪的迴轉數與蝸輪本身的齒數以及蝸桿螺紋的開頭數目有關。蝸桿與蝸輪之速比(通常以蝸桿為主動)。

$$速比 = \frac{蝸桿之迴轉速}{蝸輪之迴轉速} = \frac{蝸輪之齒數}{蝸桿之紋數}$$

即

$$\frac{N_桿}{N_輪} = \frac{T_輪}{n} \quad (n爲蝸桿螺紋開頭數) \tag{7.38}$$

蝸桿蝸輪之接觸情形：蝸桿與蝸輪之相互接觸，除在較大之蝸輪，因其齒面之曲度較小，偶有一部份係面接觸外，大致係線接觸。爲使接觸之範圍增大，故使蝸輪之齒製成弧形，包圍蝸桿之角度均自60°～90°，如圖 7-80 所示。蝸桿的導程角 $\tan\alpha = \dfrac{L}{\pi D}$ (L爲導程)，螺旋角$\tan\beta = \dfrac{\pi D}{L}$。

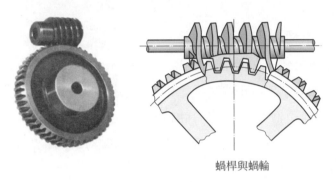

蝸桿與蝸輪

圖 7-79　蝸桿與蝸輪傳動

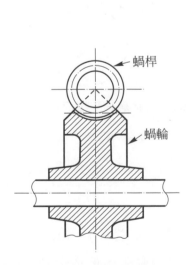

圖 7-80　蝸桿與蝸輪傳動

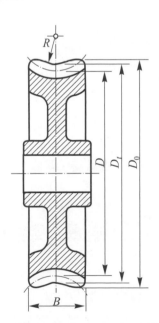

圖 7-81　蝸輪之齒製成弧形，包圍蝸桿之角度均自60°～90°

　　蝸桿蝸輪的角速比由 10 比 1～500 比 1，如銑床的分度頭，其速比通常是 40 比 1。大多數的蝸輪組中，蝸桿爲主動件亦即爲一減速組件，可能令蝸輪爲主動件，而成爲增加速率組件，蝸輪組是否可逆轉則視蝸桿及蝸輪間存在的摩擦力而定，幾乎所有的蝸輪組均由於摩擦力的增展而不可逆轉，不可逆的蝸輪組常可用來自鎖 (Self-locking)。導程角小而低速是不可逆的主要因素。因此蝸輪組的使用具有下列優點：

(1) 速比大，從 40 比 1～500 比 1。

(2) 不易逆轉(有自鎖作用)。

(3) 噪音小。

(4) 用於兩軸成正交之場合。

　蝸桿蝸輪的轉向可依下列方法判定：

(1) 當蝸桿爲右螺紋時，可依右手定則，如圖 7-82 所示，如圖中蝸桿順轉，則蝸輪與蝸桿軸前進方向成反方向轉動。

(2) 當蝸輪爲左螺紋時，則可依左手定則，如圖 7-83 所示，如圖中蝸桿順轉，則蝸輪與蝸桿軸後退方向成反方向轉動。

　依上述兩個方式，可以判定蝸輪的旋轉方向。

圖 7-82　蝸桿爲右螺紋時，可依右手定則　　圖 7-83　當蝸輪爲左螺紋時，則可依左手定則

7-15 輪系及輪系值

1. 輪系

　　凡三個或三個以上之齒輪(有時亦包括皮帶及摩擦輪)互相接合，以傳達運動者，均謂之輪系。最先迴轉之一輪(首輪)謂之原動輪，最後迴轉一輪(末輪)謂之從動輪。介乎其間者，統稱爲中間輪 (Intermediate wheel)。

2. 輪系值

在普通輪系中,最末輪的角速度與首輪的角速比,稱為輪系值(Train values),以i表示。第一輪與最末輪的轉向相同者,輪系值為正,轉向相反者為負,此僅指軸向平行的兩輪而言,若軸向不平行,如斜(傘)齒輪等,其輪系值符號須個別指定。

7-16 單式輪系與惰輪(Simple train & idler)

1. 單式輪系

一輪系中,除第一個原動輪與最末一個從動輪之外,其他各輪全都是惰輪者,稱之為單式輪系,如圖 7-84 所示。

2. 惰輪

如圖 7-84 中,A帶動B輪,B輪帶動C輪,對AB輪來說,A是原動輪,B是從動輪,對BC輪來說,B是原動輪,C是從動輪;就B輪來說它是既是主動輪,又是從動輪,這種輪特稱為惰輪(Idler)。

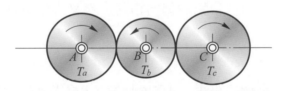

圖 7-84 普通輪系中之單式輪系A、B及C三輪軸皆固定

單式輪系的系值直接等於第一輪齒數與最末輪齒數之比。惰輪的數目,只改變從動輪旋轉的方向,而不影響系值的絕對值,若惰輪數為偶數(包括零在內),系值為負,若惰輪為奇數系值為正,(但是在內齒輪傳動,若僅有內外兩個齒輪傳動,則其轉向相同,惰輪的用途乃在減少齒輪所佔的空間),如圖 7-84 中。

$$i_{AC} = \frac{N_c}{N_a} = + \frac{T_a}{\cancel{T_b}} \times \frac{\cancel{T_b}}{T_c} = + \frac{T_a}{T_c} \tag{7.39}$$

從以上得知,單式輪系中,惰輪的用途有二:

(1) 改變從動輪的轉向。若惰輪為奇數,系值為正,惰輪為偶數,系值為負。

(2) 若兩輪中心距已固定不變,則在不變系值的情況下,可因惰輪而縮小前後兩輪的直徑,以節省空間。但惰輪絕不會影響輪系的系值。

7-17 複式輪系(Compound train)與 中間輪(Intermediate wheel)

1. 複式輪系

一輪系中，有兩個或兩個以上之輪，聯在同一軸上一起旋轉者，稱為複式輪系，如圖 7-85 所示。其功用在轉換方向及縮小占面積之利，且速比可以任意變更；

$$輪系值 = \frac{所有原動輪齒數之乘積}{所有從動輪齒數之乘積}\left(i_{AD} = \frac{N_d}{N_a} = \frac{T_a \times T_c}{T_b \times T_d}\right) \tag{7.40}$$

又就 A、B 輪而言，A 為原動輪，B 為從動輪。就 C、D 兩輪而言，C 為原動輪，D 為從動輪。如果輪系中含蝸桿蝸輪傳動，蝸桿的螺紋線數就是它的齒數。若輪系中，包含有皮帶傳動，則

$$系值為 = \frac{所有原動輪直徑之乘積}{所有從動輪直徑之乘積}$$

(但開口皮帶輪傳動，兩皮帶輪的轉向相同，交叉皮帶輪傳動，兩皮帶輪的轉向相反(如圖 7-86 所示)。

2. 中間輪

如圖 7-85 中，就 AB 輪來說，A 為原動輪，B 為從動輪，對 CD 輪來說，C 為原動輪，D 為從動輪，但 BC 輪在同一軸上，一個為從動輪另一個原動輪，不若圖 7-84 的單式輪系中，B 既是原動，又是從動，所以特稱為中間輪，此 BC 輪之軸稱為中間軸。

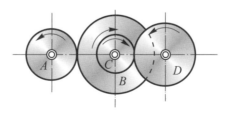

圖 7-85　普通輪系中之複式輪系 A、B 及 C 三輪軸皆固定

中間輪的功用有三：

(1) 改變從動輪的轉向，若中間軸為奇數，則系值為正，若中間軸為偶數，則系值為負。

(2) 節省空間。如圖 7-85 中，使用複式輪系，在中心距一定情況下，可節省AD兩輪之大小。

(3) 可改變系值。從(7.40)式中，得知B、C輪齒數之變化，可影響輪系之系值。

例題 7

如圖 7-86 中，求輪系值，若A為主動，D為從動。

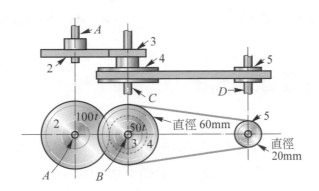

圖 7-86　複式輪系

解

$$i_{25} = \frac{N_5}{N_2} = \frac{T_2 \times D_4}{T_3 \times D_5} = \frac{100 \times 60}{50 \times 20} = 6$$

若A輪每分鐘 60 轉，則$N_d = 6 \times N_a = 360$ rpm(與A輪之轉向相反)

3. 回歸輪系(Reverted train)

又稱背齒輪輪系，複式輪系中，其中第一輪與最末輪的軸線相重合，惟不連在一起旋轉者，如圖 7-87 所示，用於皮帶驅動的車床床頭。

$$系值\ i_{25} = \frac{N_5}{N_2} = \frac{T_2 \times T_4}{T_3 \times T_5} = \frac{29 \times 24}{91 \times 66} = 0.116$$

利用背齒輪輪系，可使主軸轉速得到雙倍的變化，又可節省齒輪所佔的空間。如果皮帶輪有 5 階，則從動輪共可得到 10 種不同的主軸變速。

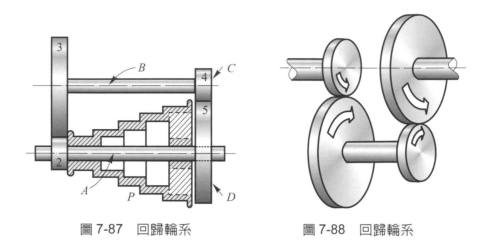

圖 7-87　回歸輪系　　　　圖 7-88　回歸輪系

7-18 輪系值之應用

1. 輪系值正負之應用

　　輪系值的正或負，直接影響到原動輪與從動輪的轉向；若原動輪與從動輪需有相同的轉向，則輪系值應取正，若轉向要相反，則輪系值應取負；如汽車之倒退。輪系值正負之計算，應視使用之輪系種類而定，如使用單式輪系時，惰輪為奇數，系值為正，惰輪為偶數，則系值為負。使用開口皮帶時，系值為正，如圖 7-89 所示。因此，系值正負之選用與計算必須弄清楚，否則如遇到周轉輪系蝸輪組及爾後介紹之斜(傘)齒輪周轉輪系等問題時，必會遭到更大的錯誤。

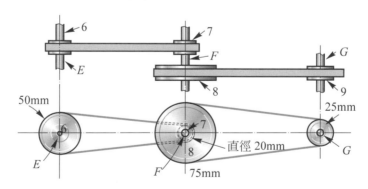

圖 7-89　輪系值正負之應用

2. 輪系值大小之選用

前已述及，輪系值為從動輪轉速與原動輪轉速之比，因此輪系值絕對值愈大，則表從動輪比原動輪之角速快，即加速之意；即原動輪的齒數較從動輪齒數多。反之若輪系值絕對值愈小，則表減速之意，即原動輪齒數比從動輪齒數少。因此從動輪所需扭矩小而效率要高

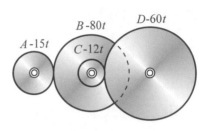

圖 7-90　複式輪系

時，則可用加速輪系，反之若要得到較大扭矩，則必須減速，即應使用輪系值絕對值要小的減速輪系，如圖 7-90 之輪系值 $i_{AD} = \dfrac{N_d}{N_a} = \dfrac{15 \times 12}{80 \times 60} = \dfrac{3}{16} \times \dfrac{1}{5} = \dfrac{3}{80}$。

7-19　輪系之計畫

計畫一個輪系，就是在指定的原動軸與從動軸間選配適當的齒輪齒數組成輪系，以達到所需要的角速度比。因為齒數有最少限度，為避免使用過大的齒輪佔據太多的空間，並為了經濟起見，齒數也不可過多，因此所選的齒數總要在適當的範圍以內才好。如果角速比甚大，用單式輪系不足以達到變速的目的時，就得計劃用複式輪系，分作兩段或三段，甚至於多段來變速，以避免使用齒數太少或太多，因此輪系設計的原則有下列各項：

(1) 一對齒輪角速比不得大於 6 或 1/6。

(2) 選擇齒數種類愈少的齒輪，愈有利於製造和裝配。

(3) 一對齒輪若輪系值大於 6 或小於 1/6，改用複式輪系，否則採用單式輪系為佳。

(4) 如使用複式輪系，則各組之比值愈接近，愈有利於傳動。

例題 8　　計劃一個系值 + 24 的輪系，使齒數在 12 與 75 之間。

解

因為齒數最少為 12，最多為 75，故用單式輪系所能得到的最大系值為 $\dfrac{75}{12} = 6.25$，顯然不夠。若用兩對齒輪變速，最大系值可到 $6.25 \times 6.25 = 39$，所以用兩對齒輪

就夠了，24 平方根不是整數，而是介於 4 與 5 之間，故這兩對齒輪不能完全相同，將 24 分解如下：$24 = \dfrac{x}{1} \cdot \dfrac{24}{x}$，就第一對系值$\dfrac{x}{1}$而言，$x$不得大於 6.25，就第二對的系值$\dfrac{24}{x}$來看，因為這個比值不得大於 6.25，而$x$不得小於$\dfrac{24}{6.25}$，即 3.85。所以$x$的值必須在 3.85 與 6.25 之間。因為齒數必須為整數，所以x究竟應取何值，須用試驗方式來求，得$x = 4，5，6$皆可(若用$x = 4.1、5.1、5.5 \cdots\cdots$等數值來計算，則不是齒數無法為整數，就是不合題目所規定之條件)。

(1) $x = 4$時，$24 = \dfrac{4}{1} \times \dfrac{24}{4} = \dfrac{48}{12} \times \dfrac{72}{12} = \dfrac{主動輪齒數乘積}{從動輪齒數乘積}$

(2) $x = 5$時，$24 = \dfrac{5}{1} \times \dfrac{24}{5} = \dfrac{75}{15} \times \dfrac{72}{15} = \dfrac{主動輪齒數乘積}{從動輪齒數乘積}$

(3) $x = 6$時，$24 = \dfrac{6}{1} \times \dfrac{24}{6} = \dfrac{72}{12} \times \dfrac{48}{12} = \dfrac{主動輪齒數乘積}{從動輪齒數乘積}$

以上三種任選其一皆可表示方法如下：

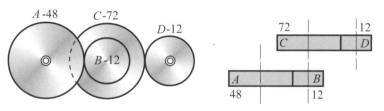

圖 7-91　計劃一個系值 + 24 的輪系，使齒數在 12 與 75

例題9　計劃一個系值為 − 16，使齒數在 12 與 60 之間，試選配此輪系的各齒輪齒數。

解

因為齒數最少為 12，最多為 60，故用單式輪系，所能得到的最大系值為$\dfrac{60}{12} = 5$，顯然單式輪系不足以達到所需要的系值 16。因此若用兩段之複式輪系來傳動，所能得到的最大系值為$5 \times 5 = 25$，所以用兩對齒輪就夠了。

為使兩對齒輪齒數相差愈少，應使角速比相近，最好每對齒輪分擔全部系值的一半，即每對齒輪之系值各等於全部系值的平方根。$i = -16 = \dfrac{-4}{1} \times \dfrac{4}{1}$。兩對齒輪系值已定，當然齒數不能為 4 或 1，因此必須保持齒數依等倍增進，將分子分母乘以同一個因數k，這個因數在兩對齒輪上不必相同。但為使齒數能在 12 與 60 之間，k值有四個可能，即 12，13，14 及 15。因為齒數愈多，傳動愈圓滑，且不易干涉，故以較大的因數為宜。若令第一對的因數$k_1 = 14$，第二對因數$k_2 = 15$，則$-16 = \dfrac{-56}{14} \times \dfrac{60}{15}$。

為了製造之方便，齒數種類愈少愈好。如以上所說k值共有四種，若令k_1與k_2同等於 15，即$-16 = \dfrac{-60}{15} \times \dfrac{60}{15}$。如此只有兩種齒數。因為所需要的系值為負，故須在原動輪與從動輪之間再加一個惰輪。惰輪齒數也可以選擇與既有的齒數相同者為宜，就是 60 或 15。為避免所佔地位較多，當然用 15 齒的惰輪較好。如此配成的輪系結果如圖 7-92 所示。

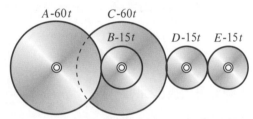

圖 7-92　計劃一個系值為 $-$ 16，使齒數在 12 與 60

例題 10　試設計四個齒輪之回歸輪系，系值為$\dfrac{1}{20}$，模數相同，齒數最少 15 齒。

解

$i = \dfrac{1}{20} = \dfrac{1}{4} \times \dfrac{1}{5}$

取第 1 組：$\dfrac{T_a}{T_b} = \dfrac{1}{4}$ 則$T_b = 4\,T_a$　　　　　　　　　　　　　　①

取第 2 組：$\dfrac{T_c}{T_d} = \dfrac{1}{5}$ 則$T_d = 5\,T_c$　　　　　　　　　　　　　　②

又因兩組輪中心距相等，因此$C = \dfrac{m(T_a + T_b)}{2} = \dfrac{m(T_c + T_d)}{2}$，即

$T_a + T_b = T_c + T_d$　　　　　　　　　　　　　　　　　　　　　　③

①、②式代入③得$5T_a = 6T_c$，取最小公倍數 30，則第 1 組應乘 6，第 2 組乘 5。即

$i = \dfrac{1}{20} = \dfrac{1 \times 6}{4 \times 6} \times \dfrac{1 \times 5}{5 \times 5} = \dfrac{6}{24} \times \dfrac{5}{25}$，因最少 15 齒，

因此$i = \dfrac{1}{20} = \dfrac{T_a}{T_b} \times \dfrac{T_c}{T_d} = \dfrac{18}{72} \times \dfrac{15}{75}$

$T_a = 18$，$T_b = 72$，$T_c = 15$，$T_d = 75$

$T_a + T_b = T_c + T_d = 90$，如圖 7-93 所示。

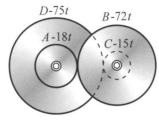

圖 7-93　設計四個齒輪之回歸輪系，系值為$\dfrac{1}{20}$，模數相同

例題 11

試設計四個齒輪組成之回歸輪系，系值為$\dfrac{1}{20}$，模數分別為 4 與 6，齒數最少 15 齒，求各輪齒數。

解

$\because i = \dfrac{1}{20} = \dfrac{1}{4} \times \dfrac{1}{5}$

取第 1 組$\dfrac{T_a}{T_b} = \dfrac{1}{4}$，則$T_b = 4\,T_a$　　　　　　　　　　　　①

取第 2 組$\dfrac{T_c}{T_d} = \dfrac{1}{5}$，則$T_d = 5\,T_c$　　　　　　　　　　　　②

又因兩組輪中心距相等，因此

$C = \dfrac{m_1\,(T_a + T_b)}{2} = \dfrac{m_2(T_c + T_d)}{2}$即$\dfrac{4(T_a + T_b)}{2} = \dfrac{6(T_c + T_d)}{2}$，

$2(T_a + T_b) = 3(T_c + T_d)$　　　　　　　　　　　　　　　　　　③

由①、②式代入③式得$10T_a = 18\,T_c$，取最小公倍數 90 則第 1 組乘 9，第 2 組乘 5，即

$$i = \frac{1}{20} = \frac{9}{4 \times 9} \times \frac{5}{5 \times 5} = \frac{9}{36} \times \frac{5}{25} = \frac{27}{108} \times \frac{15}{75}$$

$T_a = 27$，$T_b = 108$，$T_c = 15$，$T_d = 75$

而$T_a + T_b$不等於$T_c + T_d$，如圖 7-94 所示。

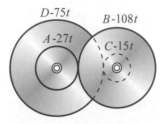

圖 7-94　設計四個齒輪組成之回歸輪系，系值為$\frac{1}{20}$，模數分別為 4 與 6

7-20 輪系之應用

傳動機構中，若中心距較遠，而又要變速換向或為了達成某種目的，則需要使用輪系，底下是輪系之應用實例。

1. 起動輪系

以複式齒輪系合成的起重機輪系，如圖 7-95 所示，雖然此種起重機不若蝸桿蝸輪的機械效率大，且較佔空間，但亦有實用價值，如鐵路平交道的手搖柵欄就是實例。圖中A、C為主動輪，B、D為從動輪。

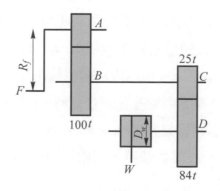

圖 7-95　起重輪系(複式齒輪系)

式中，輪系值 $i_{AD}=\dfrac{N_d}{N_a}=\dfrac{T_a\times T_c}{T_b\times T_d}$，依功能不變之原理，輸入＝輸出，則

$$F\cdot V_f= W\cdot V_w，F\cdot 2\pi R_f\times N_f= W\cdot \pi D_w\times N_w \tag{7.41}$$

即

$$\frac{F}{W}=\frac{V_w}{V_f}=\frac{\pi D_w N_w}{\pi D_f N_f}=\frac{D_w}{D_f}\times\frac{T_a\times T_c}{T_b\times T_d}\text{(因系值}=\frac{N_w}{N_f}=\frac{T_a\times T_c}{T_b\times T_d}\text{)} \tag{7.42}$$

例題 12

圖中，若 R_f=200mm，D_w=100mm，T_a=20 齒，T_b=80 齒，T_c=15 齒，T_d=60 齒，F=20kgf，摩擦損失 5%，則能舉起之重物 W=？kgf。

解

$$\frac{F}{W}=\frac{D_w}{D_f}\times\frac{T_a\times T_c}{T_b\times T_d}$$

$$\frac{20}{W}=\frac{100}{400}\times\frac{20\times 15}{80\times 60}=\frac{1}{64}$$

W=1280kgf

因效率為 95%，W=1280×0.95=1216kgf。

2. 切螺旋(紋)的輪系(Screw cutting train)

車床上切削螺紋，刀具裝在床鞍(Saddle)上，被導螺桿(Lead screw or ball screw)帶動。當所欲切削螺紋的導程(Lead)已定時，刀具的移動量須與工件的旋轉數成一定比例，也就是導螺桿的旋轉須與主軸的旋轉數成一定的比例。如圖 7-96 所示為車床切削螺紋的概略圖。圖中 A、B、C 及 D 為背齒輪回歸輪系，1、2、3 及 4 輪形成一換向輪系，4 稱為內短齒齒輪(Inside stud gear)，5 為外短齒齒輪(Outside stud gear)，4 及 5 兩輪連在一起旋轉，6 是一個惰輪或為中間齒輪(Intermediate gear)，7 是導螺桿齒輪(Screw gear)與導螺桿聯為一體。H 可以繞 7 的中心迴轉，以便更換 5、6、7 齒輪時，可確保換過的三個齒輪保持相嚙合。H 的位置可用螺母 M 來固定。

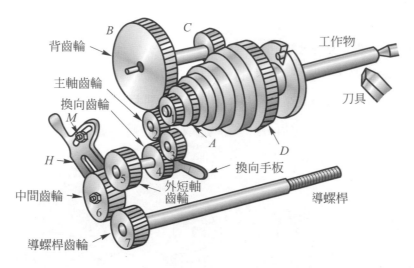

圖 7-96　車牙輪系

　　車床導螺桿旋轉時，刀架向一定方向前進一定之距離，主軸須迴轉一定之次數；例如車製每吋 12 牙(右旋)螺紋，當刀架向左移動一吋時，主軸須迴轉 12 次。至於所車螺紋之或左或右，須視主動輪與導螺桿中間軸之數目是奇數或偶數而定。

(1)　英制：$\dfrac{主動輪齒數}{從動輪齒數}=\dfrac{導螺桿每吋牙數}{工作物每吋牙數}$

(2)　公制：$\dfrac{主動輪齒數}{從動輪齒數}=\dfrac{工作物導程(Lead)}{導螺桿節距(Pitch)}$

例題 13　一車床導螺桿每吋 4 牙，欲車製 $M10\times1.5$ 的單線右螺旋 V 形螺紋時，試問如何配齒輪。

解

$\dfrac{主動輪齒數}{從動輪齒數}=\dfrac{工作物導程}{導螺桿節距}=\dfrac{1.5}{\dfrac{25.4}{4}}=\dfrac{6}{25.4}=\dfrac{30}{127}$(單式輪系)

圖 7-96 中，如 $T_5=30$ 齒，則 $T_7=127$ 齒。若採複式輪系則配對如下

$\dfrac{30}{127}=\dfrac{15\times2}{127}=\dfrac{15}{127}\times\dfrac{40}{20}$(複式輪系)

3. **換向輪系**

輪系中用來改變主動輪與從動輪的轉向的，主要是惰輪(Idler)或中間輪(Intermediate wheel)，如圖 7-97 中的(a)項 A、D 兩輪轉向相同，如車床車削右螺紋時使用，(b)項 A、D 兩輪轉向相反，如車床車削左螺紋時使用，而(c)項，則因惰輪與 A 輪未接觸，所以 D 輪靜止不轉，造成 A 輪空轉。如車床不切削螺紋時使用。其真正情形如(d)項所示。

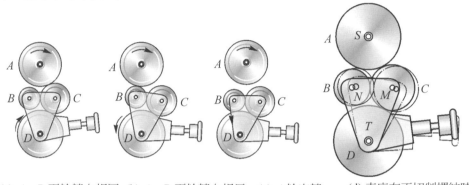

(a) A、D 兩輪轉向相同 (b) A、D 兩輪轉向相反 (c) A 輪空轉 (d) 車床在不切削螺紋時

圖 7-97 換向輪系

4. **回歸輪系(Reverted gear train)**

又稱背齒輪輪系，如圖 7-96 中所示的 A、B、C 及 D 四輪與圖 7-98 相同，其中原動輪 A 與從動輪 D 相重合，惟不連在一起旋轉者，圖中 A 輪 29 齒，B 輪 91 齒，C 輪 24 齒及 D 齒 66 齒，系值 $i_{AD} = 0.116$，A、B 兩輪之齒數和不等於 C、D 兩輪齒數之和。按 7-19 節輪系之計劃，當齒數和不同時，因中心距一定，則兩組齒輪之模數必不相同，若 A、B 輪模數為 3，則 C、D 輪之模數必為 4，此種輪系的特性有三：

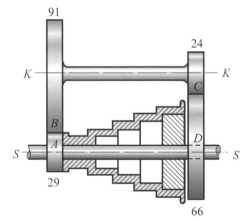

圖 7-98 回歸輪系(原動輪 A 與從動輪 D 相重合，惟不連在一起旋轉)

(1) 提供減速組的緊湊性，且可減少齒輪系所佔空間。

(2) 主動軸與從動軸成一直線，易於安裝其他零件。

(3) 減速比大、扭矩增加、適於重負荷。

5. 掛鐘輪系(Clock work train)

如圖 7-99 所示為一普通時鐘上之輪系，各輪附近之數字，代表齒輪之齒數。當鐘擺P每一秒擺動一次，與相連之錨形擒縱器 (Anchor escapement) O同時擺動，若鐘擺每兩秒擺動一次，卡子下的擒縱輪(Escape wheel)即迴轉一齒，此擺錘P往復擺動 30 次是一分鐘。當A旋轉一周，因為秒針S與A連為一體，S也隨著旋轉一周，(指示秒)，也就是A軸轉一周為一分鐘。分針M與C軸為一體，其輪系值$i_{SM}=\dfrac{N_m}{N_s}=\dfrac{8\times8}{64\times60}=\dfrac{1}{60}$，即秒針每旋轉 60 周，分針$M$旋轉一周。

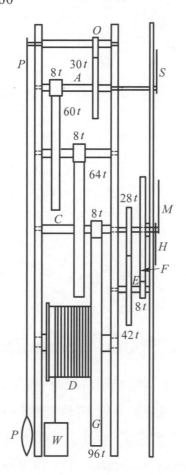

圖 7-99　掛鐘輪系(秒針每旋轉 60 周，分針 M 旋轉一周；分針 M 每旋轉 12 周，時針 H 旋轉一周)

鐘面上，裝有分針M與C軸相連，時針H與齒輪F，套在C軸上，利用中間軸(Intermediate shaft)E與C軸相連，輪系值$i_{MH}=\dfrac{N_h}{N_m}=\dfrac{28\times8}{42\times64}=\dfrac{1}{12}$，即分針$M$每旋

轉 12 周,時針 H 旋轉一周。

鼓輪(Drum)D,有發條,當時針 H 轉 12 周,鼓輪 D 只轉 1 周,所以 1 天鼓輪 D 轉 2 周,若 8 天上一次發條,則 D 上的繩有 16 圈。D 與 G 輪之間,用掣子(Click) 與 棘 輪(Ratchet)防 止 其 反 轉,當 D 上 發 條 時,G 輪 不 轉 動。H 到 D 的 系 值

$$i_{HD} = -\frac{64 \times 42 \times 8}{8 \times 28 \times 96} = -1 \text{ (H到D的轉速相同,轉向相反)}$$

6. 梳織機(Cotton card machine)

如圖 7-100 中,當知道 A 每分鐘一周時, 求 B 輪的轉速,用輪系值的關係,

$$i_{AB} = \frac{N_b}{N_a} = = \frac{135 \times 37 \times 130 \times 17}{17 \times 20 \times 26 \times 33} = 37.84,$$

$N_b = 37.84\text{rpm}$,若要求 B 輪與 A 輪的表面速度, 可用下式求出:

$$\frac{V_b}{V_a} = \frac{\pi D_b N_b}{\pi D_a N_a}$$
$$= \frac{10}{5.6} \times 37.84$$
$$= \frac{378.4}{5.6} = 67.6$$

若 $V_a = 1$ 公分/分,則 $V_b = 67.6$ 公分/分。

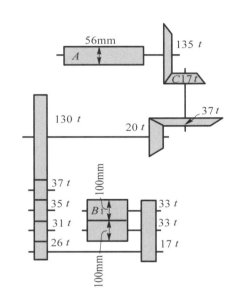

圖 7-100 梳織機

7-21 變速輪系(Speed transmission)

由原動軸至從動軸,將若干個齒輪組合成不同的輪系,可以無須改變原動軸的速度,使從動軸得到若干不同的速度。如車床的變速齒輪箱,為驅動床鞍作自動進刀或切螺紋之用。如圖 7-96 所示的 5、6 及 7 三輪。又如汽車的變速傳動等。普通小汽車都用三檔變速(Three speed transmission),重型車輛則用四檔變速。在三檔或四檔之外,另加倒車檔,以備倒車之用。如圖 7-101 所示。

1. 汽車變速

圖 7-101 中,齒輪 A 連動在汽車曲軸上,右邊有主離合器(Main clutch)之動力而轉動。A 套在傳動軸(Propeller shaft)P 上,可以空轉。齒輪 D 也套在 P 軸上,

可自由轉動，齒輪F與P軸，用鍵(Key)相連，使F輪可以在P軸上左右滑動，當F轉動時，經鍵帶動P軸旋轉。K為離合器(Clutch)，K可在P軸上左右移動，但因有鍵可共同旋轉，即K旋轉，必帶動P軸旋轉。

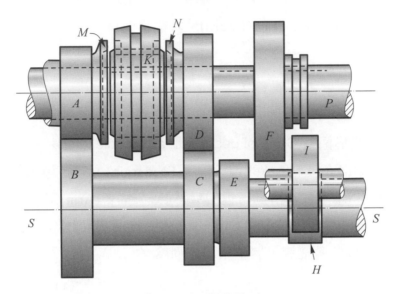

圖 7-101　變速輪系

B、C、E與H輪為S軸上的固定齒輪，S軸平行於P軸，I為惰輪，與H相配的齒輪I可在S軸上方另一軸上旋轉。A與B、C與D永遠嚙合。M、N是內齒輪，各固定在A與D輪上。

圖 7-101 中，離合器K在中央，正是空檔(Natural)位置。當A、B、C、D、E及H等輪在旋轉，P與F是靜止，P軸上所帶動的汽車大軸，因而靜止。

若將F輪左移與E嚙合，則由引擎曲軸(Crank)所傳來的動力經A→B→E→F→P→大軸。為低速檔(Low gear forward)其輪系值為

$$i_{AF} = \frac{N_f}{N_a} = \frac{T_a \times T_e}{T_b \times T_f}$$

若將F向右移至空檔位置，K向右移，使其與N之斜面相接觸，當K與N之轉速相同後，K右端內部之齒與N之齒相嚙合，則傳動順序為A→B→C→D→N→K→P→大軸為二檔(2nd speed forward)。其輪系值為

$$i_{ap} = \frac{N_p}{N_a} = \frac{T_a \times T_c}{T_b \times T_d}$$

若將K向左移，使K與M相配，則傳動次序為$A \to M \to K \to P \to$大軸為三檔(3rd speed forward)為高速檔，$i_{AP} = \dfrac{N_p}{N_a} = 1$，即P軸與A輪轉速相同。

若將K移在中立位置，F向右移至與I輪相配，則因I為惰輪，則P與A輪之轉向相反，是為倒車檔(Reverse of backward)，其輪系值為

$$i_{AP} = \frac{N_p}{N_a} = -\frac{T_a}{T_b} \times \frac{T_h}{T_f} (負表A、P兩軸轉向相反)$$

即$A \to B \to H \to I \to F \to P \to$大軸。

2. **可調整惰輪的塔形齒輪**(Cone of gears with adjustable idler)

圖 7-102 中為一般工具機的進給輪系(Feed train)，S為原動軸，齒輪A用鍵與S軸相連，可在S軸上左右滑動，但與S軸同轉。搖臂(Arm)用來推動A與I左右滑動，使I輪與T軸上的塔形齒輪(Cone gears)相配，則T軸的轉速因有 11 個階級齒輪的關係，因此 11 種變速，其輪系值分別為

$$i_1 = \frac{32}{32} = 1 \text{，} i_2 = \frac{32}{36} \text{，} i_3 = \frac{32}{38} \text{，} i_4 = \frac{32}{40} \text{，} i_5 = \frac{32}{44} \text{，}$$
$$i_6 = \frac{32}{46} \text{，} i_7 = \frac{32}{48} \text{，} i_8 = \frac{32}{52} \text{，} i_9 = \frac{32}{56} \text{，} i_{10} = \frac{32}{60} \text{，} i_{11} = \frac{32}{64} \text{。}$$

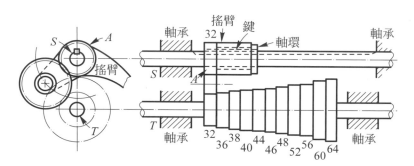

圖 7-102　塔形齒輪

例題 14

圖 7-103 中，A輪為 25 齒，B輪為 50 齒，C、D輪外徑為 200 及 600mm，E與F輪各為 32 及 96 齒，當A以 360rpm 之角速逆轉時，求D與F輪之速率。

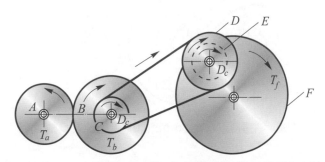

圖 7-103　A以 360rpm 之角速逆轉時，求 D 與 F輪之速率

圖 7-104 中，若$N_a = 2000$rpm 逆轉，則蝸輪N_f的轉速為何？

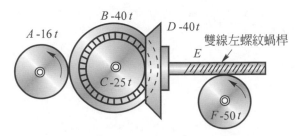

圖 7-104　$N_a = 2000$rpm 逆轉，求蝸輪N_f 的轉速

解

$$i_{AF} = \frac{N_f}{N_a} = \frac{T_a \times T_c \times 蝸桿紋數}{T_b \times T_d \times T_f},$$

$$\frac{N_f}{-2000} = \frac{16 \times 25 \times 2}{40 \times 40 \times 50}$$

$N_f = -20(\text{rpm})(\text{負表逆轉})$

例題 15　圖 7-105 中之複式輪系，設主動輪N_a = 35rpm(順時)，齒數如圖所示，試求C輪之轉速為何？

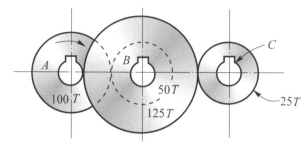

圖 7-105　主動輪N_a = 35rpm(順時)，試求 C 輪之轉速

解

因A到C輪之輪系值

$$i_{AC} = \frac{N_c}{N_a} = \frac{N_c}{35} = \frac{100 \times 125}{50 \times 25} = 10$$

$N_c = 350\text{(rpm)}$(順時)

7-22　周轉輪系(Eplicyclic trains)

　　周轉輪系乃一輪中，有一輪軸或數輪軸與該輪系中之一個固定軸間有相對運動者。換言之，一輪系中，如有一旋臂(Turning arm)繞一固定軸迴轉，其上又支持它軸，使它輪依此固定輪而迴轉者，則此輪系謂之周轉輪系。如圖 7-106 及 7-107 所示，周轉輪系可以為單式的複數的，也可以為迴歸的(Reverted)。

　　所謂一個齒輪的絕對轉數乃是指該輪上，任一直線的絕對角位移而言，而不問其旋轉所圍繞的軸線為何，輪系值

$$i = \frac{末輪轉速-搖臂轉速}{首輪轉速-搖臂轉速} = \frac{主動輪齒數乘積}{從動輪齒數乘積}$$
$$= \frac{末輪與搖臂之相對速度}{首輪與搖臂之相對速度}$$

1. 正齒輪周轉輪系

　　如圖 7-106 中所示，B扣在搖臂m上，與m旋轉，當m旋轉一周時，B也隨著旋轉一周。

　　但圖 7-107 中，A輪B輪齒數成 3 與 1 之比，當A輪固定不動時，若在B輪上做一記號朝上，當B轉90°時輪上記號又朝上(即表示已轉了一圈)當其再轉90°時B輪記號又朝上(又表轉了一

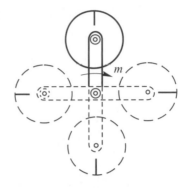

圖 7-106　正齒輪周轉輪系，搖臂與B同轉

圈)依此類推，當B轉360°時，記號朝上的有四次，即表已轉了四圈。若依公式演算即得：

$$i_{AB}=\frac{N_b-N_m}{N_a-N_m}=\frac{-T_a}{T_b}\ ;\ \frac{N_b-1}{0-1}=-3\ ,\ N_b-1=3\ ,\ N_b=4(轉)$$

若依列表法之運動件運動分析得解如下：

機件名稱	A	B	m
A、B輪與搖臂m同轉	1	1	1
搖臂(m)固定不轉 (則為普通輪系)	-1	$Nb=-1\left(-\dfrac{T_a}{T_b}\right)=3$	0
綜合結果上列 兩行相加	0(已知)	4(得解)	1(已知)

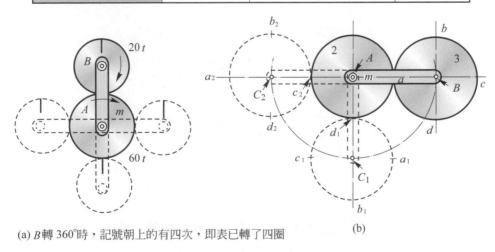

(a) B轉 360°時，記號朝上的有四次，即表已轉了四圈

圖 7-107　正齒輪周輪系(A 輪固定)

　　求解周轉輪系之角速度問題時，無論用何種方法，其迴轉方向之符號，必須特別注意，若設順時針方向迴轉(右旋)為正，則反時針方向迴轉為負。而輪系值之符號與計算結果亦有關係。通常恆以首末兩輪之迴轉方向相同時為正，相反則定為負。一般分為單式周轉輪系與複式周轉輪系，如圖 7-108(a)及(b)所示。

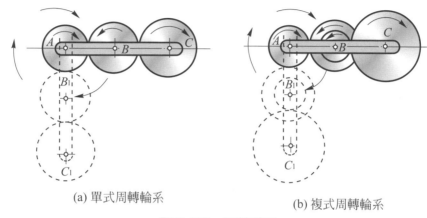

(a) 單式周轉輪系　　　　　　(b) 複式周轉輪系

圖 7-108　周轉輪系

2. 絕對角速度與相對角速度

例題 16

在周轉輪系中，所謂某輪之絕對角速度指該輪對固定軸之迴轉數，至於相對角速度乃指該輪對搖臂之迴轉數，即絕對角速度與搖臂角速度之差。如圖 7-109 中，B輪右轉 50rpm，搖臂m向左旋轉 30rpm，若齒輪B、C、D及E之齒數依次為 60、30、60 及 15，試求齒輪E之絕對角速度。

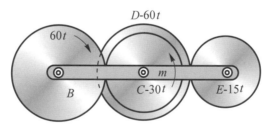

圖 7-109　試求齒輪E之絕對角速度

解

$i_{BE} = \dfrac{N_e - N_m}{N_b - N_m} = \dfrac{T_b \times T_d}{T_c \times T_e}$，已知$N_b = 50$rpm，$N_m = -30$(rpm)

因此 $i_{BE} = \dfrac{N_e - (-30)}{50 - (-30)} = \dfrac{60 \times 60}{30 \times 15} = 8$，$N_e + 30 = 640$，$N_e = 610$(rpm)(順)

3. 正齒輪周轉輪系之應用(Application of epicyclic trains)

例題 17

圖 7-110 中，A為固定之內齒輪，求當B輪以 80rpm 之角速順時迴轉時，則搖臂m及E輪的轉速為何？

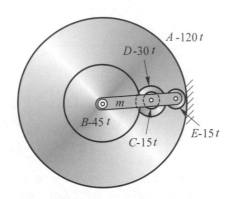

圖 7-110 B輪以 80rpm 之角速順時迴轉時，則搖臂 m 及E輪的轉速為何

解

$$i_{BA} = \frac{N_a - N_m}{N_b - N_m} = \frac{T_b \times T_d}{T_c \times T_a} , \quad \frac{0 - N_m}{80 - N_m} = \frac{45 \times 30}{15 \times 120} = \frac{3}{4} , \quad -4N_m = 240 - 3N_m$$

$$N_m = -240 \text{(rpm)}(負表逆時轉)$$

$$i_{BE} = \frac{N_e - N_m}{N_b - N_m} = \frac{T_b \times T_d}{T_c \times T_e} , \quad \frac{N_e - (-240)}{80 - (-240)} = \frac{45 \times 30}{15 \times 15} = 6 ,$$

$$N_e + 240 = 1920 , N_e = 1680 \text{(rpm)}(順轉)$$

例題 18

周轉輪系如圖 7-111 所示，m搖臂之轉速為 + 3rpm，A輪為 -2rpm，則B輪轉速為何？

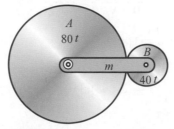

圖 7-111 搖臂 m 之轉速為 + 3rpm，A輪為 -2rpm，試求B輪轉速

解

輪系值 $i_{AB} = \dfrac{N_b - N_m}{N_a - N_m} = -\dfrac{T_a}{T_b}$ ，$\dfrac{N_b - 3}{-2 - 3} = -\dfrac{80}{40} = -2$ ，則得

$N_b = 13$(rpm)。

列表法

機件名稱	A	B	m
A、B輪與搖臂m同轉	3	3	3
搖臂固定不轉	-5	$N_b = \dfrac{N_a T_a}{T_b} = \dfrac{-5 \times 80}{40} = 10$ (此時$N_a = -5$)	0
綜合結果	$-5 + 3 = 2$ (已知)	$10 + 3 = 13$ 此為B輪之轉速	$3 + 0 = 3$ (已知)

例題 19

圖 7-112 中A輪固定不動，$N_e = 90$rpm(逆時)，試求B輪轉速為何？並求C輪轉速。

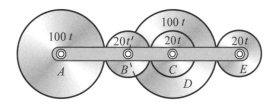

圖 7-112　$N_e = 90$rpm(逆時)，試求B輪及 C 輪轉速

解

$i_{AE} = \dfrac{N_e - N_m}{N_a - N_m} = \dfrac{-T_a \times T_d}{T_c \times T_e}$ ，$i_{AE} = \dfrac{-90 - N_m}{0 - N_m} = -\dfrac{100 \times 100}{20 \times 20} = -25$ ，

$25 N_m = -90 - N_m$ ，則$N_m = -\dfrac{45}{13}$(rpm)

$i_{AB} = \dfrac{N_b - N_m}{N_a - N_m} = -\dfrac{T_a}{T_b}$ ，$\dfrac{N_b + \dfrac{45}{13}}{0 + \dfrac{45}{13}} = -5$ ，則$N_b = -20.77$(rpm)

$$i_{AC} = \frac{N_c - N_m}{N_a - N_m} = \frac{T_a}{T_c} \quad , \quad \frac{N_c + \frac{45}{13}}{0 + \frac{45}{13}} = 5 \quad , \quad N_c + \frac{45}{13} = \frac{+225}{13} = 13.84$$

$$N_c = \frac{+180}{13} = 13.84 \text{(rpm)}$$

例題 20

如圖 7-113 中之太陽行星輪系(Sun and plant wheel)，其為二齒輪之周轉輪系。旋臂用固定槽G代替。G使二齒輪密切嚙合。B為發動機軸，2輪固定在B軸上，4為連桿(Link)，齒輪3固定在機件4上。設齒輪 3 與 2 齒數相等，所以輪系值為−1，若BC臂旋轉一周，求發動機B軸的轉速(即N_2的角速)。

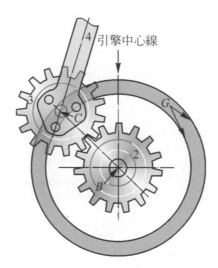

圖 7-113　太陽行星輪系

解

因 $i_{23} = \frac{N_3 - N_{bc}}{N_2 - N_{bc}} = -1$ ， $\frac{0-1}{N_2-1} = -1$ ， $0-1 = -N_2 + 1$ ， $N_2 = 2$ ，即

發動機B轉 2 周，齒輪 3 繞B軸轉一周。

例題 21

如圖 7-114 中齒輪 2、3、4、5 及 6 輪的齒數分別標於圖上，A 為旋臂。3 為惰輪，搖臂 A 繞 B 軸轉動，求搖臂 A 轉 1 周時，則 4、5 及 6 輪之轉數。

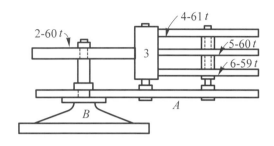

圖 7-114　搖臂 A 轉 1 周時，試求 4、5 及 6 輪之轉數

解

代數法

$$i_{24}=\frac{N_4-N_a}{N_2-N_a}=\frac{T_2}{T_4}\text{ , }\frac{N_4-1}{0-1}=\frac{60}{61}\text{ , }N_4=\frac{1}{61}(順轉)$$

$$i_{25}=\frac{N_5-N_a}{N_2-N_a}=\frac{T_2}{T_5}\text{ , }\frac{N_5-1}{0-1}=\frac{60}{60}\text{ , }N_5=0(不轉)$$

$$i_{26}=\frac{N_6-N_a}{N_2-N_a}=\frac{T_2}{T_6}\text{ , }\frac{N_6-1}{0-1}=\frac{60}{59}\text{ , }N_6=-\frac{1}{59}(順轉)$$

列表法

機件種類	A	2	4	5	6
所有齒輪與搖臂 A 同轉	$+1$	$+1$	$+1$	$+1$	$+1$
搖臂固定不轉	0	-1	$-1\times\frac{60}{61}$	$-1\times\frac{60}{60}$	$-1\times\frac{60}{59}$
綜合結果	$+1$(已知)	0(已知)	$\frac{1}{61}$	0	$-\frac{1}{59}$

例題 22

圖 7-115 中為三重滑車(Triple pulley block)之應用圖，手鏈輪 2 用銷子固定在 S 軸上，齒輪 3 也固定在 S 軸上，3 輪與 4 輪嚙合，但 4 與 6 輪為同一體，並套在 M 軸上，可自由轉動，旋臂 A 固定在套筒 5 上。起重鏈輪(Load chain) 5 與搖臂 A 相連，A 與 5 又套在 S 軸上，6 與內齒輪(Annular gear) 7 相配，7 固定在吊鉤上，不轉動，此種結構，正是周轉輪系。其動作順序如下：手拉鏈條 2→軸 S 轉動→齒輪 3 轉動→4 與 6 轉動→7 固定不動，則 A 轉動帶輪 5 轉動，此時重物鏈條上升。轉系值 $i_{37}=\dfrac{N_7-N_a}{N_3-N_a}=-\dfrac{T_3\times T_6}{T_4\times T_7}$。

若主動鏈輪 2 轉一轉／分，則鏈輪 5 之轉數／分為

$i_{37}=\dfrac{N_7-N_a}{N_3-N_a}=\dfrac{N_7-N_5}{N_2-N_5}$ ($N_5=N_a=$搖臂，$N_2=N_3=$主動輪)即

$\dfrac{0-N_5}{1-N_5}=\dfrac{-T_3\times T_6}{T_4\times T_7}=\dfrac{13\times 12}{31\times 49}$

($T_3=13$齒，$T_4=31$齒，$T_6=12$齒，$T_7=49$齒)，

$0-N_5=-\dfrac{13\times 12}{31\times 49}+N_5\left(\dfrac{13\times 12}{31\times 49}\right)$，

$N_5=\dfrac{\dfrac{13\times 12}{31\times 49}}{1+\dfrac{13\times 12}{31\times 49}}=\dfrac{156}{31\times 49}\times\dfrac{31\times 49}{1675}=\dfrac{156}{1675}$

若手鏈輪節徑 10 公分，重物鏈輪 5 的節徑為 4 公分，則重物 1000 公斤則施力 F 為多少公斤？

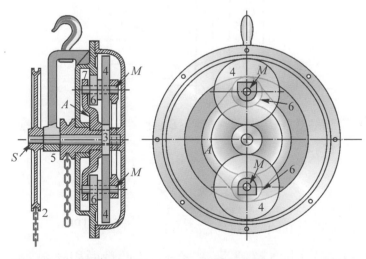

圖 7-115　三重滑車(手拉鏈條 2→軸 S 轉動→齒輪 3 轉動→4 與 6 轉動→7 固定不動)

解

因 $\dfrac{F}{W} = \dfrac{V_w}{V_f} = \dfrac{\pi D_w N_w}{\pi D_f N_f} = \dfrac{4}{10} \times \dfrac{N_5}{N_2} = \dfrac{4}{10} \times \dfrac{\frac{156}{1675}}{1} = \dfrac{624}{16750}$,

因 $W = 1000$ 公斤，則 $F = \dfrac{W \times 624}{16750} = \dfrac{1000 \times 624}{16750} = 37.25 \text{(kgf)}$

例題 23

如圖 7-116 所示之回歸周轉輪系，搖臂 A 固定於 B 軸上，另一軸 C 則固定在搖臂上，齒輪 2、3 及 4 連成一體，並套在 C 軸上自由運轉，齒輪 5 與軸套 D 相連，並套在 B 軸上，齒輪 6 與軸套 E 相連，並套在 D 軸上，齒輪 7 則與軸套 F 相連。

運動次序如下：

(1)　將 E 固定不動，A 為主動件，則順序為 6→3→2→5→D。

(2)　若 F 固定不動，A 仍為主動件，則順序為 7→4→2→5→D。

設 $N_a = 1\text{rpm}$，E 輪若固定不動，7 可以自由轉動，則 $N_5 = ?$

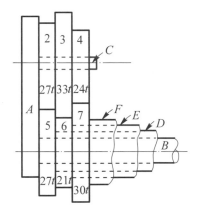

圖 7-116　回歸周轉輪系(搖臂 A 固定於 B 軸上，另一軸 C 則固定在搖臂上，齒輪 2、3 及 4 連成一體)

解

$i_{65} = \dfrac{N_5 - N_a}{N_6 - N_a} = \dfrac{T_6 \times T_2}{T_3 \times T_5}$, $\dfrac{N_5 - 1}{0 - 1} = \dfrac{21 \times 27}{33 \times 27} = \dfrac{7}{11}$, $N_5 = \dfrac{4}{11}\text{rpm}$

即當搖臂轉 1 周／分，則 5 輪轉 $\dfrac{4}{11}$ 周／分，兩輪轉向相同。

例題 24

設 $N_a = 1$ rpm，F 輪若固定不動，6 可以自由轉動，則上例 $N_5 = ?$

解

$$i_{75} = \frac{N_5 - N_a}{N_7 - N_a} = \frac{N_7 \times T_2}{T_4 \times T_5} , \frac{N_5 - 1}{0 - 1} = \frac{30 \times 27}{24 \times 27} = \frac{5}{4}$$

$$4N_5 - 4 = -5$$

$$N_5 = -\frac{1}{4}(\text{rpm})(負表與 A 輪轉向相反)$$

例題 25

圖 7-117 中之周轉輪系，齒輪 A 有 54 齒，齒輪 B 有 14 齒，齒輪 C 有 28 齒，齒輪 D 有 12 齒，求齒輪 D 與搖臂 E 的輪系值為若干？

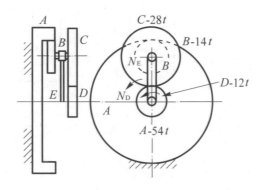

圖 7-117　求齒輪 D 與搖臂 E 的輪系值為若干

解

$$\because i_{AD} = \frac{N_d - N_e}{N_a - N_e} = \frac{T_a \times T_c}{T_b \times T_d} , \frac{N_d - N_e}{0 - N_e} = -\frac{54 \times 28}{14 \times 12} = -9$$

$$N_d - N_e = 9N_e$$

$$N_d = 10N_e，即 \frac{N_d}{N_e} = 10$$

7-23 斜(傘)齒輪周轉輪系(Epicyclic bevel trains)

一個斜(傘)齒輪周轉輪系,可爲由正齒輪周轉輪系演變而來。如圖 7-118 所示的輪系。搖臂m向上彎曲,就成爲斜(傘)齒輪周轉輪系。若固定A輪,將m旋轉一周,就不能說B輪旋轉了幾周,因爲B輪旋轉軸線,其方向可隨時改變,其角速度是一個向量,不能當作無向量來計算。故在解斜(傘)齒輪周轉輪系問題時,總得先認清由某一輪到某一輪是普通輪系,由某一輪到某一輪是周轉輪系,勿使混淆。如圖 7-119,爲一斜(傘)齒輪周轉輪系,兩斜(傘)齒輪 4 及 5 與套筒(Sleeve)相連,並可在B軸上自由轉動,B軸的十字接頭A裝有 2 個惰輪 6,因斜(傘)齒輪 4 及 5 相同,齒輪 6 有兩個,因此從 4→5 的輪系值$i_{45} = -\dfrac{T_4}{T_5} = -1$。圖中 2 爲搖臂,3 爲原動輪且與齒輪 4 相連接。齒輪 5 爲從動件且與齒輪 7 相連接。

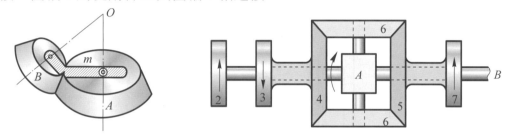

圖 7-118　斜(傘)齒輪周轉輪系　　　　圖 7-119　斜(傘)齒輪周轉輪系

例題 26

圖 7-120 中,E斜(傘)齒輪與D連在一起,H斜(傘)齒輪與S軸連在一起,A、B、C及D爲普通輪系,m、D、E、F、G及H是周轉輪系,若$N_a = 100$rpm,由左側所見A輪爲順時旋轉,則H輪的轉速及轉向爲何?

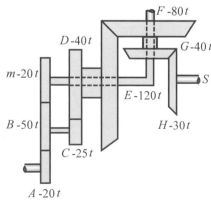

圖 7-120　A輪爲順時旋轉,則 H 輪的轉速及轉向爲何

解

(1) 由 A、B 及 m 單式輪系中，$\dfrac{N_m}{N_a}=\dfrac{20}{20}$，$N_m=N_a=100\text{rpm}$。

(2) 由 A、B、C 及 D 複式輪系中，$\dfrac{N_d}{N_a}=\dfrac{N}{100}=\dfrac{T_a\times T_c}{T_b\times T_d}=\dfrac{20\times 25}{50\times 40}$，

求得 $N_d=25$ rpm，$N_e=N_d$。

由 m，D，E，F，G 及 H 周轉輪系中 $i_{EH}=\dfrac{N_h-N_m}{N_e-N_m}=\dfrac{T_e\times T_g}{T_f\times T_h}=-\dfrac{120\times 40}{80\times 30}=-2$

$N_h=250\text{rpm}$。

7-24 斜(傘)齒輪差速輪系

　　汽車發動機的功率是經過車身底下的傳動軸傳給後輪軸，使兩個後輪軸在地面上滾轉而推動車身前進的。若後輪軸做成整個的一根，則車身勢必不能轉彎，必須將後輪軸做成左右兩段，使得當車身向左轉時，左輪轉數少，右輪轉數多。但是如何才能用傳動軸來驅動這兩段後輪軸，這就需要利用底下之原理及差速斜(傘)齒輪的裝置。如圖 7-121 及 7-122 所示。

　　如圖 7-121(a)中，若 A 輪順時轉一圈，則 B 與 C 齒條分別下降或上升一個 A 輪周長。

　　圖 7-121(b)中，A 輪固定(不迴轉)，若提升一個 A 輪周長，則 B 與 C 齒條皆上升一個 A 輪周長。

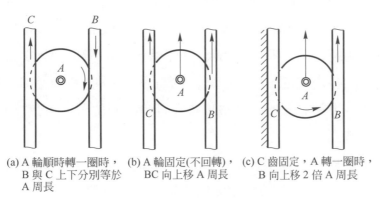

(a) A 輪順時轉一圈時，B 與 C 上下分別等於 A 周長　(b) A 輪固定(不回轉)，BC 向上移 A 周長　(c) C 齒固定，A 轉一圈時，B 向上移 2 倍 A 周長

圖 7-121　斜(傘)齒輪差速輪系

但在圖 7-121(c)中，若將C齒固定，則A輪旋轉一圈並將其提升一個A輪周長，則B齒條就能上升二個A輪之周長，斜齒輪差速裝置，即利用此原理設計出來。

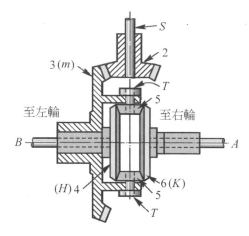

圖 7-122　斜(傘)齒輪差速輪系

由圖 7-122 中，由H到K的系值是−1，A、B兩輪與斜(傘)齒輪H及K連為一體，S軸由引擎傳來動力，斜(傘)齒輪 2 與S軸相連，2 與齒輪 3 相嚙合，齒輪 3 套在斜(傘)齒輪 4 的B軸上，4 與B軸相連，直至左後輪，齒輪 3 的凸出部份裝有短軸T，5 在T軸上自由轉動，並與斜(傘)齒輪 6 相配，6 與A軸相連，直至右後輪。

汽車若直線前進，則 S→2→3，所有其他齒輪與 3 旋轉，左右兩輪轉速相同。

若汽車左轉彎，則B軸的轉速慢，此時齒輪 4 為主動輪，T為搖臂m，則因

$$i_{36} = \frac{N_6 - N_m}{N_4 - N_m}，\quad -1 = \frac{N_6 - N_m}{N_4 - N_m}，\quad N_6 + N_4 = 2N_m$$

即左右輪轉速和為搖臂轉速的 2 倍。若$N_m = 1$，$N_4 = 0$，則$N_6 = 2$，即右輪向前轉兩周，搖臂N_3只轉一周。

例題 27

圖 7-123 為水輪調節器(Water-wheel governor)，A為主動錐形帶輪，B為從動錐形帶輪，另用一球形調節器(Ball governor)，以槓桿控制皮帶在A與B間的位置。當$x = y$即表皮帶在中間位置，齒輪 2 與 3 轉速相同，但方向相反。F不轉，C也不轉。當$y > x$，則F與齒輪 2 的轉向相反，C向上轉動。當$y < x$，則F與齒輪 2 的轉向相反，C向下轉動。所以調整皮帶在帶輪中的位置，可以控制C輪的轉速與轉向。

當皮帶下降至$y < x$，若$N_a = 25$rpm，$N_c = 1$rpm(如圖示之方向)，則$y/x = ?$並決定用開口皮帶或交叉皮帶。

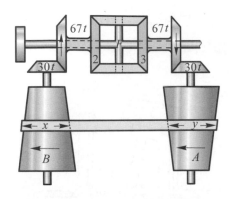

圖 7-123 　水輪調節器

解

設齒輪 2 為主動輪

則$i_{A3}=\dfrac{N_3}{N_a}=\dfrac{30}{67}$，則$N_3=\dfrac{30}{67}\times25$(方向朝下)

$i_{A2}=\dfrac{N_2}{N_a}=\dfrac{y}{x}\times\dfrac{30}{67}$

$N_2=N_a\times\dfrac{y}{x}\times\dfrac{30}{67}=25\times\dfrac{y}{x}\times\dfrac{30}{67}$(方向朝上)因$i_{23}=-1$

若$N_c=1$向下傳動代入上式

得$i_{23}=\dfrac{N_3-N_c}{N_2-N_c}$，

$$-1=\dfrac{25\times\dfrac{30}{67}-1}{25\times\dfrac{30}{67}\times\dfrac{y}{x}-1}$$

$$\dfrac{y}{x}=-\dfrac{25\times\dfrac{30}{67}-2}{25\times\dfrac{30}{67}}=-\dfrac{308}{375}$$

負表 2 輪與 3 輪轉向相反，而 B 輪與 A 輪轉向相同，所以應用開口皮帶。

例題 **28**

圖 7-124 為一雙周轉輪系(Double epicyclic bevel train)當 2 輪固定不動，5 輪(即S軸轉一圈時)，7 輪轉幾圈。

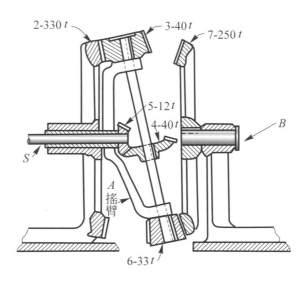

圖 7-124　雙周轉輪系

解

(1)　S軸→5→4→3→2→使搖臂A轉動。

(2)　當搖臂A轉動→2→3→6→7→B軸運動，其中 2 為固定輪，輪 5 固定在S軸上。

因 $i_{5432} = \dfrac{N_2 - N_a}{N_5 - N_a} = -\dfrac{T_5 \times T_3}{T_4 \times T_2} = -\dfrac{12 \times 40}{40 \times 203} = -\dfrac{4}{101}$，因 $N_2 = 0$，代入上式，

得 $\dfrac{0 - N_a}{1 - N_a} = -\dfrac{4}{101}$，即 $N_a = \dfrac{4}{105}$

再利用輪系 2→3→5→7 則

$i_{2367} = \dfrac{N_7 - N_a}{N_2 - N_a} = \dfrac{T_2 \times T_6}{T_3 \times T_7}$，$\dfrac{N_7 - \dfrac{4}{105}}{0 - \dfrac{4}{105}} = \dfrac{9999}{10000}$

$N_7 = \dfrac{1}{262500}$，即 5 輪 1 轉，則 7 輪只轉 $\dfrac{1}{262500}$ 轉。

▶ check! 習題七

1. 兩輪的中心距為 15 吋，一輪軸帶有 40 齒，徑節為 2 的齒輪，用以推動另一轉速為 350rpm 的齒輪，以 40 齒的齒輪其轉速為何？

2. 若一齒輪模數為 5mm，齒背隙為周節的 1/20，試問齒厚為多少 mm？

3. 兩相外切嚙合之正齒輪，其中心相距 20 吋，徑節為 4，如一輪每分鐘之迴轉數為其他一輪之三倍，則兩輪之齒數應為若干？

4. 使齒數為 30 及 80 及周節為 12.56mm 之一對齒輪相互內切，試求兩輪軸之中心距離為多少 mm？

5. 用三螺線之蝸桿與一 42 齒之蝸輪相嚙合，若欲使蝸輪每分鐘迴轉 2 次，問蝸桿每分鐘之迴轉數應為若干？

6. 假設已知 Fellows 齒制的徑節為 6/8，其齒數為 48，試問其外徑及根徑各為多少吋？

7. AB 兩輪軸間之距離為 76mm，齒輪以 A 為主動輪，B 為從動輪，假定速比 $\dfrac{N_a}{N_b} = 2$，輪齒周節 $P_c = 7.97$mm 時，兩輪之齒數應為多少齒？

8. 有一齒輪，轉速為 100rpm，其所嚙合之另一齒輪對此齒輪加以 400 磅吋之力矩，問至少需要若干馬力方能維持此一齒輪之傳動作用？

9. 設計一對漸開線正齒輪，將 A 軸之傳力傳至平行軸 B，兩軸之中心距離為 6 吋，軸 A 與軸 B 之轉速比為 1:5，此對齒輪將用滾刀(Hob)滾製之。工具室中備有滾刀之 徑 節(Diametral pitch)為 1.5、2、2.5、3、3.5、4、5、6、7、8、9、10、11、12、14、16、18、20、22、24、26、28 及 30。

10. 兩個隨意求取之齒輪要互相嚙合使用時，這兩個齒輪之間必須要有何條件。(依漸開線及擺線齒分別說明)

11. 甲乙兩個外接齒輪，其軸心相距 40cm，甲齒輪有 40 齒，模數為 12，甲輪驅動乙輪，使乙輪產生每分鐘 300 轉之轉速，則甲輪之迴轉速是每分鐘多少轉？

12. 已知一齒輪有 24 齒，徑節為 4，齒頂高 $= \dfrac{1}{\text{徑節}}$ 吋，底隙為齒頂高的 1/8，背隙是周節的 1/50，求節徑、齒頂圓直徑、齒深、齒背隙以及齒厚-齒間的寬度(求到小數點第 3 位)為多少吋？

13. 一對外切正齒輪，輪 2 有 12 齒，推動一徑節爲 4 的另一齒輪 4，齒輪 2 與齒輪 4 的速比爲 2。兩齒輪爲壓力角爲14.5°的布朗-沙普混合齒。求齒輪 2 與 4 的節圓直徑，齒頂圓及齒根圓直徑，並在各齒輪上簡單畫出兩齒接觸的節點，並且指出齒面、齒腹和節點。

14. 兩齒輪 2 和 4，外切各有 20 及 40 齒，中心距爲 90mm，齒頂高等於模數，底隙等於 0.25 倍的模數，兩輪的中心在同一直線上，畫出並算出兩輪之節徑，齒頂圓及齒根圓直徑爲多少 mm？

15. 已知一漸開線齒輪有 30 齒，模數爲 2.5mm，壓力角爲20°如果與另一模數相同的齒輪嚙合運轉，其漸近弧和漸遠弧各等於周節，找出壓力角相同而能嚙合的最小齒輪齒數。

16. 漸開線齒輪其壓力角爲14.5°，一徑節爲 2 齒數爲 30 的齒輪，以推動一齒條，漸近弧可以多長？漸遠弧可以等於周節嗎？爲何？

17. 一漸開線齒輪有 21 齒，徑節爲 3，壓力角爲14.5°，齒頂圓直徑爲 7 又 1/2 吋，畫出齒輪的基圓與節圓直徑？兩齒輪若齒數相同，而外切，其中心距爲 7 又 1/4 吋，是否可以嚙合？

18. 一標準壓力角14.5°的全深齒漸開線齒輪，徑節爲 6，齒數爲 32，如欲推動另一 64 齒之齒輪，試問是否會干涉？請繪圖之。若以 16 齒的齒輪，推動 64 齒的齒輪，則是否也會干涉？

19. 一徑節 4，齒數 16 的齒輪與一有 48 齒的齒輪嚙合，壓力角爲14.5°的全深齒漸開線齒輪，試問全部作用中，齒廓曲線都是漸開線嗎？找出並指出標準齒冠的接觸路和眞正漸開線的齒冠的接觸路。

20. 一擺線齒輪有 12 齒，推動一 18 齒，徑節爲 3 的齒輪，二齒輪皆爲徑向齒腹，齒冠相等且等於模數，無齒隙與齒間隙，小輪軸的中心在垂直線上且在大輪輪軸中心之上
    (1) 畫出各齒輪的節徑，齒冠，齒根和描述圓之尺寸。
    (2) 標示出接觸路及尺寸。
    (3) 畫出漸近弧，漸遠弧和作用角。

21. 一螺旋齒輪(斜齒)有 26 齒，在螺旋之垂直面上其法徑節爲 3，螺旋角爲30°，求出節圓柱的直徑和螺旋的導程。

22. 一個 30 齒的正扭螺旋(斜)齒輪，其法周節為 4/3 吋，螺旋角為30°，試決定其徑向平面上的節徑，周節，徑節和法徑節及其導程。

23. 一個三線蝸桿推動一 72 齒的齒輪，蝸桿的節徑為 4 吋，螺距為 1.5 吋，求出導程角、速比、蝸輪的節徑和兩心間的距離。

24. 圖(a)中之四個斜齒輪組成之輪系，若末輪N_D轉速為 50rpm，A輪固定，試問臂桿m之轉速為何？

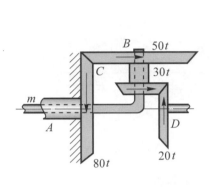

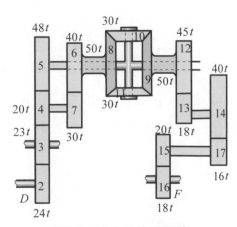

圖(a)　四個斜齒輪組成之輪系　　　　　圖(b)　試求齒條的速度

25. 圖(b)中A軸之轉速為 120rpm，方向如圖示，利用皮帶以帶動B軸。B軸經一對齒輪帶動C軸，當B輪轉 3 次則C輪亦轉 3 次，齒輪 2 有 26 齒，齒輪 3 有 78 齒，F軸帶動一有 12 齒的斜(傘)齒輪，此輪再帶動G軸上 120 齒的齒輪，G軸的齒輪 4，其徑節為 4，齒數為 16，以帶動齒條，求齒條的速度為m/min？運動方向為向左或向右？

26. 圖(c)中，若D輪轉速為 36rpm，則F輪的轉速為何？

圖(c)　試求F 輪的轉速

27. 圖(d)中，為一拉床之裝置，A軸與一直徑 48 公分之帶輪連接，並用皮帶以傳動另一直徑 24 公分之帶輪，後者的速度為 150rpm，2 及 4 輪均為 12 齒，3 及 5 輪均為 60 齒，6 輪與 5 輪連在一起，齒輪 6 共有 10 齒，而周節為 15.7mm，與齒條 7 嚙合，求齒條 7 的速度為每分若干公尺？

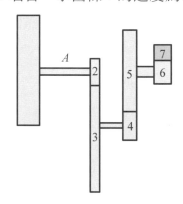

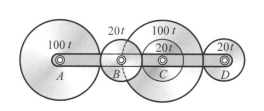

圖(d)　試求齒條 7 的速度　　　　　　　　　圖(e)　試求B輪轉速

28. 圖(e)中，A輪固定不動，$N_D = 90$rpm(逆時)，試求B輪轉速為何？

29. 圖(f)為一造磚之機構，馬達帶動E輪，E輪之直徑為 15 公分，輥子F的直徑為 30 公分，帶動一輸送皮帶，馬達轉速為 1200rpm，求輸送皮帶之速度，為每分鐘多少公尺？

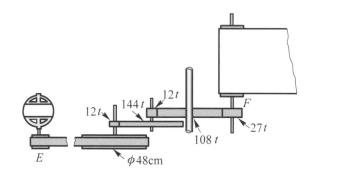

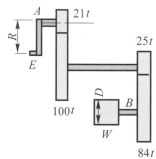

圖(f)　求輸送皮帶之速度，為每分鐘多少公尺　　　圖(g)　求曲柄E上需加若干力

30. 圖(g)所示之起重機輪系中，曲柄R之長為 40 公分，捲筒D之直徑為 40 公分，設機械效率為 50%，則欲吊起W = 1600公斤之重物時，曲柄E上需加若干力？

31. 圖(h)為一造模機之側視圖,輪子A之直徑為 12 公分,其上為部份之動力傳達機構,若切刀C之直徑為 15 公分,原料之供給由A至C,求C轉一轉時,原料之供給速度,並求C與工件之相對速度,設C輪轉速為 1rpm。

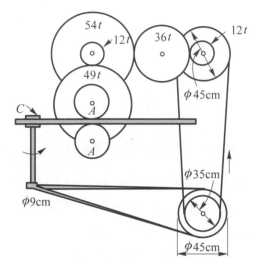

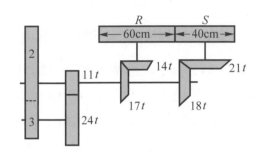

圖(h) 求 C 與工件之相對速度,
設 C 輪轉速為 1rpm

圖(i) 求 R 與 S 兩摩擦輪之滑動
速率為每秒多少公尺

32. 圖(i)中,2 為一內齒輪,齒數為 77 齒,以帶動一 12 齒的小齒輪 3(兩輪內切),其他各輪齒數如圖所示,若 2 輪之角速度為 15rpm,則R與S兩摩擦輪之滑動速率為每秒多少公尺?

33. 如圖(j)中,臂桿E係繞固定中心A旋轉 3 周(順時針),同時A輪順時迴轉 2 周時,則B輪轉速為多少 rpm?

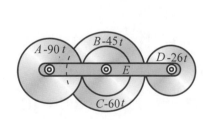

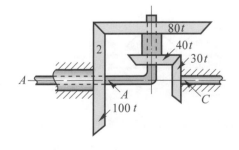

圖(j) 求B 輪轉速為多少 rpm

圖(k) 求A 輪轉速多少 rpm

34. 如圖(k)中,各齒輪齒數如圖示,設C輪迴轉 +40 轉／分,2 輪迴 −10 轉／分,則A輪轉速多少 rpm?

35. 圖(l)中，若A輪順時迴轉 38 次，(E輪固定不動)則輪系臂之轉速為多少 rpm？

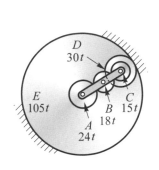

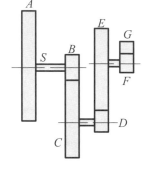

圖(l) 求輪系臂之轉速為多少 rpm

圖(m) 試求齒條 G 的移動速度

36. 如圖(m)中所示之輪系，A輪左端固定一皮帶輪，其轉速為 150rpm 齒輪B及D各為 12 齒，齒輪C及E則均有 60 齒，E與F固定於一軸上，F軸 10 齒，周節為 1.047 吋，且與齒條G相嚙合，則齒條G移動速度為？呎／分。

37. 如圖(n)為一周轉輪系，由A、B、C及旋臂m所組成，若齒輪A的轉速為＋ 4，旋臂m的轉速為－ 3，則(1)N_B＝？N_C＝？(2)若齒輪A不動，B齒輪的轉速為＋ 30，則旋臂的轉速為多少？

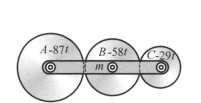

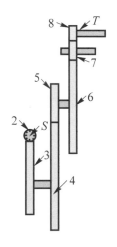

圖(n) 試求旋臂的轉速

圖(o) 試求 S 軸轉一轉，則 T 軸轉過的角度(弧度)

38. 圖(o)中，2 為一雙螺紋的蝸桿，其軸為S，以帶動一有 53 齒之蝸輪，其他均為正齒輪，齒數如下，即齒輪 4 有 82 齒，齒輪 5 有 64 齒，齒輪 6 有 74 齒，齒輪 7 有 31 齒，齒輪 8 有 23 齒，若S軸轉一轉，則T軸轉過的角度＝？(弧度)

39. 圖(p)，利用蝸輪齒輪組成之齒輪系，各齒輪之齒數爲A-30t，B-54t，C-36t，D-24t，F-15t，試求此輪系之系值？若原動輪 A-30t爲每分鐘 600 轉時，蝸輪F之迴轉數爲多少？方向爲何？

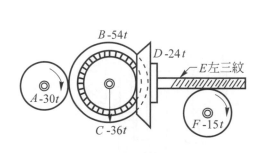

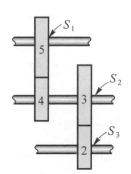

圖(p)　試求蝸輪 *F* 之迴轉數及方向　　　圖(q)　各齒輪齒數最少為 12 齒，求各輪的齒數

40. 圖(q)中，已知 $\dfrac{S_3\text{角速}}{S_2\text{角速}} = \dfrac{2}{15}$，$S_2$軸在$S_1$與$S_3$軸之間，求各齒輪之適當齒數。各齒輪齒數最少爲 12 齒，求各輪的齒數？(各對齒輪的齒數比儘量接近)

41. 試繪出汽車後輪軸驅動所用差動齒輪(Differential gear)之構造。

42. 試設計一 4 個齒輪組成的回歸輪系，輪系值爲 2/7，最少齒數爲 15 齒，第一對齒輪的徑節爲 4，第二對的徑節爲 3。

43. 圖(r)中，$\dfrac{B\text{ 之角速}}{A\text{ 之角速}} = \dfrac{19}{1}$，求此輪系中各齒輪之適當齒數，已知各齒輪的徑節相同。齒數介於 75 及 10 齒之間。

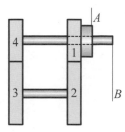

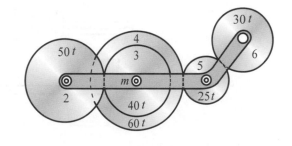

圖(r)　此輪系中各齒輪之適當齒數　　　圖(s)　求齒輪 3 及 5 及齒輪 6 之角速為多少 rps

44. 圖(s)中，齒輪 2 以 3rps 之角速旋轉，而搖臂m之角速爲－ 5rps，試求齒輪 3 及 5 及齒輪 6 之角速爲多少 rps？方向爲何？

45. 圖(t)中，若 6 齒輪固定不動，而齒數 2 爲 38rpm(順轉)，求搖臂 m 之轉速爲多少 rpm？

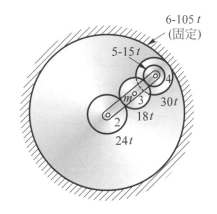

圖(t)　求搖臂 m 之轉速爲多少 rpm

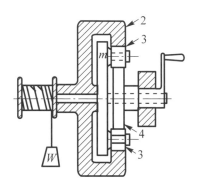

圖(u)　求齒輪 3 之齒數及所舉起之物重
(已知效率爲 90%)

46. 圖(u)之起重機構中，齒輪 2 爲一固定之內齒輪，齒數爲 100，兩惰輪 3 被周轉輪系之搖臂帶動。此搖臂帶動絞盤。4 輪固定於曲柄，齒數 70，帶動之絞盤直徑爲 5 吋，手柄半徑爲 21 吋，施於手柄之力爲 75 磅，求齒輪 3 之齒數及所舉起之物重。已知效率爲 90%。

47. 圖(v)中，若 A 輪轉 3 轉，能使搖臂 m 轉 11 轉，方向如圖示，求 C 與 D 之直徑之比，並決定應採用開口帶或交叉帶。

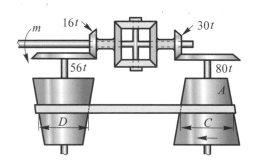

圖(v)　求 C 與 D 之直徑之比，並決定應採用開口

48. 圖(w)中，若主動輪D為 60rpm，求F輪的轉速及方向？

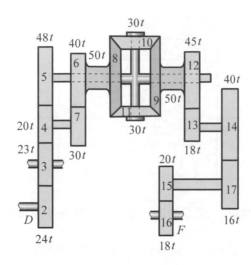

圖(w)　求 C 與 D 之直徑之比，並決定應採用開口帶或交叉帶

49. 圖(x)中，若B軸每分鐘 3rpm，求搖臂m之角速為多少 rpm？

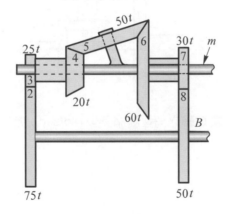

圖(x)　求搖臂 m 之角速為多少 rpm

50. 圖(y)中，B軸與一發電機相連，若發電機之轉速為 2500rpm，求C軸每分鐘之角速度為多少 rpm？

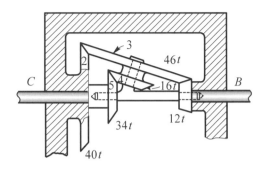

圖(y) 求 C 軸每分鐘之角速度為多少 rpm

51. 圖(z)中，齒輪 2 之角速為 6 rad/sec，(由圖之左側往右看)搖臂A之角速為 1 rad/sec，方向與 2 同。求C軸之角速度為多少 rad/sec？方向為何？

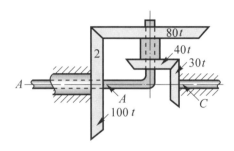

圖(z) 求 C 軸之角速度為多少 rad/sec？方向為何

表 7-2　螺旋齒輪螺旋角 α 與 $\text{inv}\,\alpha$ 之關係

α	$\text{inv}\,\alpha$	α	$\text{inv}\,\alpha$	α	$\text{inv}\,\alpha$	α	$\text{inv}\,\alpha$
10.00	0.0017941	12.00	0.0031171	14.00	0.0049819	16.00	0.0074927
.05	0.0018213	.05	0.0031567	.05	0.0050364	.05	0.0075647
.10	0.0018489	.10	0.0031966	.10	0.0050912	.10	0.0076372
.15	0.0018767	.15	0.0032369	.15	0.0051465	.15	0.0077101
.20	0.0019048	.20	0.0032775	.20	0.0052022	.20	0.0077835
.25	0.0019332	.25	0.0033185	.25	0.0052582	.25	0.0078574
.30	0.0019619	.30	0.0033598	.30	0.0053147	.30	0.0079318
.35	0.0019909	.35	0.0034014	.35	0.0053716	.35	0.0080067
.40	0.0020201	.40	0.0034434	.40	0.0054290	.40	0.0080820
.45	0.0020496	.45	0.0034858	.45	0.0054867	.45	0.0081578
.50	0.0020795	.50	0.0035285	.50	0.0055448	.50	0.0082342
.55	0.0021096	.55	0.0035716	.55	0.0056034	.55	0.0083110
.60	0.0021400	.60	0.0036150	.60	0.0056624	.60	0.0083883
.65	0.0021707	.65	0.0036588	.65	0.0057218	.65	0.0084661
.70	0.0022017	.70	0.0037029	.70	0.0057817	.70	0.0085444
.75	0.0022330	.75	0.0037474	.75	0.0058420	.75	0.0086232
.80	0.0022646	.80	0.0037923	.80	0.0059027	.80	0.0087025
.85	0.0022966	.85	0.0038375	.85	0.0059638	.85	0.0087823
.90	0.0023288	.90	0.0038831	.90	0.0060254	.90	0.0088626
.95	0.0023613	.95	0.0039291	.95	0.0060874	.95	0.0089434
11.00	0.0023941	13.00	0.0039754	15.00	0.0061498	17.00	0.0090247
.05	0.0024272	.05	0.0040221	.05	0.0062127	.05	0.0091065
.10	0.0024607	.10	0.0040692	.10	0.0062760	.10	0.0091889
.15	0.0024944	.15	0.0041166	.15	0.0063397	.15	0.0092717
.20	0.0025285	.20	0.0041644	.20	0.0064039	.20	0.0093551
.25	0.0025628	.25	0.0042126	.25	0.0064686	.25	0.0094390
.30	0.0025975	.30	0.0042612	.30	0.0065337	.30	0.0095234
.35	0.0026325	.35	0.0043102	.35	0.0065992	.35	0.0096083
.40	0.0026678	.40	0.0043595	.40	0.0066652	.40	0.0096937
.45	0.0027035	.45	0.0044092	.45	0.0067316	.45	0.0097797
.50	0.0027394	.50	0.0044593	.50	0.0067985	.50	0.0098662
.55	0.0027757	.55	0.0045098	.55	0.0068659	.55	0.0099532
.60	0.0028123	.60	0.0045607	.60	0.0069337	.60	0.0100407
.65	0.0028493	.65	0.0046120	.65	0.0070019	.65	0.0101288
.70	0.0028865	.70	0.0046636	.70	0.0070706	.70	0.0102174
.75	0.0029241	.75	0.0047157	.75	0.0071398	.75	0.0103066
.80	0.0029620	.80	0.0047681	.80	0.0072095	.80	0.0103963
.85	0.0030002	.85	0.0048210	.85	0.0072796	.85	0.0104865
.90	0.0030389	.90	0.0048742	.90	0.0073501	.90	0.0105773
.95	0.0030778	.95	0.0049279	.95	0.0074212	.95	0.0106686

表 7-2　螺旋齒輪螺旋角 α 與 inv α 之關係(續)

α	inv α	α	inv α	α	inv α	α	inv α
18.00	0.0107604	20.00	0.0149044	22.00	0.0200538	24.00	0.0263497
.05	0.0108528	.05	0.0150203	.05	0.0201966	.05	0.0265231
.10	0.0109458	.10	0.0151369	.10	0.0203401	.10	0.0266973
.15	0.0110393	.15	0.0152540	.15	0.0204844	.15	0.0268723
.20	0.0111334	.20	0.0153719	.20	0.0206294	.20	0.0270481
.25	0.0112280	.25	0.0154903	.25	0.0207750	.25	0.0272248
.30	0.0113231	.30	0.0156094	.30	0.0209215	.30	0.0274023
.35	0.0114189	.35	0.0157291	.35	0.0210686	.35	0.0275806
.40	0.0115151	.40	0.0158495	.40	0.0212165	.40	0.0277598
.45	0.0116120	.45	0.0159705	.45	0.0213651	.45	0.0279398
.50	0.0117094	.50	0.0160922	.50	0.0215145	.50	0.0281206
.55	0.0118074	.55	0.0162145	.55	0.0216646	.55	0.0283023
.60	0.0119059	.60	0.0163375	.60	0.0218154	.60	0.0284848
.65	0.0120051	.65	0.0164611	.65	0.0219670	.65	0.0286681
.70	0.0121048	.70	0.0165854	.70	0.0221193	.70	0.0288523
.75	0.0122050	.75	0.0167103	.75	0.0222724	.75	0.0290373
.80	0.0123059	.80	0.0168359	.80	0.0224262	.80	0.0292232
.85	0.0124073	.85	0.0169621	.85	0.0225808	.85	0.0294100
.90	0.0125093	.90	0.0170891	.90	0.0227361	.90	0.0295976
.95	0.0126119	.95	0.0172166	.95	0.0228922	.95	0.0297860
19.00	0.0127151	21.00	0.0173449	23.00	0.0230491	25.00	0.0299754
.05	0.0128189	.05	0.0174738	.05	0.0232067	.05	0.0301655
.10	0.0129232	.10	0.0176034	.10	0.0233651	.10	0.0303566
.15	0.0130281	.15	0.0177337	.15	0.0235242	.15	0.0305485
.20	0.0131336	.20	0.0178646	.20	0.0236842	.20	0.0307413
.25	0.0132398	.25	0.0179963	.25	0.0238449	.25	0.0309350
.30	0.0133465	.30	0.0181286	.30	0.0240063	.30	0.0311295
.35	0.0134538	.35	0.0182616	.35	0.0241686	.35	0.0313250
.40	0.0135617	.40	0.0183953	.40	0.0243316	.40	0.0315213
.45	0.0136702	.45	0.0185296	.45	0.0244954	.45	0.0317185
.50	0.0137794	.50	0.0186647	.50	0.0246600	.50	0.0319166
.55	0.0138891	.55	0.0188004	.55	0.0248254	.55	0.0321156
.60	0.0139995	.60	0.0189369	.60	0.0249915	.60	0.0323154
.65	0.0141104	.65	0.0190740	.65	0.0251585	.65	0.0325162
.70	0.0142220	.70	0.0192119	.70	0.0253263	.70	0.0327179
.75	0.0143342	.75	0.0193504	.75	0.0254948	.75	0.0329205
.80	0.0144470	.80	0.0194897	.80	0.0256642	.80	0.0331240
.85	0.0145604	.85	0.0196297	.85	0.0258344	.85	0.0333283
.90	0.0146744	.90	0.0197703	.90	0.0260053	.90	0.0335336
.95	0.0147891	.95	0.0199117	.95	0.0261771	.95	0.0337399

表 7-2　螺旋齒輪螺旋角 α 與 inv α 之關係(續)

α	inv α	α	inv α	α	inv α	α	inv α
26.00	0.0339470	28.00	0.0430172	30.00	0.0537515	32.00	0.0663640
.05	0.0341550	.05	0.0432645	.05	0.0540430	.05	0.0667054
.10	0.0343640	.10	0.0435128	.10	0.0543356	.10	0.0670481
.15	0.0345739	.15	0.0437621	.15	0.0546295	.15	0.0673922
.20	0.0347847	.20	0.0440125	.20	0.0549245	.20	0.0677376
.25	0.0349965	.25	0.0442639	.25	0.0552207	.25	0.0680843
.30	0.0352092	.30	0.0445164	.30	0.0555181	.30	0.0684324
.35	0.0354228	.35	0.0447699	.35	0.0558166	.35	0.0684818
.40	0.0356374	.40	0.0450245	.40	0.0561164	.40	0.0691326
.45	0.0358529	.45	0.0452801	.45	0.0564174	.45	0.0691848
.50	0.0360694	.50	0.0455369	.50	0.0567196	.50	0.0698383
.55	0.0362868	.55	0.0457947	.55	0.0570230	.55	0.0701931
.60	0.0365051	.60	0.0460535	.60	0.0573276	.60	0.0705493
.65	0.0367244	.65	0.0463135	.65	0.0576334	.65	0.0709070
.70	0.0369447	.70	0.0465745	.70	0.0579404	.70	0.0712660
.75	0.0371659	.75	0.0468366	.75	0.0582487	.75	0.0716263
.80	0.0373881	.80	0.0470998	.80	0.0585582	.80	0.0719880
.85	0.0376113	.85	0.0473641	.85	0.0588690	.85	0.0723512
.90	0.0378354	.90	0.0476295	.90	0.0591810	.90	0.0727157
.95	0.0380605	.95	0.0478960	.95	0.0594941	.95	0.0730816
27.00	0.0382866	29.00	040481636	31.00	0.0598086	33.00	0.0734489
.05	0.0385136	.05	0.0484322	.05	0.0601242	.05	0.0738177
.10	0.0387416	.10	0.0487021	.10	0.0604411	.10	0.0741878
.15	0.0389706	.15	0.0489730	.15	0.0607594	.15	0.0745594
.20	0.0392006	.20	0.0492450	.20	0.0610788	.20	0.0749324
.25	0.0394316	.25	0.0495181	.25	0.0613995	.25	0.0753068
.30	0.0396636	.30	0.0497924	.30	0.0617215	.30	0.0756826
.35	0.0398966	.35	0.0500678	.35	0.0620447	.35	0.0760599
.40	0.0401306	.40	0.0503442	.40	0.0623692	.40	0.0764385
.45	0.0403655	.45	0.0506219	.45	0.0626950	.45	0.0768187
.50	0.0406015	.50	0.0509007	.50	0.0630221	.50	0.0772003
.55	0.0408385	.55	0.0511806	.55	0.0633504	.55	0.0775833
.60	0.0140765	.60	0.0514616	.60	0.0636801	.60	0.0779678
.65	0.0413155	.65	0.0517438	.65	0.0064110	.65	0.0783537
.70	0.0415555	.70	0.052027	.70	0.0643432	.70	0.0787411
.75	0.0417966	.75	0.0523116	.75	0.0646767	.75	0.0791300
.80	0.0420387	.80	0.0525973	.80	0.0650116	.80	0.0795204
.85	0.0422818	.85	0.0528841	.85	0.0653477	.85	0.0799122
.90	0.0425259	.90	0.0531721	.90	0.0656852	.90	0.0803055
.95	0.0427710	.95	0.0534612	.95	0.0660240	.95	0.0807003

表 7-2　螺旋齒輪螺旋角 α 與 inv α 之關係(續)

α	inv α	α	inv α	α	inv α	α	inv α
34.00	0.0810966	36.00	0.0982240	38.00	0.1180605	40.00	0.1409679
.05	0.0814944	.05	0.0986855	.05	0.1185942	.05	0.1415835
.10	0.0818936	.10	0.0991487	.10	0.1191297	.10	0.1422012
.15	0.0822944	.15	0.0996136	.15	0.1196672	.15	0.1428211
.20	0.0826967	.20	0.1000802	.20	0.1202066	.20	0.1434432
.25	0.0831005	.25	0.1005485	.25	0.1207460	.25	0.1440675
.30	0.0835058	.30	0.1010185	.30	0.1212913	.30	0.1446940
.35	0.0839127	.35	0.1014903	.35	0.1218366	.35	0.1453227
.40	0.0843210	.40	0.1019637	.40	0.1223838	.40	0.1459537
.45	0.0847310	.45	0.1024390	.45	0.1229330	.45	0.1465869
.50	0.0851424	.50	0.1029160	.50	0.1234842	.50	0.1472223
.55	0.0855554	.55	0.1033946	.55	0.1240378	.55	0.1478600
.60	0.0859699	.60	0.1038750	.60	0.1245924	.60	0.1485000
.65	0.0863860	.65	0.1043572	.65	0.1251495	.65	0.1491422
.70	0.0868036	.70	0.1048412	.70	0.1257087	.70	0.1497867
.75	0.0872228	.75	0.1053270	.75	0.1262698	.75	0.1504335
.80	0.0876436	.80	0.1058144	.80	0.1268329	.80	0.1510825
.85	0.0880659	.85	0.1063037	.85	0.1273980	.85	0.1517339
.90	0.0884898	.90	0.1067947	.90	0.1279652	.90	0.1523875
.95	0.0889152	.95	0.1072876	.95	0.1285344	.95	0.1530435
35.00	0.0893423	37.00	0.1077822	39.00	0.1291056	41.00	0.1537017
.05	0.0897710	.05	0.1082787	.05	0.1296789	.05	0.1543623
.10	0.0902012	.10	0.1087769	.10	0.1302542	.10	0.1550253
.15	0.0906331	.15	0.1092770	.15	0.1308316	.15	0.1556906
.20	0.0910665	.20	0.1097788	.20	0.1314110	.20	0.1563582
.25	0.0915016	.25	0.1102825	.25	0.1319925	.25	0.1570281
.30	0.0919382	.30	0.1107880	.30	0.1325761	.30	0.1577005
.35	0.0923765	.35	0.1112954	.35	0.1331618	.35	0.1583752
.40	0.0928165	.40	0.1118046	.40	0.1331495	.40	0.1590523
.45	0.0932580	.45	0.1123156	.45	0.1343394	.45	0.1597318
.50	0.0937012	.50	0.1128285	.50	0.1349313	.50	0.1604136
.55	0.0941460	.55	0.1133433	.55	0.1355254	.55	0.1610979
.60	0.0945925	.60	0.1138599	.60	0.1361216	.60	0.1617846
.65	0.0950406	.65	0.1143784	.65	0.1367199	.65	0.1624737
.70	0.0954904	.70	0.1148987	.70	0.1373203	.70	0.1631652
.75	0.0959418	.75	0.1154209	.75	0.1379228	.75	0.1638592
.80	0.0963948	.80	0.1159451	.80	0.1385275	.80	0.1645556
.85	0.0968496	.85	0.1164711	.85	0.1391344	.85	0.1652544
.90	0.0973061	.90	0.1169990	.90	0.1397434	.90	0.1659557
.95	0.0977642	.95	0.1175288	.95	0.1403546	.95	0.1666595

表 7-2　螺旋齒輪螺旋角 α 與 $\mathrm{inv}\,\alpha$ 之關係(續)

α	$\mathrm{inv}\,\alpha$	α	$\mathrm{inv}\,\alpha$	α	$\mathrm{inv}\,\alpha$	α	$\mathrm{inv}\,\alpha$
42.00	0.1673658	44.00	0.1977439	46.00	0.2326789	48.00	0.2728545
.05	0.1680745	.05	0.1985591	.05	0.2336163	.05	0.2739328
.10	0.1687857	.10	0.1993772	.10	0.2345570	.10	0.2750148
.15	0.1694994	.15	0.2001982	.15	0.2355010	.15	0.2761007
.20	0.1702157	.20	0.2010220	.20	0.2364482	.20	0.2771904
.25	0.1709344	.25	0.2018487	.25	0.2373988	.25	0.2782840
.30	0.1716557	.30	0.2026783	.30	0.2383528	.30	0.2793814
.35	0.1723795	.35	0.2035108	.35	0.2393101	.35	0.2804826
.40	0.1731059	.40	0.2043462	.40	0.2402707	.40	0.2815877
.45	0.1738348	.45	0.2051845	.45	0.2412347	.45	0.2826968
.50	0.1745662	.50	0.2060257	.50	0.2422020	.50	0.2838097
.55	0.1753003	.55	0.2068699	.55	0.2431728	.55	0.2849265
.60	0.1760369	.60	0.2077171	.60	0.2441469	.60	0.2860473
.65	0.1767761	.65	0.2085672	.65	0.2451245	.65	0.2871721
.70	0.1775179	.70	0.2094203	.70	0.2461055	.70	0.2883008
.75	0.1782622	.75	0.2102764	.75	0.2470899	.75	0.2894334
.80	0.1790092	.80	0.2111354	.80	0.2460778	.80	0.2905701
.85	0.1797588	.85	0.2119975	.85	0.2490691	.85	0.2917108
.90	0.1805111	.90	0.2128626	.90	0.2500639	.90	0.2928555
.95	0.1812660	.95	0.2137307	.95	0.2510622	.95	0.2940043
43.00	0.1820235	45.00	0.2146018	47.00	0.2520640	49.00	0.2951571
.05	0.1827837	.05	0.2154760	.05	0.2530693	.05	0.2963140
.10	0.1835465	.10	0.2163533	.10	0.2540781	.10	0.2974749
.15	0.1843121	.15	0.2172336	.15	0.2550904	.15	0.2986400
.20	0.1850803	.20	0.2181170	.20	0.2561064	.20	0.2998092
.25	0.1858512	.25	0.2190035	.25	0.2571258	.25	0.3009825
.30	0.1866248	.30	0.2198930	.30	0.2581489	.30	0.3021599
.35	0.1874011	.35	0.2207857	.35	0.2591755	.35	0.3033416
.40	0.1881801	.40	0.2216815	.40	0.2602058	.40	0.3045274
.45	0.1889619	.45	0.2225805	.45	0.2612396	.45	0.3057174
.50	0.1897463	.50	0.2234826	.50	0.2622771	.50	0.3069116
.55	0.1905336	.55	0.2243878	.55	0.2633182	.55	0.3081100
.60	0.1913236	.60	0.2252962	.60	0.2643630	.60	0.3093127
.65	0.1921163	.65	0.2262078	.65	0.2654115	.65	0.3105197
.70	0.1929119	.70	0.2271226	.70	0.2664636	.70	0.3117309
.75	0.1937102	.75	0.2280406	.75	0.2675194	.75	0.3129464
.80	0.1945113	.80	0.2289618	.80	0.2985790	.80	0.3141662
.85	0.1953152	.85	0.2298862	.85	0.2696422	.85	0.3263904
.90	0.1961220	.90	0.2307138	.90	0.2707092	.90	0.3166189
.95	0.1969315	.95	0.2317447	.95	0.2717800	.95	0.3178517

表 7-2　螺旋齒輪螺旋角 α 與 inv α 之關係(續)

α	inv α	α	inv α	α	inv α	α	inv α
50.00	0.3190890	52.00	0.3723704	54.00	0.4339041	56.00	0.5051766
.05	03203306	.05	0.3738026	.05	0.4355604	.05	0.5070983
.10	03215766	.10	0.3752400	.10	0.4372227	.10	0.5090273
.15	03228271	.15	0.3766826	.15	0.4388911	.15	0.5109635
.20	0.3240820	.20	0.3781304	.20	0.4405657	.20	0.5129071
.25	0.3253414	.25	0.3795834	.25	0.4422465	.25	0.5148581
.30	0.3266052	.30	0.3810416	.30	0.4439335	.30	0.5168164
.35	0.3278736	.35	0.3825051	.35	0.4456267	.35	0.5187821
.40	0.3291464	.40	0.3839739	.40	0.4473261	.40	0.5207553
.45	0.3304238	.45	0.3854481	.45	0.4490318	.45	0.5227360
.50	0.3317057	.50	0.3869275	.50	0.4507439	.50	0.5247242
.55	0.3329922	.55	0.3884123	.55	0.4524622	.55	0.5267199
.60	0.3342833	.60	0.3899025	.60	0.4541869	.60	0.5287232
.65	0.3355790	.65	0.3913981	.65	0.4559180	.65	0.5307342
.70	0.3368793	.70	0.3928991	.70	0.4576555	.70	0.5327528
.75	0.3381843	.75	0.3944056	.75	0.4593995	.75	0.5347791
.80	0.3394939	.80	0.3959175	.80	0.4611499	.80	0.5368132
.85	0.3408082	.85	0.3974349	.85	0.4629069	.85	0.5388550
.90	0.3421271	.90	0.3989578	.90	0.4646703	.90	0.5409046
.95	0.3434508	.95	0.4004863	.95	0.4664403	.95	0.5429620
51.00	0.3447792	53.00	0.4020203	55.00	0.4682169	57.00	0.5450273
.05	0.3461124	.05	0.4035599	.05	0.4700001	.05	0.5471005
.10	0.3474503	.10	0.4051051	.10	0.4717900	.10	0.5491816
.15	0.3487931	.15	0.4066559	.15	0.4735865	.15	0.5512708
.20	0.3501406	.20	0.4082124	.20	0.4753897	.20	0.5533679
.25	0.3514929	.25	0.4097746	.25	0.4771996	.25	0.5554731
.30	0.3528501	.30	0.4113424	.30	0.4790163	.30	0.5575864
.35	0.3542122	.35	0.4129160	.35	0.4808398	.35	0.5597078
.40	0.3555791	.40	0.4144953	.40	0.4826701	.40	0.5618374
.45	0.3569510	.45	0.4160804	.45	0.4845073	.45	0.5639752
.50	0.3583277	.50	0.4176713	.50	0.4863513	.50	0.5661213
.55	0.3597094	.55	0.4192680	.55	0.4882022	.55	0.5682756
.60	0.3610961	.60	0.4208705	.60	0.4900601	.60	0.5704382
.65	0.3624878	.65	0.4224789	.65	0.4919249	.65	0.5726092
.70	0.3638844	.70	0.4240932	.70	0.4937968	.70	0.5747886
.75	0.3652861	.75	0.4257134	.75	0.4956757	.75	0.5769764
.80	0.3666928	.80	0.4273396	.80	0.4975616	.80	0.5791727
.85	0.3681045	.85	0.4289718	.85	0.4994546	.85	0.5813776
.90	0.3695214	.90	0.4306098	.90	0.5013548	.90	0.5835910
.95	0.3709433	.95	0.4322540	.95	0.5032621	.95	0.5858129

Chapter 8

撓性傳動機構

8-1 撓性聯結物

凡是柔軟的，只能傳達拉(張)力不能傳達推力者，統算是撓性聯結物。當兩個軸相距太遠時，用摩擦輪或齒聯動都不相宜，就應用撓性傳動。撓性聯結物有三種，就是皮帶(Belts)，繩索(Ropes)與鏈條(Chains)等，如圖 8-1 所示。皮帶有平皮帶(Flat belt)、三角皮帶(V belt)及定時皮帶 (Timing belt)等三種。平皮帶是用牛皮、橡膠、帆布或鋼絲製成，兩軸的中心距離可以大到 10 公尺左右，皮帶的線速度最好是 1350 公尺／分，三角皮帶是用橡膠線繩與帆布製成的，兩軸的中心距離可以大到 5 公尺左右，帶輪轉速比約為 7 比 1，V 型皮帶的線速度常用 1500 公尺／分，繩用於甚長的中心距離，可以長達 45 公尺左右，繩的線速度最好不要超過 180 公尺／分。

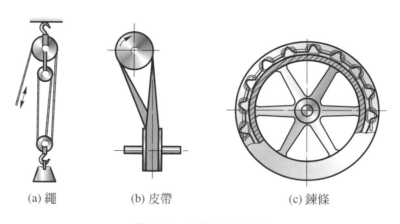

(a) 繩　　　　　(b) 皮帶　　　　　(c) 鍊條

圖 8-1　撓性連結裝置

鏈傳動多用於傳達鉅大功率之處，其傳動為確切且可以避免滑脫現象，鏈條的種類與用途不一，起重用的有圓環鏈及柱環鏈，輸送用的有各式的輸送鏈如鏈式鏈及月牙鏈，傳達功率用的有滾子鏈、無聲鏈及塊狀鏈等。

兩個鏈輪的中心距離不要超過 5 公尺，鏈條的線速度，因鏈條的使用型式而不同，如滾子鏈的使用速率約為 300～360 公尺／分，而無聲鏈的使用速率約為 450～540 公尺／分。

8-2 平皮帶傳動機構

1. 平皮帶傳動機構 (Flat belt tranmission) (如圖 8-2(a)所示)

皮帶傳動以每分鐘 1200～1500 公尺的速率為佳，但因皮帶經過皮帶輪時彎曲，內面壓縮，外面拉長，所以厚的皮帶不宜用在皮帶輪上。

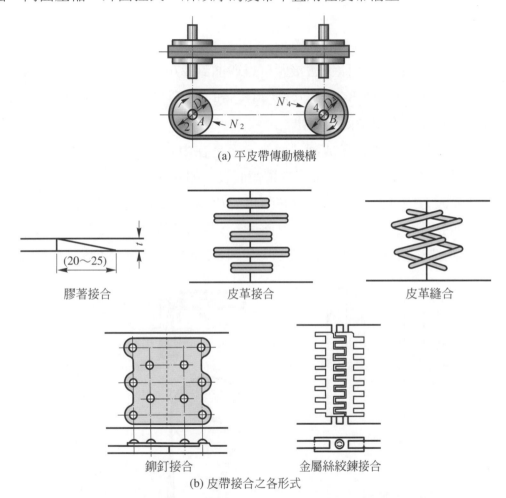

(a) 平皮帶傳動機構

膠著接合　　　　　皮革接合　　　　　皮革縫合

鉚釘接合　　　　金屬絲絞鍊接合

(b) 皮帶接合之各形式

膠　　　　　合	70～90 %
縫　　　　　合	40～50 %
鉚　　　　　接	50～60 %
鋼　線　接　合	60 %
沖 穿 板 接 合	60～70 %
金 屬 絲 絞 鍊 接 合	40～70 %

(c) 接合之效率

圖 8-2　皮帶之接合

　　皮帶厚度等於皮帶輪半徑的 1/20 至 1/30 為宜 (約為 3/16 吋)，單層時為 3～6mm，雙層時為 6～10mm，三層時為 16～20mm，皮帶與帶輪之接觸角度以不小於120°為佳。皮帶的接合方法最常用的是膠合法 (無端皮帶)，效率75～90%，其他尚有：

(1)　牛皮帶穿綴而成，效率 40～50%。

(2)　金屬皮帶的扣接法。

(3)　鉚釘接合法，效率 50～60%。

(4)　金屬絲鉸鏈法，此種鉸鏈接頭可以彎曲到 270°，而不妨礙皮帶的撓性，效率 40～70%，如圖 8-2(b)及(c)所示(皮帶的寬度等於輪面寬的85%左右為宜)。

2. 皮帶輪面的隆起與皮帶傳動定律

　　通常皮帶輪並不是做成圓柱面的，而是在中央的直徑大，兩端的直徑小，中央隆起的理由是防止皮帶脫落皮帶輪而設，如圖 8-3(a)，皮帶套在皮帶輪上若皮帶沿箭頭方向運動，則因帶輪的凸起，BC 端的皮帶受到的張力小(伸長少)，而 AD 端的皮帶受到的張力大，所以伸長多，但因皮帶無法無限制伸長(最多 2%)，因此迫使皮帶往上爬，一直到最高點，如圖 8-3(b)所示為皮帶沿虛線 $\overline{B_1EA_1F}$ 上爬。

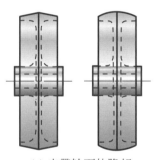

(a) 皮帶輪面的隆起

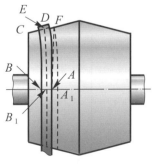

(b)皮帶沿虛線 B_1EA_1F 上爬

圖 8-3

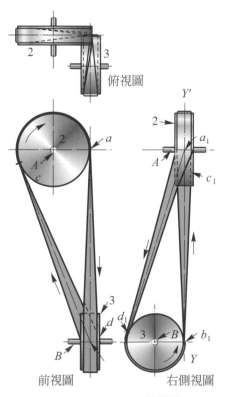

圖 8-4　直角帶傳動

　　若欲使皮帶在帶輪上不致掉下，則應使皮帶進入側在帶輪的中心面上，如圖 8-4 所示的直角帶傳動，只要進入側在另一帶輪的中心面上，皮帶照樣不會掉下，此為皮帶傳動定律。但此直角皮帶的傳動，則必須加導輪(Guide pulleys)，尤其當兩傳動軸不平行也不相交，而希望旋轉方向不受限制，皮帶不致滑脫，只有中間帶輪(導輪)以引導皮帶的正確方向，如圖 8-5(a)及(b)所示。

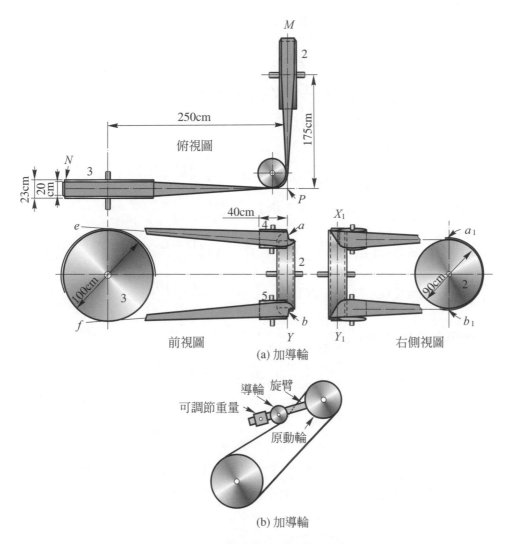

圖 8-5　中間帶輪(導輪)以引導皮帶的正確方向

3. 皮帶的裝置法及其長度

(1)　開口皮帶法(Open belt)：兩輪轉向相同，如圖 8-6 所示，若皮帶長為 L，θ 角以徑表示，假設中心距為 C，大輪直徑為 D，小輪直徑為 d。

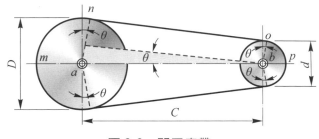

圖 8-6　開口皮帶

$$L = 2(\widehat{mn} + \overline{no} + \widehat{op})$$

$$= \left(\frac{\pi}{2} + \theta\right)D + 2C\cos\theta + \left(\frac{\pi}{2} - \theta\right)d$$

$$= \frac{\pi}{2}(D + d) + \theta(D - d) + 2C\cos\theta$$

此處　$\sin\theta = \dfrac{an - bo}{an} = \dfrac{D - d}{2C}$　　$\cos\theta = \sqrt{1 - \left(\dfrac{D - d}{2C}\right)^2}$

若 $\theta \fallingdotseq \sin\theta$，則代入(8.1)式，則公式變成

$$L = \frac{\pi}{2}(D + d) + \frac{(D - d)^2}{2C} + 2C\sqrt{1 - \frac{(D - d)^2}{4C^2}}$$

$$= \frac{\pi}{2}(D + d) + 2C\left[\frac{(D - d)^2}{4C^2} + \sqrt{1 - \frac{(D - d)^2}{4C^2}}\right]$$

(利用泰勒氏二項式定理)

$$L = \frac{\pi}{2}(D + d) + 2C\left[\frac{(D - d)^2}{4C^2} + 1 - \frac{(D - d)^2}{8C^2} - \cdots\cdots\right]$$

$$= \frac{\pi}{2}(D + d) + 2C + \frac{(D - d)^2}{4C} \tag{8.2}$$

(2)　交叉帶法(Crossed belts)：如圖 8-7 所示，稱為交叉帶，兩輪的轉向相反，但若中心距過短或皮帶太寬，則不宜用交叉方式聯接。

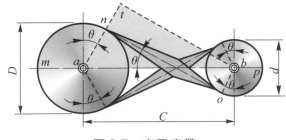

圖 8-7　交叉皮帶

圖中

$$L = 2(\overset{\frown}{mn} + \overline{no} + \overset{\frown}{op})$$

$$= \left(\frac{\pi}{2} + \theta\right)D + 2C \cos\theta + \left(\frac{\pi}{2} + \theta\right)d$$

$$= \left(\frac{\pi}{2} + \theta\right)(D + d) + 2C \cos\theta \qquad (8.3)$$

$$\therefore \sin\theta = \frac{D + d}{2C} \text{，而 } \cos\theta = \sqrt{1 - \frac{(D + d)^2}{4C^2}} \text{ 代入(8.3)式得}$$

$$L \doteqdot \frac{\pi}{2}(D + d) + 2C + \frac{(D + d)^2}{4C} \qquad (8.4)$$

此處必須注意(8.2)式及(8.4)式僅為近似值。

例題 1　兩皮帶輪外徑各為 40 及 20cm，中心距離為 100 公分，試問用交叉帶傳動比開口帶傳動，帶長多少？

解

$$L_{交} - L_{開} = \frac{(D + d)^2}{4C} - \frac{(D - d)^2}{4C}$$

$$= \frac{(20 + 40)^2}{4 \times 100} - \frac{(40 - 20)^2}{400}$$

$$= 9 - 1 = 8 \text{（公分）}$$

8-3　平皮帶傳動之速度比與馬力

1. 平皮帶傳動之速比

圖中 8-8(a)(b)中，無論是開口帶或交叉帶傳動，當皮帶套在皮帶輪上以後，皮帶在外面彎曲部份伸長，內面縮短，如圖 8-9 所示，右不計帶厚及摩擦損失，則皮帶在帶輪 A 與 B 上的表面速度必相等，$V_a = \pi D_a N_a$，$V_b = \pi D_b N_b$，$\pi D_a N_a = \pi D_b N_b$，即

$$皮帶傳動速比 = \frac{N_a}{N_b} = \frac{D_b}{D_a} \qquad (8.5)$$

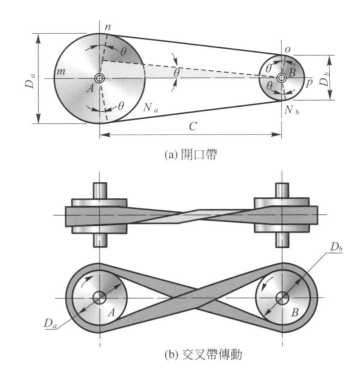

(a) 開口帶

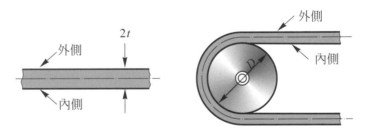

(b) 交叉帶傳動

圖 8-8　平皮帶傳動之速比

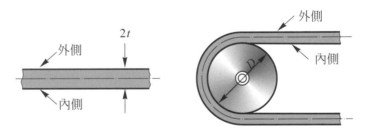

圖 8-9　皮帶在外面彎曲部份伸長，內面則縮短

　　若要計算帶厚，則因皮帶外側伸長，速度較快，內側縮短，速度較慢，而中間部份皮帶未伸長也未縮短，因此

$$皮帶傳動速比 = \frac{N_a}{N_b} = \frac{R_b + \dfrac{t}{2}}{R_a + \dfrac{t}{2}} = \frac{D_b + t}{D_a + t} \tag{8.6}$$

也常在中間側之速度 $= \pi(D_a + t)\,N_a = \pi(D_b + t)\,N_b$(若不計摩擦損失時)。

例題 2

若主動輪之直徑爲 27.6 吋，其轉速爲 600 rpm，已知皮帶厚度 0.197 吋，從動輪直徑爲 13.8 吋，若僅計皮帶厚度而不計滑動，則從動輪之轉速爲

解

$$\frac{N_1}{N_2} = \frac{D_2 + t}{D_1 + t}，\quad \frac{600}{N_2} = \frac{13.8 + 0.197}{27.6 + 0.197}，\quad N_2 = 1190\,(\text{rpm})$$

例題 3

AB 兩平皮帶傳動輪相距 1200mm，A 皮帶外徑 240mm 每分 150 轉，B 皮帶之每分鐘迴轉數爲多少？($D_b = 300$mm)

解

因 $\dfrac{N_a}{N_b} = \dfrac{D_b}{D_a}$，即 $N_b = \dfrac{N_a D_a}{D_b}$

$$N_b = \frac{N_a D_a}{D_b} \times (1 - 2\%) = \frac{240 \times 150}{300} \times (1 - 2\%) = 117 \ \text{rpm}$$

例題 4

如圖 8-10，一半徑 10 吋輪以皮帶傳動一 5 吋半徑之輪，大輪轉速爲 100 rpm，上方皮帶的線速度爲多少吋／分，若滑動損失爲 2%。

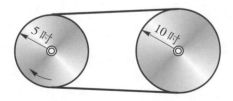

圖 8-10　求上方皮帶的線速度爲多少吋／分

解

$V = \pi D N (1 - 2\%) = 3.14 \times 20 \times 100 \times (1 - 2\%)$

$\quad = 6280 \times 0.98 = 6154.4$ 吋／分 $= 512$ 呎／分

2. **階級塔輪**(Stepped pulleys)

(1) 開口皮帶的階級輪：如圖 8-11 所示，欲使皮帶套在階級塔輪的每一級上皆能恰好適當，則在每一級上皮帶的長度都應相等。

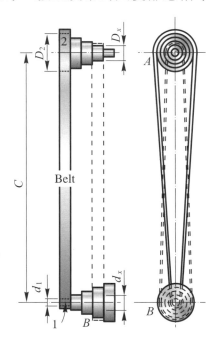

圖 8-11　階級塔輪

因在每一級上的開口皮帶長度全都相等，假設 D_2 與 d_1 為已知，則求第 X 階皮帶輪長 D_x 及 d_x 方法如下：

設

$$第一階皮帶長 L_1 = \frac{\pi}{2}(D_2 + d_1) + 2C + \frac{(D_2 - d_1)^2}{4C}$$

$$第 X 階皮帶長 L_x = \frac{\pi}{2}(D_x + d_x) + 2C + \frac{(D_x - d_x)^2}{4C} \tag{8.7}$$

因 $L_1 = L_x$，因此

$$\frac{\pi}{2}(D_2 + d_1) + 2C + \frac{(D_2 - d_1)^2}{4C} = \frac{\pi}{2}(D_x + d_x) + 2C + \frac{(D_x - d_x)^2}{4C}$$

必須相等才能解 D_x 及 d_x，若將上式的 $2C$ 消掉則

$$\frac{\pi}{2}(D_2 + d_1) + \frac{(D_2 - d_1)^2}{4C} = \frac{\pi}{2}(D_x + d_x) + \frac{(D_x - d_x)^2}{4C} \tag{8.8}$$

兩個未知數必須有兩個方程式才能求解 D_x 及 d_x 值，因此下式(8.9)是必要的

$$\frac{N}{n_x} = \frac{d_x}{D_x} \tag{8.9}$$

(2) 交叉皮帶的階級輪：如前項欲使皮帶交叉地套在每一級上，皆能恰好適當，則在每級上皮帶的長度都應相等，假定兩個軸上的階級輪有一對直徑的大小為已知，設為 D_2 與 d_1，則必須合乎下列原則，才能解 D_x 與 d_x 及各級輪的直徑。

$$第一階段皮帶長 L_1 = \frac{\pi}{2}(D_2 + d_1) + 2C + \frac{(D_2 + d_1)^2}{4C}$$
$$第 X 階段皮帶長 L_x = \frac{\pi}{2}(D_x + d_x) + 2C + \frac{(D_x + d_x)^2}{4C} \tag{8.10}$$

因 $L_1 = L_x$ 則

$$\frac{\pi}{2}(D_2 + d_1) + \frac{(D_2 + d_1)}{4C} = \frac{\pi}{2}(D_x + d_x) + \frac{(D_2 + d_x)^2}{4C}$$

由上式 $D_2 + d_1 = D_x + d_x$，而 $\dfrac{(D_2 + d_1)^2}{4C} = \dfrac{(D_x + d_x)^2}{4C}$，因此

$$D_2 + d_1 = D_x + d_x \tag{8.11}$$

因兩個未知數必須有兩個方程式，因此(8.12)式也是必須的

$$\frac{N}{n_x} = \frac{d_x}{D_x} \tag{8.12}$$

例題 5　設一對三級的階級輪，原輪的轉速為 120 rpm，最大直徑 D_2 為 400mm，中心距 $C = 800\,mm$，卻使從動軸的速度各為 240，140 及 80rpm，試用交叉帶及開口帶傳動，則 d_1 及 d_5 直徑各為多少？

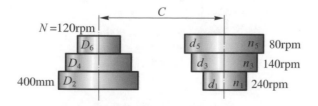

圖 8-12　交叉帶及開口帶傳動，則 d_1 及 d_5 直徑各為多少

解

(1) 交叉帶 $\dfrac{N}{n_1} = \dfrac{d_1}{D_2}$ 求得 $d_1 = 200\,(\text{mm})$

$D_2 + d_1 = D_6 + d_5 = 600\,(\text{mm})$ ①

$\dfrac{D_6}{d_5} = \dfrac{n_5}{N} = \dfrac{80}{120} = \dfrac{2}{3}$ ②

①②聯立得 $D_6 = 240\,\text{mm}$，$d_5 = 360\,(\text{mm})$

(2) 開口帶 $\dfrac{N}{n_1} = \dfrac{d_1}{D_2}$ 求得 $d_1 = 200\,(\text{mm})$

$\dfrac{D_6}{d_5} = \dfrac{n_5}{N} = \dfrac{2}{3}$ ①

$\dfrac{\pi}{2}(400 + 200) + \dfrac{(400-200)^2}{4\times800} = \dfrac{\pi}{2}(D_6 + d_5) + \dfrac{(D_6-d_5)^2}{4\times800}$ ②

由①式 $d_5 = 1.5\,D_6$ 代入②式則得

$D_6 = 242\,(\text{mm})$，$d_5 = 363\,(\text{mm})$

例題 6 如圖 8-13 設用一開口帶分別連接一對三級塔輪，已知 $C = 60\,\text{cm}$，求直徑 d_3 及 $D_4 = $ ？

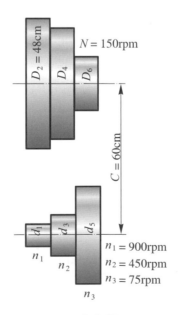

圖 8-13 　求直徑 d_3 及 D_4

解

第一級 $\dfrac{n_1}{N} = \dfrac{D_2}{d_1}$ ， $d_1 = 8\,(cm)$

第二級 $\dfrac{n_2}{N} = \dfrac{D_4}{d_3} = \dfrac{450}{150}$ ， $D_4 = 3d_3$

$\because L_1 = L_2$

$$\therefore \frac{\pi}{2}(D_2 + d_1) + \frac{(D_2 - d_1)^2}{4C} = \frac{\pi}{2}(d_4 + d_3) + \frac{(D_4 - d_3)^2}{4C}$$

$$= 1.57(48 + 8) + \frac{(48 - 8)^2}{4 \times 60}$$

$$= \frac{\pi}{2}(4d_3) + \frac{4\,d_3{}^2}{4 \times 60}\,d_3{}^2 + 376.8\,d_3 - 5760$$

$$= 0$$

$$d_3 = \frac{-376.8 + \sqrt{(-376.8)^2 + 4 \times 1 \times 5760}}{2}$$

得 $\quad d_3 = 14.7\,(cm)$ ， $D_4 = 44.1\,(cm)$

---

(3) 相等階級塔輪：將一對階級輪作成相等，可以將兩種輪併為一種。尤其在數量很多時，在製造上與裝配上都可以省事不少，而且不會發生錯誤。兩者只要用一個鑄模就可以鑄製所有的階級輪。如圖 8-14 所示。設 A 與 B 兩軸上的階級輪共有 x 級，A 軸上的輪徑各為 D_2，$D_4 \cdots\cdots D_x$，B 軸上的輪徑各為 d_1，$d_3 \cdots\cdots d_x$，因為兩輪直徑相等，故有

$$D_2 = d_x\,;\,D_x = d_1\,,\,\frac{N}{n_1} = \frac{d_1}{D_2} \tag{①}$$

$$\frac{N}{n_x} = \frac{d_x}{D_x} \tag{②}$$

① × ②，$\dfrac{N^2}{n_1 \cdot n_x} = \dfrac{d_1}{D_2} \times \dfrac{d_x}{D_x} = 1$，$n_1 \cdot n_x = N^2$，從動輪中間階轉速等於原動軸轉速，所以從動軸對於中間級所對稱的兩級上的速度乘積，恆等於原動軸速度之平方。

註 級數若為 5 級，則 $n_1 \times n_9 = n_3 \times n_7 = n_5{}^2 = N^2$。
級數若為偶數，例如 4 級，則 $n_1 \times n_7 = n_3 \times n_5 = N^2$。

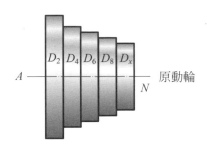

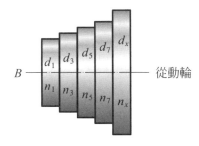

圖 8-14　相等階級輪

例題 7

一對相對 4 級塔輪，作平行軸線傳動，原動輪轉速為 100 rpm 從輪最高及次高轉速為 250 及 125rpm，則其餘兩階的轉速為何？

解

$n_1 \times n_7 = N^2$，$250 \times n_7 = 100^2$，$n_7 = 40$(rpm)

$n_3 \times n_5 = N^2$，$125 \times n_5 = 100^2$，$n_5 = 80$(rpm)

例題 8

一對相等 5 階塔輪，若主動軸轉速固定，且 $N=240$ rpm，從動軸最低轉速為 40 rpm，則從動軸最高轉速與最低轉速之比為多少？

解

5 階塔輪，設從動輪各階轉速分別為 n_1、n_3、n_5、n_7 及 n_9

則　$n_1 \times n_9 = N^2$　因此若 $n_1 = 40$ (rpm)

　　$n_3 \times n_7 = N^2$　則 $n_9 = \dfrac{240^2}{40} = 1440$ (rpm)

　　$n_5 = N$　　$e = \dfrac{n_9}{n_1} = \dfrac{1440}{40} = 36$

(4) 皮帶傳動馬力：若將一條帶繞在一個固定的圓柱上，如圖 8-15 所示，兩端拉力各為 T_1 及 T_2，設 T_1 大於 T_2，皮帶藉其與圓柱面間的摩擦力得以保持平衡，則在滑行將發生時有如下之關係

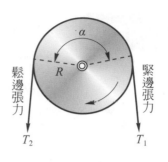

圖 8-15　皮帶與帶輪

$$\frac{T_1}{T_2} = e^{\mu\alpha}\,(\alpha：弧度)$$

$$= 10^{0.4342\mu\alpha}\,(\alpha：弧度)$$

e 為自然對數 $= 2.7183$

或 $10^{0.4342}$，α 為接觸弧所對的圓心角(弧度)，T_1 為緊邊的張力，T_2 為鬆邊的張力，T_1 與 T_2 之差稱為有效張力

$$功率 = \dot{W} = (T_1 - T_2) \times V$$

$$PS = \frac{\pi DN \cdot E}{4500}(公制)；扭矩\,(T) = R(T_1 - T_2)$$

（D 表公尺，E 表公斤，N 表每分鐘之轉速）

$$HP = \frac{\pi DN \cdot E}{33000}(英制)$$

（D 表外徑(呎)，N 表 rpm，E 表磅）

由前述中，皮帶在帶輪上的接觸角度愈大，則傳動的馬力愈大，因此皮帶傳動時，鬆邊應在上(如圖 8-16 所示)，當然鬆邊加裝導輪也可增加傳動力。如圖 8-17 所示。

$$皮帶寬度 = \frac{有效張力}{每單位長皮帶寬的張力} = \frac{(緊邊 - 鬆邊)}{每單位長皮帶寬的張力}$$

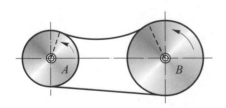

圖 8-16　皮帶傳動時，鬆邊應在上

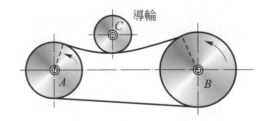

圖 8-17　鬆邊加裝導輪也可增加傳動力

例題 9

已知原動皮帶輪直徑為 3 吋，原動軸轉速 1700 rpm，從動輪直徑為 12 吋，所用皮帶 3 吋寬，$\frac{3}{16}$ 吋厚，試計算此條皮帶能傳動的馬力等於多少 HP(設有效挽力 = 80 磅／吋)？

解

皮帶有效張力 $E = 80 \times 3 = 240$ (磅)

從動輪轉速 $N_1 = \dfrac{D+t}{D_1+t} \times N = 445$ (rpm)

傳動馬力 $HP = \dfrac{\pi \times 12 \times 445 \times 240}{33000 \times 12} = 10$ (馬力)

例題 10

一 15 吋直徑之原動帶輪用雙層皮革帶，每分鐘 500 轉，傳送 10 馬力，試求有效張力。

解

$$HP = \frac{\pi DNE}{33000} \ , \ 10 = \frac{3.14 \times \dfrac{15}{12} \times 500 \times E}{33000}$$

$$E = 168 \text{(磅)}$$

例題 11

一皮帶繞於每分鐘 150 轉，直徑 50 公分之帶輪，皮帶之有效張力為 30kg，試求所需馬力數。

解

$$PS = \frac{\pi DN.E}{4500} = \frac{3.14 \times \dfrac{50}{100} \times 150 \times 30}{4500} = 1.57 \text{ (馬力)}$$

例題 12 某單層帶使用在 16 吋直徑之原動輪上，其轉數為 500rpm能傳達 10 匹馬力，試求有效張力、總拉力、皮帶兩邊之張力及皮帶寬度。

解

皮帶單層挽力＝ 43 磅／吋

傳動係數$(K)＝\dfrac{P(總拉力)}{E(有效拉力)}$

皮帶寬＝$\dfrac{有效挽力}{皮帶單層寬挽力}＝\dfrac{E}{f}$

單層 $K = 2$，雙層 $K = 2.5$，三層 $K = 3.0$

$E = T_1 - T_2$，$P = T_1 + T_2$

$E = 157.6$ 磅，$P = 315.2$ 磅，$T_1 = 236.4$(磅)

$T_2 = 78.8$ 磅，$W = 3.66$(吋)(皮帶寬)

例題 13 試述撓性傳動之優缺點。

解

優點：①裝置簡單，成本低。

　　　②可傳達遠距離。

　　　③傳動安全。

缺點：①易生滑動，效率低。

　　　②速比不確定。

　　　③壽命短，定期須更換。

8-4 V型皮帶傳動(V-belts)與齒形皮帶傳動 (定時帶 Timing belts)

1. V型皮帶與槽輪

　　V型皮帶，又稱三角皮帶，如圖 8-18(a)所示的 V型皮帶與槽輪(Sheave)，V 型皮帶廣用於傳統的工具機或汽車的風扇上，使用時常用多條 V型皮帶，以增加傳動力。V型皮帶的斷面成梯形，以硫化橡膠與帆布相間夾層而製成，以增加強度。當張力增加時，因為 V型面而增加摩擦，可減少滑動。若因負荷過大，則皮帶空轉或發熱變長，馬達不致燒壞，不過用齒輪傳動，若負荷太大時，則可能打壞齒輪，甚至於燒壞馬達。

　　至於 V型皮帶的規格有 M、A、B、C、D 及 E 六種，如圖 8-18(b)及表 8-1 所示。

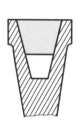
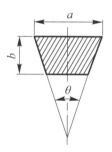

V 皮帶之斷面 a 及 b
(單位 mm)

類型	a	b	c
M	10.0	5.5	40°
A	12.5	9.0	40°
B	16.5	11.0	40°
C	22.0	14.0	40°
D	31.5	19.0	40°
E	38.0	25.5	40°

(a) V型皮帶與槽輪　　　　　　(b) V型皮帶的規格有 M、A、B、C、D 及 E 六種

圖 8-18　V型皮帶傳動(V-belts)與齒形皮帶傳動

表 8-1　V 型皮帶規格

斷面	$a \times b$		
	舊標準		細寬度(新制)
	M	10.0×5.5	$3V$　9.5×8.0
	A	12.5×9.0	
	B	16.5×11.0	$5V$　16.0×13.5
	C	22.0×14.0	
	D	31.5×19.0	$8V$　25.5×23.0
	E	38.0×25.5	

帶輪溝節距	帶輪溝節距		
	舊標準		細寬度(新制)
	M	$*$	$3V$　10.3
	A	15.0	
	B	19.0	$5V$　17.5
	C	25.5	
	D	37.0	$8V$　28.6
	E	44.5	

V 皮帶抗張強度(kg)		伸長率 (%)	最大速率 (m/s)
舊標準	細寬度(新制)		
M　100	$3V$　250	標準	標準
A　180		15%以下	M　15
B　300	$5V$　550		$A \sim E$　25
C　500		細寬	
D　1000	$8V$　1300	8%以下	細寬　35
E　1500			

　　其表示法為皮帶種類乘長度，如 $A \times 800$ mm，即表示皮帶型別為 A ，全長為 800mm 的 V 型皮帶。皮帶規格中，寬、高及長依 M、A、B、C、D 及 E 型式而加大。V 型皮帶之優點有：

① 效率高，

② 運轉時，噪音小，

③ 兩帶輪軸中心距短時也可用，

④ 可以吸收衝擊，

⑤　旋轉方向可以任意改變，

⑥　兩帶輪軸中心有偏差，也不影響傳動。

⑦　使用時比齒輪、鏈輪……等安全。

　　V型槽輪(V belt pulley)的V槽角度做成小於 40°(V型帶為 40°)，如此可以補救V型帶摩損後變小或者槽摩損後增大。V型槽輪尺寸之設計如圖 8-19 及 8-20 所示。

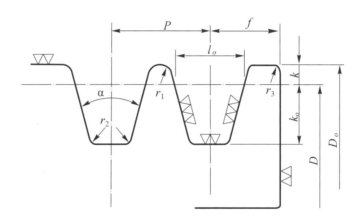

(a) V 型皮帶輪槽之尺寸

槽部之尺寸容許差　　　　　　　　　　　　　　　　　JIS B 1854～1965

V皮帶之形別	α之容許差	k之容許差	p之容許差	f之容許差
M			$-$	
A		$+0.2$ / 0	±0.4	$+2$ / -1
B	±0.5			
C		$+0.3$ / 0		
D		$+0.4$ / 0	±0.4	$+3$ / -1
E		$+0.5$ / 0		$+4$ / -1

註：k容許差以外徑 D_0 為基準，槽寬表示在D線上時，l_o位置之容許差。

(b) 槽部尺寸容許差

圖 8-19　V型皮帶

表 8-2　各種類型皮帶型規格(舊型)

類型	公稱徑	α	l_o	k	k_o	p	f	r_1	r_2	r_3	(參考) V皮帶之厚度
M	50 以上　70 以下 71 以上者　90 以下 90 以上者	34 36 38	8.0	2.7	6.3	—	9.5	0.2~0.5	0.5~1.0	1~2	5.5
A	71 以上　100 以下 100 以上者至 125 以下 200 以上者	34 36 38	9.2	4.5	8.0	15.0	10.0	0.2~0.5	0.5~1.0	1~2	9
B	125 以上　160 以下 160 以上者至 200 以下 200 以上者	34 36 38	12.5	5.5	9.5	19.0	12.5	0.2~0.5	0.5~1.0	1~2	11
C	200 以上　250 以下 250 以上者至 315 以下 315 以上者	34 36 38	16.9	7.0	12.0	25.0	17.0	0.2~0.5	1.0~1.6	2~3	14
D	355 以上　450 以下 450 以上者	36 38	24.6	9.5	15.5	37.0	24.0	0.2~0.5	1.6~2.0	3~4	19
E	500 以上　630 以下 630 以上者	36 38	28.7	12.7	19.3	44.5	29.0	0.2~0.5	1.6~2.0	4~5	25.5

2. **確動皮帶(Positive drive belts，齒形皮帶)(定時帶：Timing belts)**

　　確動皮帶又稱定時帶(Timing belts)，
為一種新的動力傳動皮帶，如圖 8-20 所
示，它是 1945 年由美國 Uniroyal 公司新
發明的皮帶。它在平面皮帶的一面具有相
等間隔的梯形方齒或圓齒，它和具有齒溝
的皮帶輪(Pulley)嚙合藉以傳動。動力可
以說是兼備齒輪傳動與皮帶傳動特點的傳
動式皮帶。這種皮帶發明以後，為了滿足

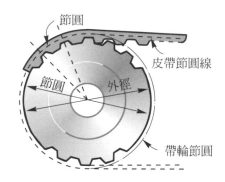

圖 8-20　齒形皮帶和皮帶輪嚙合的關係圖

客戶的各種需要，已發展出許多種類，其使用範圍從僅用於傳動輕負荷的迴轉
一直到數百萬馬力之傳動，由於齒和齒輪為確動運動，可防止皮帶滑動而不致
無謂動力的損失。由於傳達動力也類似齒形互相滾動而得平順的動作，又似無
聲鏈的動作，動力的傳達並非靠摩擦力，而具有鏈條與齒輪的優點。傳動齒形
皮帶的皮帶輪是由於和許多牙同時嚙合，因此外徑和牙的精密度均要求很高。
尤其皮帶牙是遠比皮帶輪材質軟的橡膠所製成。如果皮帶輪的精度不良，會顯
著的縮短皮帶的壽命。齒形皮帶的規格依 JIS 及 ISO 標準而分為 *MXL*，*XL*，*L*，
H，*XH* 及 *XXH* 等幾種，其規格及尺寸如圖 8-21(a)(b)及表 8-3 所示，其稱呼方式
如表 8-4 所示。

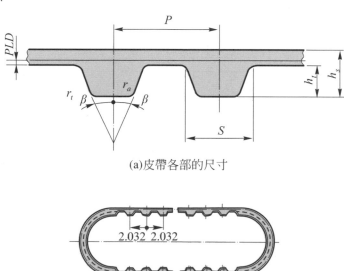

(a)皮帶各部的尺寸

(b)

圖 8-21　確動皮帶(Positive drive belts，齒形皮帶)

表 8-3　齒形皮帶各部的尺寸

記號		皮帶種類					
		MXL	XL	L	H	XH	XXH
P	(mm)	2.032	5.08	9.525	12.7	22.225	37.5
2β	(度)	40	40	40	40	40	40
S	(mm)	1.14	2.57	4.65	6.12	12.57	19.05
h_t	(mm)	0.51	1.27	1.91	2.29	6.35	9.53
h_s	(mm)	1.14	2.3	3.6	4.3	11.2	15.7
rt	(mm)	0.13	0.38	0.51	1.02	1.57	2.29
ra	(mm)	0.13	0.38	0.51	1.02	1.19	1.53
PLD	(mm)	0.254	0.254	0.254	0.686	1.395	1.525

表 8-4　齒形皮帶及皮帶輪的稱呼方式

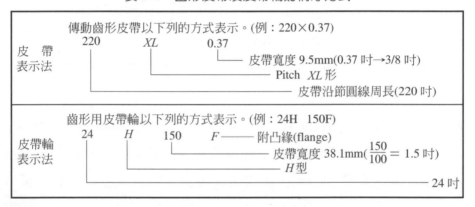

例題 14　設原輪直徑為 70 公分，迴轉數為 120，皮帶之厚度為 0.5 公分，求直徑 35 公分，摩擦損失 2% 之從動輪之 rpm 為若干？(三角皮帶傳動)

解

$$\frac{N_1}{N_2}=\frac{D_2-t}{D_1-t} \ , \ \frac{120}{N_2}=\frac{35-0.5}{70-0.5}$$

$$N_2=\frac{69.5}{34.5}\times120\times(1-2\%)=236.9\,(\text{rpm})(\because \eta=0.98)$$

8-5 繩傳動(Rope drives)

繩傳動包括棉繩、麻繩與鋼絲繩的傳動，用於傳達鉅大的功率，可以高達 2000 馬力以上者。

1. **棉繩與麻繩**

   (1) 多繩制(Multiple rope system)：又稱英國制(English system)創始於 1863 年，這是用若干條平行的繩索套在兩個軸線平行的兩槽輪上而成，如圖 8-22 所示。多繩制裝置中極適於兩平行軸之動力傳送，可傳達較大的功率且若有一條二繩損壞，仍可繼續工作，唯各繩鬆緊之程度極難一致，因而張力較大者，則易損壞。

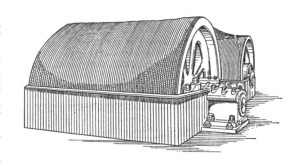

圖 8-22 多繩制繩輪傳動

   (2) 單繩制、連續制(Continuous system)：又稱美國制(American system)創始於 1883 年，也稱連續制，只用一條單繩繞在原動輪與從動輪之間，用一個張力槽輪拉緊，單繩制傳動，雖其設備較繁，但各繩鬆緊一致，可傳送任何角度軸線之動力，且可隨動力之增減伸縮自如，實為其獨具之優點。唯繩圈何處一經損壞，則全體停頓，非待修理完畢不得復工，且裝置較麻煩，成本亦貴，如圖 8-23 及 8-24 所示。

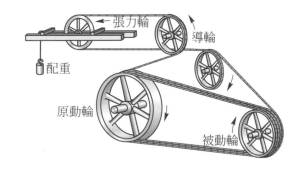

圖 8-23 單繩制

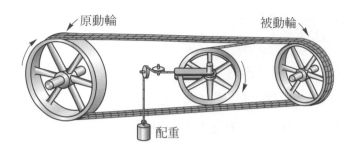

原動輪　　　　　　　被動輪

配重

圖 8-24　多繩制

(3)　棉(麻)繩槽輪：槽輪上的槽(Grooves)，依使用目的不同而有下列幾種。如圖 8-25 為導輪(惰輪 Idle pulley)，因不在傳遞動力，所以繩可接觸到槽底，而 8-26(a)(b)及 8-27 所示的原動與從動輪，繩靠在斜槽中間以增加壓力，並避免滑動，以達傳遞動力的作用。

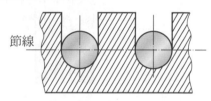

節線

圖 8-25　導輪

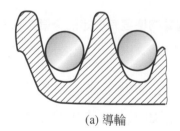

(a) 導輪

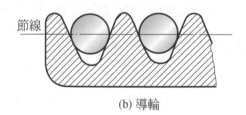

節線

(b) 導輪

圖 8-26　繩輪

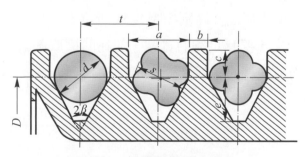

圖 8-27　纖維繩滑動之情形

(4) 細繩(Small cords)：兩繩輪不平行而方向隨時要改變時，常需要用細繩傳動。如紡織機。如圖 8-28 之兩正交繩輪其旋轉方向可隨時改變。細繩輪的槽要有一定的深度，否則易滑脫。如圖 8-29 所示。若繩輪軸向之截面，其曲線為 CBD 雙曲線。經 i 點作曲點 CBD 之切線，若此切線在 C 點之右側，則表槽深度適當，若此線在 C 點之左側，則槽深不夠，易滑脫。

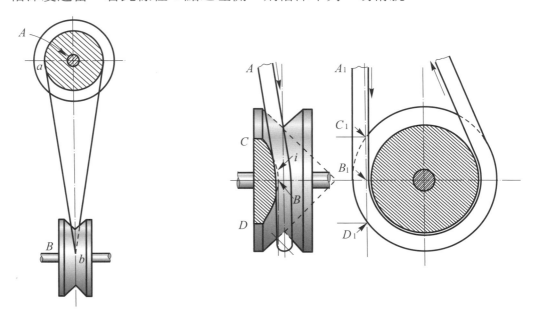

圖 8-28　正交繩輪其旋轉方向可隨時改變　　圖 8-29　繩輪的槽要有一定的深度，否則易滑脫

2. 鋼絲傳動(Wire rope drive)

　　鋼絲繩的主要用途在中、長距離而大功率之傳遞工作，如起重機，升降機與曳引機等需具有大強度之用。鋼絲繩的構造種類很多，視用途之不同而各異。如圖 8-30 其圖所示，是 6 股鋼線扭成的鋼絲繩，每股又由 7 根鋼絲扭成，記作 6×7 鋼絲繩。心材是麻心，為使繩具有撓性之用，而且附有潤滑劑，以減少繩的內部磨損。鋼絲繩之撚法及區別如圖 8-31 所示。

　　鋼絲繩輪的中央，要有足夠的寬度，並在凹槽底部嵌有木料皮革或馬來橡膠，以增加摩擦力並使繩的摩耗減少，如圖 8-32 所示。

號別	1　號	2　號	3　號
斷面	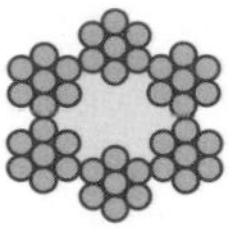	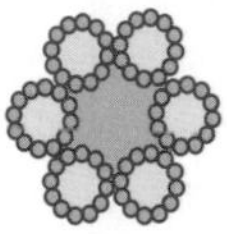	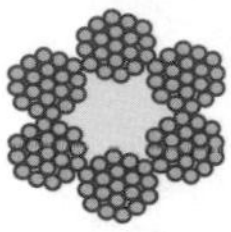
構成	6 股 7 絲 1 纖維心	6 股 12 絲中心及各鉸中心纖維	6 股 19 絲 1 纖維心
組成記號	6×7	6×12	6×19

號別	4　號	5　號	6　號
斷面		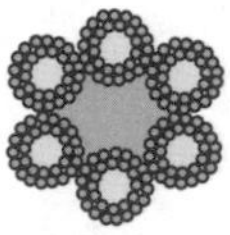	
構成	6 股 24 絲中心及各鉸中心纖維	6 股 30 絲中心及各鉸中心纖維	6 股 37 絲 1 纖維心
組成記號	6×24	6×30	6×37

號別	7　號	8　號	9　號
斷面		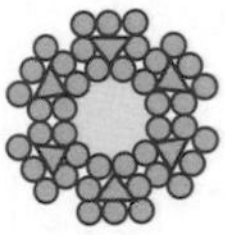	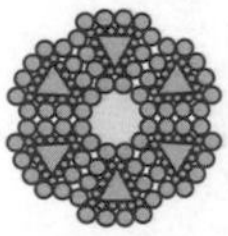
構成	6 股 61 絲 1 纖維心	6 股 FL 式三角心 7 絲 1 纖維心	6 股 FL 式三角心 24 絲 1 纖維心
組成記號	6×61	6×$F(\Delta + 7)$	6×$F(\Delta + 12 + 12)$

圖 8-30　金屬絞絲繩

號別	10　號	11　號	12　號
斷面	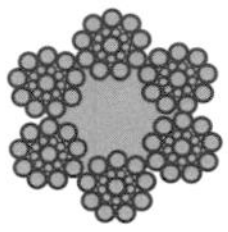	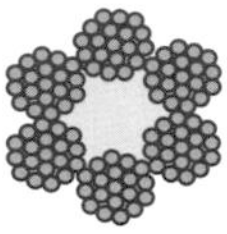	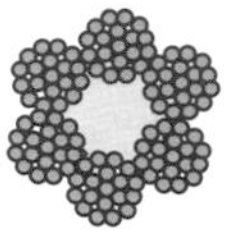
構成	6 股 *S* 形 19 絲 1 纖維心	6 股 *W* 式 19 絲 1 纖維心	6 股 *Fi* 式 25 絲 1 纖維心
組成記號	$6 \times S(19)$	$6 \times W(19)$	$6 \times F_i(19 + 6)$

號別	13　號	14　號	15　號
斷面	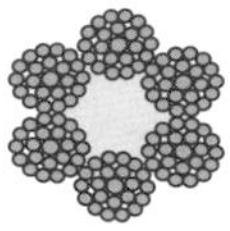		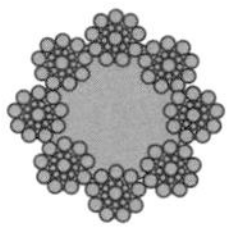
構成	6 股 *Fi* 式 29 絲 1 纖維心	6 股 *Fi* 式 25 絲中心 7 股 6 絲共心	8 股 *S* 式 19 絲 1 纖維心
組成記號	$6 \times Fi(22 + 7)$	$7 \times 7 \times + 6 \times Fi(19 + 6)$	$8 \times S(19)$

號別	16　號	17　號	18　號
斷面			
構成	8 股 *W* 式 19 絲 1 纖維心	8 股 *Fi* 式 25 絲 1 纖維心	6 股 *Fi* 式 19 絲中心繩索
組成記號	$8 \times W(19)$	$8 \times Fi(19 + 6)$	$7 \times 7 + 6 \times Fi(19)$

圖 8-30　金屬絞絲繩(續)

號別	19　號	20　號	21　號
斷面	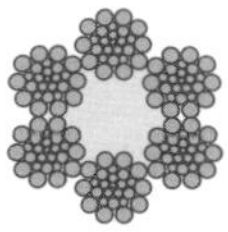	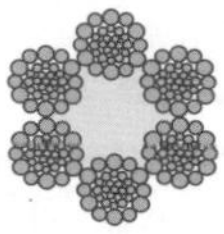	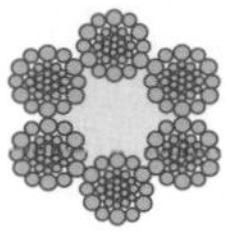
構成	6 股 *WS* 式 26 絲 1 纖維心	6 股 *WS* 式 31 絲 1 纖維心	6 股 *WS* 式 36 絲 1 纖維心
組成記號	6×*WS*(26)	6 *WS*(31)	6×*WS*(36)

號別	22　號	23　號	
斷面	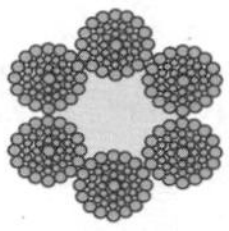	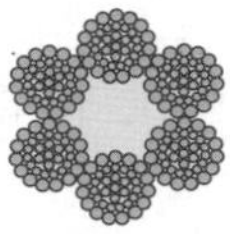	
構成	6 股 *WS* 式 41 絲 1 纖維心	6 股 *WS* 式 37 絲 1 纖維心	
組成記號	6×*WS*(41)	6×*WS*(37)	

圖 8-30　金屬絞絲繩(續)

普通 *Z* 撚	普通 *S* 撚	蘭格 *Z* 撚	蘭格 *S* 撚

圖 8-31　鋼絲繩之撚法

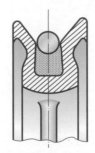
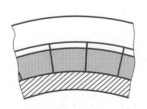

圖 8-32　凹槽底部嵌有木料、皮革或馬來橡膠，以增加摩擦力

3. **繩索之破壞**

繩索之破壞，很少係由於過大拉力而造成，其損壞原因有二：

(1) 外部損傷：繩外部損傷與繩的外表面積成正比，其表面積大者，外部損傷亦大。增大繩宜徑，雖外部損傷大但傳動馬力反增加，若欲傳達同一馬力數，如用多數細繩，則其外部損傷要比單一粗繩爲大。

(2) 內部損傷：繩繞在繩輪上傳動，繩中心線以上部份受張力，以下部份受壓力，此張力與壓力差愈大，則內部損傷愈大，故粗繩較細繩內部損傷大。

4. **繩傳動之馬力數**

$$PS = \frac{(T_1 - T_2)\pi DN}{4500} \text{(單繩制)}$$

D 表繩輪外徑，N 表繩輪迴轉數／分，T_1 表緊邊張力，T_2 表鬆邊張力，$E = T_1 - T_2 =$ 有效挽力

$$PS = \frac{(t_1 - t_2) \times (n \cdot \pi DN)}{4500} \text{(多繩制)}$$

t_1 表每條繩之緊邊張力，t_2 表每條繩之鬆邊張力，n 表繩圈數，D 表外徑(公尺)，N 表迴轉數／分，$e = t_1 - t_2 =$ 單一條繩索的有效張力

例題 15 一繩圈之傳動，共用繩圈 18 圈，以傳達 120 馬力，今知其中一個繩輪之節徑爲 48 吋，角速度爲每分 1500 弧度，試問每一個繩圈之有效張力？

解

$$\frac{\pi DN \cdot e \times n}{33000} = \frac{R\omega \cdot e \times n}{33000}$$

$$120 = \frac{\frac{24}{12}(呎) \times 1500 \cdot e \times 18}{33000}$$

$$e = 73.3 \text{ (lb)}$$

8-6 鏈條傳動機構(Chains transmission)

1. 鏈條傳動之優缺點

優點：

(1) 鏈條傳動時，僅在緊邊側有張力，鬆邊側幾近於零，故有效張力較皮帶大，傳動效率高，且軸承受力後不易磨損。

(2) 傳動速比一定。

(3) 不受濕氣和高溫影響。

缺點：

(1) 不適於高速旋轉，運轉時易擺動或生噪音。

(2) 傳動速率不均勻，迴轉不穩定。

(3) 製造成本高，維護及安裝較麻煩。

2. 傳動鏈條的種類

通常用為傳動的鏈條，可以大致分為三類如下：

(1) 起重鏈(Hoisting chain)，依形式之不同分為二類：

① 平環鏈(Coil chain)。

② 柱環鏈(Stud link chain)。此兩種鏈條作為吊掛及曳引之用，傳動速率約在180m/min 左右。如圖 8-33 及圖 8-34 所示。

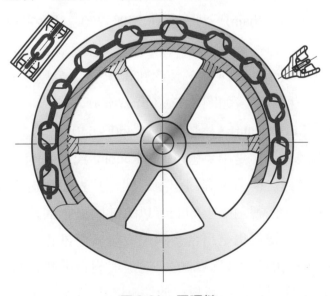

圖 8-33　平環鏈

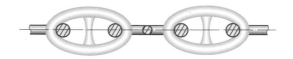

圖 8-34　柱環連

(2) 輸送鏈(Conveyor chain)：其用來搬運重物品，一般均兩行裝在一起使用，依據形式之不同，可分為鉤連式與合連式兩種，前者之各鏈節可隨時裝上或拆下，以調整鏈條之長短。鉤連式用於上下兩個不同高度物品之輸送，而合連式則用於平面內物品的輸送鏈。如圖 8-35 所示。

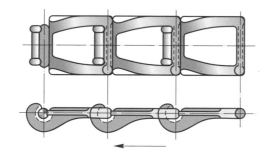

圖 8-35　活鉤鏈　　　　　　　　　　圖 8-36　塊狀鏈

(3) 傳達功率鏈(Power transmission chain)：此種鏈條之速度較以上二種鏈圈之速度高，各環節均用鋼製，且需使用精製之齒輪，以資配合。容易磨損部份都加以熱處理以增大其硬度，一般分為下列三種：

① 塊狀鏈(Block chain)，速率宜在 240～270 公尺／分左右。如圖 8-36 所示。

② 滾子鏈(Roller chain)，用於速率在 300～360 公尺／分左右，為使用最為廣泛的一種鏈條。如圖 8-37(a)(b)(c)所示。

③ 無聲鏈(Silent chain)，用於速率在 450～540 公尺／分之傳動，無聲鏈又稱倒齒鏈，最初是由英國 Hans Renold 氏所發明，主要為傳達功率之用。無聲鏈之構造，套筒作兩片狀，其表面經過硬化處理，作為銷子的承拖面，保護鏈鈑上的洞，以防其因磨損而拉長。銷子是精密磨光的合金鋼，鏈鈑也是用合金鋼製成後表面硬化的。鏈鈑的接觸面是直線的，鏈輪的齒也是直線的。鏈鈑與齒在開始接觸與分離時，兩者之間無滑動作用存在，所以可使傳動圓滑而少噪音。如圖 8-38 所示。無

聲鏈不會因鏈節變大而影響傳動的缺點，因為一般鏈鈑上的銷子孔，不會因磨損而變大，所以鏈節只有由於鏈鈑之被拉長而變大，具鏈節變大後，鏈鈑會自動調整其在鏈輪上的位置，一般的無聲鏈，可以達到 94% 到 96% 的機械效率，最高可達 99%。圖 8-39 為圓柱銷(面接觸噪音較大。美國工程師 Morse 將面接觸之圓柱銷改成搖銷(點接觸)，則噪音更小。如圖 8-40 所示。但製作及裝配較困難。

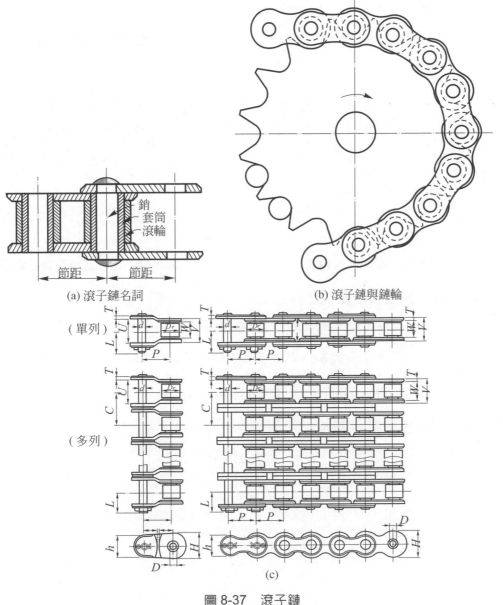

(a) 滾子鏈名詞　　　　　　　　(b) 滾子鏈與鏈輪

(單列)

(多列)

(c)

圖 8-37　滾子鏈

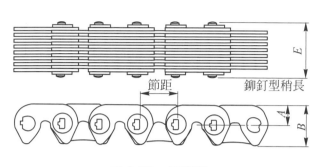

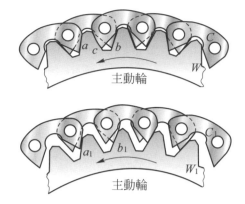

圖 8-38　無聲鏈

圖 8-39　圓柱無聲鏈

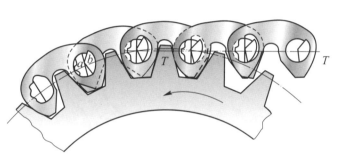

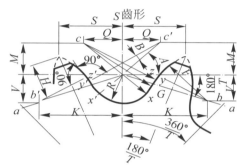

圖 8-40　Morse 無聲鏈

圖 8-41　滾子鏈條用鏈齒輪齒形

3. 鏈輪的節徑、速度及鏈條長度

(1) 鏈輪的節徑(Pitch diameter)就是各滾子中心所作的圓之直徑，D 等於 $\dfrac{P}{\sin\theta}\left(\theta=\dfrac{180°}{T}，T\text{ 表齒數，}P\text{ 表節距}\right)$，$H$ 若取 $0.3P$，則鏈輪的外徑等於 $\left(0.6+\cot\dfrac{180°}{T}\right)P$。如圖 8-41 及表 8-5 所示。

(2) 鏈條的長度與中心距離：

$$L = \frac{\pi}{2}(D_1 + D_2) + 2C + \frac{(D_1 - D_2)^2}{4C}$$

C 表中心距離，D_1 表大鏈輪節徑，D_2 表小鏈輪節徑。

表 8-5　鏈輪尺寸設計表

項目	計算公式
D_s	$D_s = 2R_r = 1.005d + 0.076$
u	$u = 0.07(p-d) + 0.051$　　　S 齒形　　　$u = 0$
R	$R = \dfrac{D_s}{2} = 0.5025d + 0.038$
A	$A = 35° + \dfrac{60°}{T}$
B	$B = 18° - \dfrac{56°}{T}$
ac	$ac = 0.8d$
Q	$Q = 0.8d \cos\left(35° + \dfrac{60°}{T}\right)$
M	$M = 0.8d \cos\left(35° + \dfrac{60°}{T}\right)$
E	$E = cy = 1.3025d + 0.038$
xy	$xy = (2.605d + 0.076)\sin\left(9° - \dfrac{80°}{T}\right)$
y^z	$y^z = d\left[1.4\sin\left(17° - \dfrac{64°}{T}\right) - 0.8\sin\left(18° - \dfrac{56°}{T}\right)\right]$
G	$G = ab = 1.4d \cos\dfrac{180°}{T}$，點 b 在線 XY 上，自 a 點與線 XY 成 $\dfrac{180°}{T}$ 之角度線上。
K	$K = 1.4d \cos\dfrac{180°}{T}$
V	$V = 1.4d \sin\dfrac{180°}{T}$
F	$F = d\left[0.8\cos\left(18° - \dfrac{56°}{T}\right) + 1.4\cos\left(17° - \dfrac{64°}{T}\right) - 1.3025\right] - 0.038$
H	$H = \sqrt{F^2 - \left(1.4d - \dfrac{P_t}{2} + \dfrac{u}{2}\cos\dfrac{180°}{T}\right)} + \dfrac{u}{2}\sin\dfrac{180°}{T}$，S 齒形　　$u = 0$
S	$S = \dfrac{P_t}{2}\cos\dfrac{180°}{T} + H\sin\dfrac{180°}{T}$

齒冠尖銳時之外徑 $= P_c \cot\dfrac{180°}{T} + 2H$

最大壓力角　$x_{ab} = 35° - \dfrac{120°}{T}$

最小壓力角　$x_{ab} - B = 17° - \dfrac{64°}{T}$

平均壓力　$26° - \dfrac{92°}{T}$

D_s 及 u 之尺寸容許差 $\begin{matrix}+(0.003d + 0.127)\\0\end{matrix}$

$N = $ 齒　數

$D_s = $ 齒根部圓弧之直徑 $= 2R$

$d = $ 滾子外徑

$D = $ 節圓直徑

$P = $ 鏈節距

$P_t = $ 齒形節距

$P_t = P\left(1 + \dfrac{D_r - d}{D}\right)$

若以 P 代表鏈節，則將上式，同除 P，則鏈節數

$$n = \frac{L}{P} = \frac{\pi}{2}\left(\frac{D_1 + D_2}{P}\right) + \frac{2C}{P} + \frac{(D_1 - D_2)^2}{4CP}$$

$$n = \frac{T_1 + T_2}{2} + \frac{2C}{P} + \frac{\left(\frac{\pi D_1 - \pi D_2}{P}\right)^2 \times \frac{P^2}{\pi^2}}{4C \times P}$$

$$= \frac{T_1 + T_2}{2} + \frac{2C}{P} + \frac{(T_1 - T_2)^2}{C} \times P$$

$$= \frac{T_1 + T_2}{2} + \frac{2C}{P} + 0.0257 \times \frac{(T_1 - T_2)^2}{C} \times P$$

式中 T_1 表大鏈輪齒數，C 表中心距離，T_2 表小鏈輪齒數，圖 8-45 為一般平環鏈與鏈輪之嚙合情形。

4. **鏈輪角度比的變化**

鏈條繞在鏈輪上形成一個多邊形而非一個圓，故由鏈的直線部份至鏈輪的中心距離隨時在改變，如圖 8-42 所示。鏈的直線部份在最低位置，其角速度極大，如圖 8-43 所示。鏈在最高位置，鏈輪角速度為最小，故從動輪就在這個極大與極小值之間往復變化，而有角加速度產生。鏈輪尺寸如圖 8-44 及表 8-6 所示。

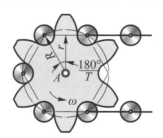

圖 8-42　鏈輪最小速度

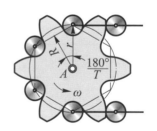

圖 8-43　鏈輪最大速度

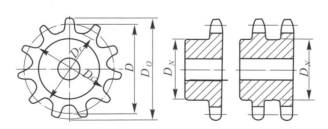

圖 8-44　鏈輪之基準尺寸

表 8-6　鏈輪尺寸表

項目	計算公式
節圓直徑 D	$D = \dfrac{P}{\sin\dfrac{180°}{T}}$
標準外徑 D_0	$D_0 = P\left(0.6 + \cot\dfrac{180°}{T}\right)$
齒根圓直徑 D_r	$D_r = D - d$
齒根距離 D_c	$D_c = D_r$ $D_c = D\cos\dfrac{90°}{T} - d$ $\quad = \dfrac{P}{2\sin\dfrac{180°}{2T}} - d$
最大輪轂直徑或最大槽直徑 D_H	$D_H = P\left(\cot\dfrac{180°}{T} - 1\right) - 0.76$
$P = $ 節距　　　$d = $ 滾子外徑　　　$T = $ 齒數	

> 註　$\dfrac{1}{2\sin\dfrac{180°}{2T}} = $ 齒根距離係數

$V_{\max} = \pi D N_a$ ， $V_{\min} = \pi D\cos\theta\, N_a$ ，若兩輪間無滑動發生，則 $V_a = V_b$ ，

$N_a P_C T_a = N_b P_C T_b$ ， $N_a T_a = N_b T_b$ ， $\dfrac{N_b}{N_a} = \dfrac{T_a}{T_b}$ 。

鏈輪傳動之注意事項：

⑴ 速率必須保持在 1：7 以下，低速時可用至 1：10 左右。

⑵ 接觸面達到 120°以上，軸間距離須為鏈條節距 30～50 倍左右。

⑶ 鏈輪之齒數過少，則鏈銷容易腐融，同時其速度之週期變動較大，為發生擺動與噪音之原因，齒數過多，則易脫離鏈輪。

⑷ 鏈條之繞掛法，應將其緊邊置於上方，如圖 8-46 所示。

⑸ 滾子鏈之傳遞效率約為 95%以上，倘能徹底予以潤滑亦可達到 98%。

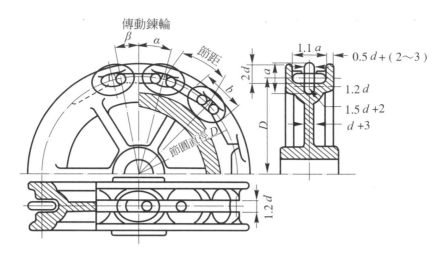

圖 8-45　滾子鏈輪

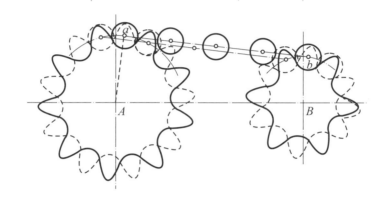

圖 8-46　鏈條之繞掛法，應將其緊邊置於上方

5. 鏈條所能傳達馬力

　　當鏈條傳達動力時，因其鬆側之張力幾近於零，故可略而不計，設鏈之平均速度為 V，緊側張力 T 等於有效挽力 E，則傳達馬力為英制馬力：

$$HP = \frac{TV}{33000}$$

公制馬力 $PS = \dfrac{TV}{4500}$。（V 表每分之速度）

例題 15

有一部自行車,其前後方齒輪之齒數分別為 50 齒及 15 齒,設騎車者每分鐘踩踏 60 次,又後方輪胎直徑為 24 吋,試求後輪胎每分鐘之迴轉速及該自行車每小時可行多少公里?

解

(1) $\dfrac{N_a}{N_b} = \dfrac{T_b}{T_a}$, $N_b = \dfrac{T_a}{T_b} N_a = 200 \,(\text{rpm})$

(2) $V = \pi D N = 3.14 \times \dfrac{24}{12} \times 200 \times 60$ (呎/時)

$\quad = \dfrac{3.14 \times 24 \times 200 \times 60 \times 0.3048}{12 \times 1000}$ (公里/時)

$\quad = 23$ (公里/時)

例題 16

鏈節為 2 公分之滾子鏈,裝於 15 齒之鏈輪上,其每分鐘之迴轉數為 2000 轉,其緊邊張力為 100 公斤,試求鏈輪之外徑及鏈條之速度,並求其所能傳達之馬力。

解

(1) $\theta = \dfrac{180°}{T} = 12°$

鏈輪外徑 $D_0 = P(0.6 + \cot\theta = 2(0.6 + 4.7)$

$\qquad\qquad = 10.6$ (公分)

(2) 節圓直徑 $D = \dfrac{P}{\sin\theta} = \dfrac{2}{\sin 12°} = 9.62$ (公分)

速度 $V = \pi D N = 3.14 \times 9.62 \times 2000 = 60414$ 公分/分

$\qquad\quad = 604.14 \,(\text{m}\,/\text{分})$

(3) 傳動馬力 $\text{PS} = \dfrac{E \times V}{4500} = 13.42$ (馬力)

例題 17　一節距 2cm 的滾子鏈，運轉於 15 齒的鏈輪上，而鏈帶每分鐘迴轉 2000 轉，則此鏈輪之最大速度 V_{max} 為多少公尺，最小速度及平均速度為多少公尺？

解

$\theta = \dfrac{180°}{T} = 12°$

外徑 $D_0 = P(0.6 + \cot\theta) = 10.6 \,(cm)$

節徑 $D = \dfrac{2}{\sin 12°} = 9.62$

$V_{max} = \pi DN = \pi \times 9.62 \times \dfrac{2000}{60} = 1007 \,(公分／秒)$

$V_{min} = \pi D\cos\theta N = \pi \times 9.62\cos 12° \times \dfrac{2000}{60} = 985 \,(公分／秒)$

$V_{men} = \dfrac{V_{max} + V_{min}}{2} = \dfrac{1007 + 985}{2} = 996 \,(公分／秒)$

例題 18　一節距 $\dfrac{1}{2}$ 吋之滾子鏈輪，其轉速應多少 rpm 較適宜？

解

根據美國鑽石鏈條公司之設計，認為鏈輪節距一吋時，其轉速為 900rpm，即 $N = \dfrac{900}{\sqrt{P_t}}$ 今節距為 $\dfrac{1}{2}$，因此 $N = \dfrac{900}{\sqrt{\left(\dfrac{1}{2}\right)^3}} = 2545 \,(rpm)$

6. 鏈條拉長之影響(如圖 8-47)

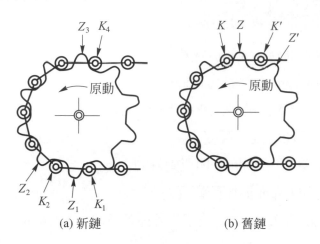

(a) 新鏈   (b) 舊鏈

圖 8-47 　鏈節變長後對於傳動之影響

習題八

1. 有一組皮帶輪傳動機構，A 輪直徑為 20cm，B 輪直徑為 45 cm。假設 A 輪為主動輪，其轉速為 700 rpm 皮帶厚為 0.5cm，不計滑動時，B 輪轉速為多少 rpm？

2. 兩皮帶輪軸心距為 75 公分，以皮帶帶動原輪的直徑 50 公分，轉速 250rpm，試求從動輪的直徑及所需皮帶長度
   (1) 已知從動輪轉速為 200rpm 與原動輪同向。
   (2) 從動輪轉速 400 rpm 與原動輪反向。

3. 平皮帶傳動軸相距 5000mm，二皮帶之外徑各為 $D_a = 300$ mm，$D_b = 750$ mm，試求採開口皮帶時之長度(mm)。

4. 相距 1.8 公尺之兩軸分別裝有一直徑 50 公分與 100 公分的皮帶輪，若兩輪以交叉皮帶動，求以近似的公式而求出的皮帶長度為多少公分？

5. 兩軸相距 3.6 公尺的帶動裝有直徑 1.2 公尺與 0.9 公尺的皮帶輪，若使用交叉皮帶傳動，則將比採口皮帶時，須增加多少公分？

6. 設原輪直徑為 70 公分，迴轉數為 120rpm，皮帶之厚度為 0.5 公分，帶動直徑 35 公分，摩擦損失為 2%之從動輪其 rpm 為若干？

7. 一對相等的三階交叉皮帶傳動軸 A 及 B，A 為原動軸以 75rpm 的等速轉動，B 的最高轉速為 225rpm，從輪最大直徑為 15 公分，求 B 輪另外兩階的轉速及直徑為多少公分？

8. 一皮帶繞於每分鐘 150 轉，直徑 50 公分之帶輪？皮帶之有效挽力為 30kg，試求所需馬力數。

9. 轉速 120 rpm 的 A 軸使用一對階級輪，以交叉皮帶帶動 B 軸，欲使 B 軸的轉速各為 80、120、180 及 240 rpm，若從動軸上最大階級輪直徑為 45 公分，則其餘各階塔輪直徑為多少公分(包括 A 軸)？

10. 已知原動皮帶輪直徑為 3 吋，轉速為 1700 rpm，從動輪直徑為 12 吋，仗用之皮帶為 3 吋寬，$\frac{3}{16}$ 吋厚，試計算此條皮帶能傳動的馬力為多少 HP？(設有效挽力 ＝ 80 磅／吋)

11. 一皮帶輪以 300 rpm 時可傳送 6.6π 之馬力，若皮帶鬆邊與緊邊張力之差為 90kg，則該輪之直徑為多少公分？

12. 一對五階的階級輪以交叉皮帶聯動在相距 15 公分的兩軸上工作，從動輪較低的三個轉速為 60、120 及 180 rpm，從動輪的最大直徑為 45 公分，試求

   (1) 原動輪的轉速。

   (2) 從動輪最高速與原動輪轉速之比。

   (3) 從動輪其餘四階的直徑及皮帶的長度。

13. 圖(a)之機構中，數字 2 與 3 表示齒輪，其齒數分別為 100 與 50，8 與 9 為皮帶輪，其直徑分別為 72 cm 與 24 cm，齒輪 3 與皮帶輪 8 用鍵裝在同一軸上，若齒輪 2 的轉速為 220 rpm(順時)，試問

   (1) 皮帶輪 9 的轉速為多少 rpm？順時或逆時？

   (2) 皮帶的速率為多少 m/sec？

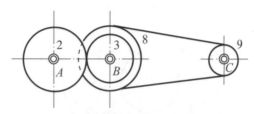

圖(a)　求皮帶輪 9 的轉速為多少 rpm，皮帶的速率為多少 m/sec

14. 一個繩輪的裝置由 15 條繩子組成用以傳送 120HP 的功率，若其中一槽輪的節徑為 1.2 公尺，其輪速為 1500 rad/min，求每一繩子的有效拉力為若干公斤？

15. 有一帶圈之設計，其強度為每 mm 寬 2 公斤，若在帶圈傳動中，帶圈緊邊張力為 200 公斤，鬆邊為 80kg，原輪外徑 50 公分，每分鐘迴轉數 450 轉，則

   (1) 帶圈之有效挽力為多少 kgf？

   (2) 帶圈之線速度為多少公尺／秒？

   (3) 傳遞功率為多少馬力？

   (4) 帶圈應有之寬度(mm)為多少？

16. 一個鏈節為 2.54 公分的滾子鏈，配合一個 15 齒的鏈輪，以 300rpm 的速率，帶動另一鏈輪以 100rpm 轉動，求從動輪的齒數，兩輪的節徑，鏈條長及鏈節數。（已知兩輪中心距為 90 公分）

17. 有一繩索驅動裝置，其中每一繩子之緊邊張力為 50kg，鬆邊為 30Kg，若繩圈速度為 450 公尺／分，若要傳達 10 馬力之動力，則需繩數為多少根？

18. 一個鏈節為 1.27 公分的滾子鏈，在一個 15 齒轉速為 2000rpm 的鏈輪上轉動，試求鏈輪的最大，最小與平均線速度？(公尺／分)

19. 一對 4 級相等塔輪，主動輪轉速 120rpm，從輪最高與次高轉速為 240 及 180rpm，則其餘二階轉速為多少？

20. 一皮帶輪上緊邊皮帶的張力為 800 磅，鬆邊皮帶的張力為 600 磅，皮帶輪直徑為 2 呎，若皮帶輪之迴轉速率為 200rpm，已知 1 馬力＝550 呎磅／秒，則其傳送之馬力為多少？

21. 兩相距 60 公分的平行軸以鏈節 1.9 公分的無聲鏈輪傳動，其中一個 19 齒的鏈輪以 900rpm 的角速帶動另一個 41 齒的鏈輪，試計算兩輪的轉速，節徑及鏈節數。

22. 有一個皮帶輪固定於軸上，其兩側之拉力及直徑均如圖(b)所示，則對此軸所產生之扭矩為多少公斤-公尺？

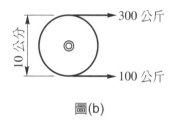

圖(b)

23. 試求交叉皮帶之長度，若主動輪直徑 40 公分，從動輪直徑 80 公分，中心距 200 公分。

24. 試求圖(c)中兩皮帶輪之包角(Angle of wrap) α_1 及 α_2。

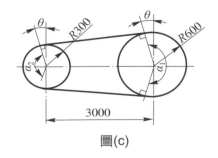

圖(c)

25. 一對相等之五級塔輪，若主動軸轉速固定，且 $N = 240\,\mathrm{rpm}$ 從動軸最低轉速為 40 rpm，則從動軸最高轉速與最低轉速之比為多少？

Chapter 9

其他機構

9-1 螺旋機構

一、斜面與螺旋(Inclined plane and screw)

1. 斜面

斜面與楔(Wedge)是機械元件，可用來產生運動或形成推力，如圖 9-1(a)所示。$\overline{mo}$ 就是斜面，其底面 $\overline{mn}$ 為水平，可在平面 $\overline{XX}$ 上自由滑動。斜面 $\overline{mo}$ 與水平面之夾角為 θ，另一面 $\overline{no}$ 垂直 $\overline{mn}$。S 為滑件，可沿導路 G 做上下之運動。S 的下端為與 $\overline{mo}$ 有相同的斜面。當 F 向左移動 $\overline{mm_1}$ 距離時(如虛線之位置)。此時 S 被推上 $\overline{dd_1}$ 的距離。若 F 的長度 b 與高度 a 已知，則由 F 的移動量可求出 S 的上升量。

圖 9-1(a)中，作一垂線 $\overline{mt}$ 與 $\overline{m_1o_1}$ 交於 t，則 $\overline{mt} = \overline{dd_1}$，因為 mtd_1d 為平行四邊形，而 Δm_1mt 相似於 $\Delta m_1n_1o_1$，對邊成比例即

$$\frac{\overline{mt}}{\overline{n_1o_1}} = \frac{\overline{m_1m}}{\overline{m_1n_1}} \tag{9.1}$$

但是因為 $\overline{n_1o_1} = \overline{no}$，$\overline{mt} = \overline{dd_1}$，$\overline{m_1n_1} = \overline{mn}$ 代入上式得

$$\frac{\overline{dd_1}}{\overline{no}} = \frac{\overline{m_1m}}{\overline{mn}} \text{，} \overline{dd_1} = \overline{m_1m} \times \left(\frac{\overline{no}}{\overline{mn}}\right) = \overline{m_1m} \times \tan\theta \tag{9.2}$$

即滑件上升距離等於楔水平移動的距離乘楔的高度與長度之比。

圖 9-1(b)中，楔的右端，$\overline{no}$ 改為斜面，並不垂直 $\overline{mn}$。滑件 S 上升的距離與(9.1)式的算法一樣。又是 $\overline{no}$ 改用垂直距離 $\overline{ok}$ 代替。左端 $\overline{no}$ 之形狀，不影響滑件 S 上升的距離，圖中的斜楔 F，只是想加強底面 F 而已。

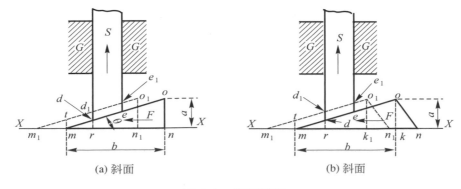

(a) 斜面　　　　　　　　(b) 斜面

圖 9-1　斜面傳動

圖 9-2 中，滑件 S 的上升是由 K 的斜面與 $\overline{mo}$ 的斜面共同造成。由於 K 固定不動，所以滑件 S 上升的距離是 $\overline{mn}$ 與 $\overline{mo}$ 兩斜面移動時，所造成垂直移動距離的和。

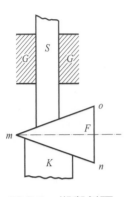

圖 9-2　楔與斜面

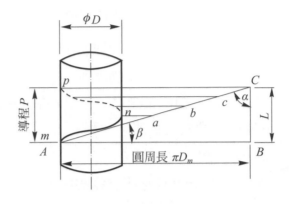

圖 9-3　螺旋與螺旋線

2. 螺旋(Screw)

螺旋爲斜面之應用，包括螺栓、螺帽、螺釘及其類似之機件，並包括輸送動力或調整之各式軸銷等，爲機械上常見之零件。

在圖 9-3 中，直角三角形 ABC，$\overline{AC}$ 爲斜面，若以 A 點開始，沿柱之周圍包捲，則 ΔABC 之斜面 $\overline{AC}$ 在圓柱表面上形成 $\widehat{mnp}$ 之曲線，該曲線即稱螺旋線，若 ΔABC 之直角邊 AB 之長與圓柱之圓周長相等，則另一直角邊 BC 爲該螺旋線之導程 L，斜面 $\overline{AC}$ 與邊 $\overline{AB}$ 之夾角稱爲導程角如 β。導程角 $\beta = \tan^{-1}\dfrac{1}{\pi D_m}$（$L$ 爲導程 Lead 之縮寫），D_m 爲節徑，即螺紋外徑與根徑的平均值。

所謂螺旋(Helix)，乃是一種圓柱面上的曲線，此曲線上任一點的切線都與一條固定的軸線保持一定的距離與一定的角度。一定的角度稱爲螺旋角(Helix angle)以 α 表之。$\tan \alpha = \dfrac{\pi D_m}{L}$，如圖中所示。

二、螺旋各部份之名稱

螺旋各部份的名稱，如圖 9-4 所示。

1. 軸線(Shaft line)：螺紋的中心線。

2. 螺紋(Thread)：依螺旋線原理所刻成的各種凹槽(如 V 槽、方槽、圓槽…等)稱爲螺紋(如 V 型螺紋、方螺紋等)。

3. 陽螺紋(External thread)：亦稱外螺紋，即在機件表面上的螺紋。

4. 陰螺紋(Internal thread)：亦稱內螺紋，即在機件內面上的螺紋。

5. 外徑(Outside diameter)：螺紋的最大直徑，以 D_o 表之。

6. 內徑(Inside diameter)：亦稱根徑(Root diameter)，即螺紋的最小直徑，以 D_r 表之。

7. 節圓直徑(Pitch diameter)：亦稱節徑(平均直徑 $D_m = \dfrac{D_o + D_r}{2}$)，可視爲陰螺紋與陽螺紋在一起時，代表的接觸點所成的直徑。節徑爲螺紋極重要之尺寸，可用節徑測微器或用三線法量測之，若用光學比較儀，則較爲準確。

8. 牙峰(Crest)：螺紋之頂部。

9. 牙根(Root)：螺紋之底部。

10. 邊(Side)：連接牙峰與牙根之螺紋面。

11. 節距(Pitch)：相鄰兩螺紋的對應點，在平行軸線方向的距離，有時節距又稱爲螺距。

12. 導程(Lead)：螺桿在平行軸方向旋轉一周，所前進或後退的距離。

13. 導角(Lead angle)：節圓圓周長與導程所夾的角，如圖 9-4 所示。

14. 螺紋角(Thread angle)：任一螺紋兩邊所夾的角。

15. 牙深(Thread depth)：螺紋沿垂直軸線方向，牙峰與牙根間的垂直距離。

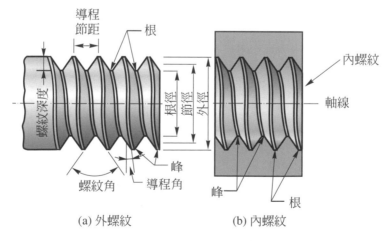

(a) 外螺紋　　　　(b) 內螺紋

圖 9-4　螺紋之名稱

三、螺紋之種類

1. 螺紋之功用

　　⑴　鎖緊用：如 V 型螺紋。

(2) 傳達功率與運動用：如虎鉗或千斤頂上之螺桿使用在傳達動力之螺旋，摩擦小、效率高者為理想，以獲得較佳之傳動效能。如方形或梯形螺紋，如圖 9-5 所示。

(3) 調整關係位置及度量用。如車床刀座之調整進刀量及分厘卡等。

(4) 防漏用：如管螺紋。

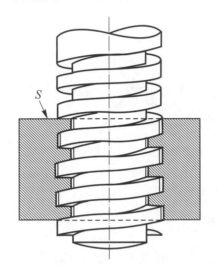

圖 9-5　方螺旋

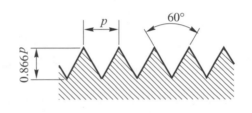

圖 9-6　V 形螺紋

2. 螺紋之種類

(1) V形螺紋(V type thread)：又稱全 V 型螺紋(Full V-thread)，由於效率不高，所以最好用於固定機件。

① 尖 V 形螺紋，螺紋角為 60°，頂部成尖形，易於損壞且不易製造，故少使用，如圖 9-6 所示，牙深為 0.866P。

② 美國國家標準螺紋(American stardard thread)：又稱改良型螺紋(Modified thread)，如圖 9-7 所示，其螺紋角亦為 60°，頂部與根部為平面外，餘均與銳 V 形相同，通常以 NC、NF 及 NEF 表之。配合為中配合($6H$、$6g$)，三級配合為精密配合($4H$、$4g$、$5H$ 及 $5g$)。

NC：(National coarse 之簡稱)粗牙

NF：(National fine 之簡稱)細牙

NEF：(National especially fine 之簡稱)特細牙

NS：(National special 之簡稱)特殊牙

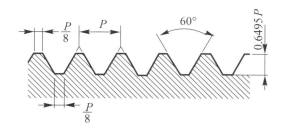

圖 9-7　美國國家標準螺紋

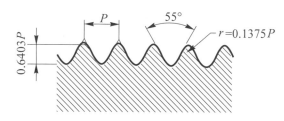

圖 9-8　惠氏螺紋

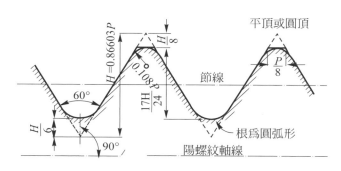

圖 9-9　統一螺紋

③　英國國家標準惠氏螺紋(Whit-worth thread)如圖 9-8 所示，其螺紋角為 55°，根部與頂部皆成圓弧強度較美國國家標準為佳，但以切削螺紋之刀具較難製造，費用較高，其表示法如 $W\frac{1}{2}-12$，螺紋外徑為 $\frac{1}{2}$ 吋，每吋長 12 牙，可以用在低動力的傳遞，以及固定機件。牙深為 0.6403P。

④　統一標準螺紋(Unified thread)，如圖 9-9 所示，其螺紋角為60°，頂部為平面圓弧，根部則製成圓弧，此種 U 字表示之。如 $\frac{1}{2}-12UNC$(表外徑為 $\frac{1}{2}$ 吋，每吋 13 牙，統一粗牙)，牙深為 0.6134P。

⑤　國際公制標準螺紋(International metric thread)如圖 9-10 所示，螺紋為英、法及瑞士等歐洲國家起先訂立採用，我國國家標準亦隨之採用。此種螺紋尺寸為公厘(mm)單位外，其餘均與美國標準螺紋大致相同，其頂部為平面，根部為圓弧形，螺紋深度較統一標準螺紋略深，一般用於飛機、汽車及動力機械等固定機件用，以 M 字表之。牙深為0.65P～0.70P，一般分為一級配合為精密配合(4H、4g、5H及5g)，二級配合為中配合(6H、6g)，三級配合為粗配合(7H、7g)。

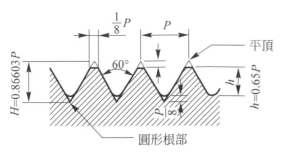

圖 9-10　公制螺紋

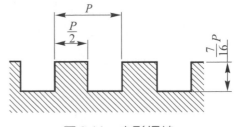

圖 9-11　方形螺紋

(2)　方螺紋(Square thread)：是傳力螺紋中最有效的一種。圖中，P 爲螺距，螺紋 (高)爲 $\dfrac{7}{16}P$,如圖 9-11 所示。

傳遞動力時，V 形螺紋因一部份推力可使螺母趨於破裂，如採用方螺紋時，因其所傳之力幾乎全部平行於螺釘的軸線。此缺點即可避免。所以方螺紋的主要功用是傳遞動力或運動。方螺紋雖然製造費用較高，但仍被廣泛使用。

(3)　梯形螺紋(ACME thread)：可分爲公制系之 30°梯形螺紋與英制系列之 29°梯形螺紋(統稱 ACME 螺紋)。用以傳達輕動力工作，通常磨損率較方螺紋爲小，根部強度大，製造成本低，易於切削且可用螺絲模製造，其較方螺紋有磨損後仍可藉著對開合螺帽(Split nut)調整之優點。如車床導螺桿亦多採用之。如圖 9-12 所示。標法如 $TM_R 35 \times 6-4G$ 或 $TM_R 25 \times 5-6C$(雙線左旋)。

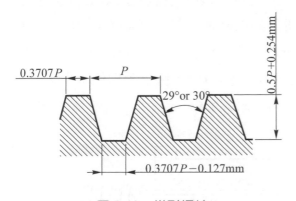

圖 9-12　梯形螺紋

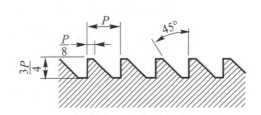

圖 9-13　斜方螺紋

(4)　斜方螺紋(Saw slot thread or buttress thread)：又稱鋸齒形螺紋，用在單向之動力傳遞，其螺紋一方垂直，另一面傾斜，垂直面可承受單方向之推力，如螺旋千斤頂等皆使用之。如圖 9-13 所示。

(5) 圓頭螺紋(Round thread)：螺紋角為 29°，為德國 DIN 所定之標準螺紋，呈圓形，可由鑄造或模內衝壓而成，其可減少螺紋間之摩擦，增進效率，大都用於受衝擊力較大之粗糙工作。如貨車上之螺紋及電燈泡燈頭螺紋皆屬之，如圖 9-14 所示。

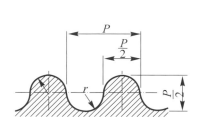

圖 9-14　圓頭螺紋

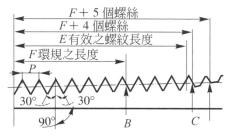

圖 9-15　錐管螺紋

(6) 管螺紋(Pipe thread)：管子用於拉合螺紋，稱為管螺紋，螺紋角為 60°螺紋高為螺距的 0.8 倍，管螺紋有平行管用螺紋與錐形管用螺紋兩種。各類配件及管配件均為此種螺紋。錐形管螺紋用於防止洩漏較佳，須保持充分之氣密時，使用錐管螺紋較好。管螺紋具有每呎 $\frac{3}{4}$ 吋之錐度，或每吋有 $\frac{1}{16}$ 吋之錐度，即錐度 $T = \frac{1}{16}$，如圖 9-15 所示。平行管螺紋以 PF 表示，錐管螺紋以 PT 表示。

(7) 滾珠螺紋(Ball-screw)：目前工業上傳達動力最好的螺紋屬鋼珠螺紋，但其製造費用高且加工程序較複雜，所以較為高速之精密傳動方採用。如 NC 車床、綜合加工機(Machining-center)及工業用機器人(Robot)之進給系統所採用。摩擦係數約為 0.01，機械效率為 0.88～0.95，因為摩擦係數小，摩擦角小於導程角，所以螺帽與螺桿間無自鎖作用。

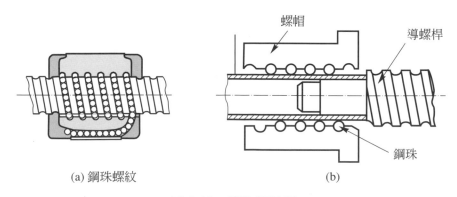

(a) 鋼珠螺紋　　　　　　　　　　　(b)

圖 9-16　滾珠導螺桿

四、螺紋與旋向及其開頭數

螺紋依所在位置分為陽螺紋與陰螺紋兩種，螺紋之大小就公制而言，以螺距 (Pitch)表之。如 $M12 \times 1.75\text{-}60l$ (M表公制V牙，1.75 表螺距，60 表螺紋長)或 $M10 \times 1.5$ $\text{-}60l$ 等。就英制而言，如 $\frac{3}{8}\text{-}16NC$ ($\frac{3}{8}$ 吋表外徑，16 為每吋牙數，NC 為粗牙，NF 為細牙，NEF 為特細牙及 NS 為特殊牙)，$\frac{3}{8}\text{-}16UNC\text{-}2A$ (UNC 為統一粗牙，2 表二級配合，A 表陽螺紋)。

1. 螺紋旋向

螺旋可為右螺旋與左螺旋，右螺旋若順時方向旋轉時，螺紋便前進，一般以 "Right hand ，RH" 符號表示之。即螺旋線右邊比左邊高者。左旋螺紋反時針方向迴轉時，螺紋才會前進，一般以 "Left hand，LH" 表示之。即螺旋線左邊比右邊高者，左螺紋只用在特殊用途上。圖 9-17 為右螺紋，圖 9-18 所示為左螺紋。

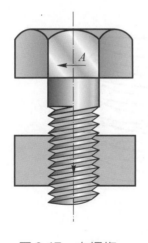

圖 9-17　右螺旋

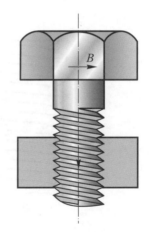

圖 9-18　左螺旋

2. 螺紋開頭數

螺紋上任意一點到相鄰之同位點其與軸線平行之一段距離，稱為螺距(Pitch)，亦有稱為螺節或節距者。若螺旋旋轉一周，螺紋上任意一點，其沿軸向所移動之距離，稱為導程(Lead)。故螺距(P)與導程(L)之關係如下：如圖 9-19 所示。

(1)　單線螺紋時 $L = P$(導程＝節距)，如圖 9-19(a)所示。

(2)　雙線螺紋時 $L = 2P$(導程＝ 2 倍節距)，兩條螺紋開頭相隔 $180°$，如圖 9-19 (b)所示。

(3) 三線螺紋時 $L = 3P$ (導程＝ 3 倍節距)，三條螺紋開頭相隔 120°，如圖 9-19 (c)所示。

單螺紋與雙螺紋之螺旋線詳圖，如圖 9-20 所示。

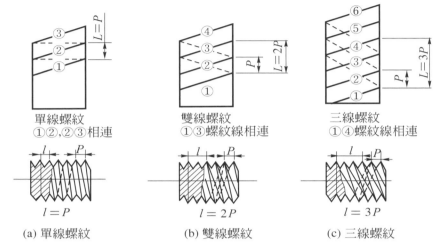

(a) 單線螺紋　　　(b) 雙線螺紋　　　(c) 三線螺紋

圖 9-19　螺紋開頭數

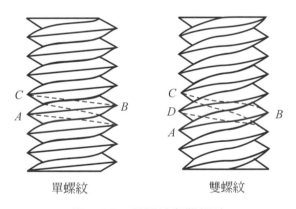

單螺紋　　　　雙螺紋

圖 9-20　單螺紋與雙螺紋

五、單螺紋機構

1. 機械效率(Mechanical efficienc)以 η 表示之

即 $\eta = \dfrac{輸出功}{輸入能}$ (η 必小於 100%)

2. 機械利益(Mechanical advantage)

任何一機械欲使其運動，必由原動件加入作用力來傳達從動件所生阻力，基於此理，其阻力對於作用力之比值，謂之機械之力比(Force ratio)亦稱為機械利益，設阻力以 W 表之，作用力以 F 表之，則機械利益 $M = \dfrac{阻力}{作用力} = \dfrac{W}{F}$，普通機械利益多大於 1，即阻力多大於作用力，然而機械的目的，若僅係以增加傳達運動速度，則適屬相反。

(1) 斜面之機械利益

① 傳達力量用之斜面：如圖 9-21 所示，圖中 $F = W \sin\theta$ 則機械利益 $M = \dfrac{W}{F} = \csc\theta$，機械利益等於傾斜角之餘割。

$M > 1$，費時省力。

$M = 1$，加力方便，不能省力亦不能省時。

$M < 1$，省時費力。

② 傳達運動用之斜面：如圖 9-22 所示，錐面水平推動使垂直從動件上升的距離，可用公式表示。

$$\overline{dd_1} = \overline{mm_1} \times \tan\theta$$

即垂直上升量＝水平移動量×傾斜角之正切。

斜面之機械利益計算如下：

$$\overline{mm_1} \times F(\text{施力}) = \overline{dd_1} \times W(\text{重物})$$

即 $\dfrac{W}{F} = \dfrac{\overline{mm_1}}{\overline{dd_1}}$ 又機械利益 $M = \dfrac{W}{F} = \dfrac{\overline{mm_1}}{\overline{dd_1}} = \cot\theta = \dfrac{1}{\tan\theta}$

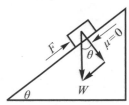

圖 9-21　斜面之機械利益

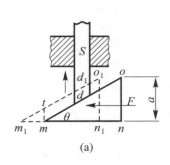

(a)

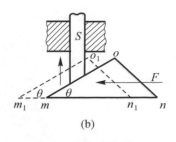

(b)

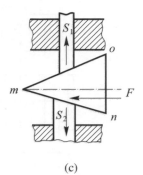

(c)

圖 9-22　斜面與傳動件

（ 機動學(第四版)

(2) 螺旋之機械利益

① 如圖 9-23 所示之螺旋裝置，設
K 為轉動把手，N 為螺帽，R 為
迴轉半徑，L 為導程，F 為把手
上之作用力。W 為螺帽所產生之
抵抗力，當 K 迴轉一周，其所行
之距離為 $2\pi R$，螺帽 N 所行之距
離為一導程 L，則依功之原理(力
比＝速比)。即

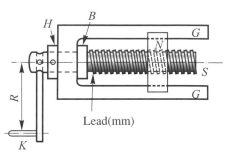

圖 9-23　螺旋

$$\frac{W}{F} = \frac{2\pi R}{L} \text{ 或 } W \times L = F \times 2\pi R \text{(即輸出功＝輸入能)}$$

② 如圖 9-24 所示之螺旋起重機，其 W 與 F 有如下的平衡關係 $\frac{W}{F} = \frac{2\pi R}{L}$。
但如圖 9-25 所示，設在螺旋線上推動螺旋上升的力為 P 則 P 與 F 有如
下之關係，$F \times R = P \times r$ (r 表螺桿節圓半徑)，將這螺旋線展開成一斜
直線，如圖 9-25，R_o 為 g 對於 f 的反作用力與 P，W 在同一鉛垂面內，
R_o 與斜面的法線 NN 向右傾斜成摩擦角，則 $P = W\tan(\beta+\phi)$，即 $\frac{W}{F} =$
$\frac{R}{\tan(\beta+\phi) \times r}$ (β：導程角，ϕ：摩擦角)，若手柄向下推動，則公式變成
$\frac{W}{F} = \frac{R}{\tan(\beta-\phi) \times r}$。

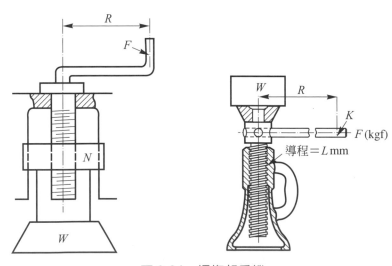

圖 9-24　螺旋起重機

9-12

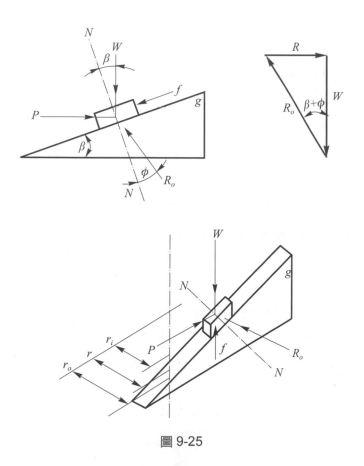

圖 9-25

例題 1

圖 9-26 示之起重蝸桿組合，吊重滑輪直徑 14 吋，當具有三線螺紋之蝸桿轉 30 次時，重物上升 20 吋，則蝸輪齒數爲多少齒，當 $R = 16\frac{2}{3}$ 吋，且機械效率 65%時，欲升起 8800 磅之重物，需幾磅之力？

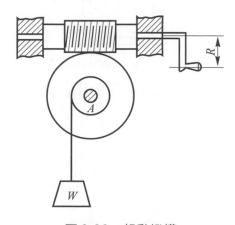

圖 9-26　起動機構

解

(1) 蝸桿轉一圈蝸輪移動三齒(因蝸桿3紋)，今蝸桿轉30圈，則蝸輪移動90齒，蝸輪轉一圈，滑車之重物可吊升一周長＝$\pi \times 14 = 43.96$吋，今重物上升20吋時，求得蝸齒數為

$$T = \frac{43.96}{20} \times 90 = 198 \left(\frac{90}{T} \text{齒} = \frac{20}{43.96} \right) 。$$

(2) 由公式 $F_1 \times 2\pi R = W \times L$，導程＝$\frac{3}{198} \times 43.96 = \frac{2}{3}$吋，

$$F_1 \times 2\pi \times 16\frac{2}{3} = 8800 \times \frac{2}{3}，F_1 = 56\text{磅} 。$$

例題 2

如圖 9-27 示，手輪直徑為 14 公分，活塞直徑為 12 公分，若機械效率為 40%，加 50 公斤之力於手輪上，則活塞每平方公分受到多少公斤壓力？(已知螺旋為雙紋，節距為 5mm)。

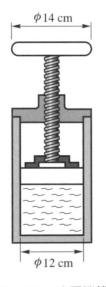

ϕ14 cm

ϕ12 cm

圖 9-27　油壓機構

解

$$WL = F(2\pi R) \times \eta$$

$$L = P \times 2 = 2 \times 5\text{mm} = 10\text{mm} = 1(\text{公分})$$

$$W = \frac{F \times \pi d \times \eta}{L} = \frac{50 \times 3.14 \times 14 \times 0.40}{1} = 879.2\,\text{kg}$$

$$R = \frac{W}{A} = \frac{879}{\frac{\pi}{4}(12)^2} = 7.78\,\text{kg/cm}^2$$

例題 3　若僅施力 50kg，欲將 250kg 的重物利用斜面推上貨車，已知貨車高度為 1.25 公尺，若不計摩擦，則斜面須多長？

解

機械利益 $M = \dfrac{W}{F} = 5$，$F \times S = W \times H$，$50 \times S = 250 \times 1.25$

$$S = \frac{250 \times 1.25}{50} = 6.25\,(\text{公尺})$$

例題 4　設有某單線螺紋，其規格為 $\dfrac{7}{8}$-9UNC，節圓直徑為 22.39mm，求導程角、螺距、牙深各多少？

解

(1) $\tan\beta = \dfrac{L}{\pi D} = \dfrac{\dfrac{1}{9} \times 25.4}{3.14 \times 22.39} = 0.044$

　　導程角 $\beta = \tan^{-1}0.044 = 2.52°$

(2) 螺距 $P = \dfrac{1"}{T} = \dfrac{1"}{9} = \dfrac{1}{9} \times 25.4 = 2.82\,(\text{mm})$

(3) 牙深 $H = 0.6134P = 1.73\,(\text{mm})$

| 例題 5 | 滾珠螺桿(Ball screw)比愛克姆螺桿有哪些特點？ |

解

(1) 效率高 Ball screw 達 90%，愛克姆 40%，一般 screw 只有 15～20% 左右。

(2) 沒有膠著滑移現象(Stick slip)。

(3) 精度高(High accuracy)，NC 工具機用 0.025/300mm 或 0.0125/300mm，精密度儀器可達 0.005mm/300mm。

(4) 零背隙與高剛性。

(5) 潤滑效果好。

(6) 摩擦係數低約 $\mu = 0.005$。

| 例題 6 | 設有一螺旋千斤頂，其在螺旋頂部所測，螺旋棒之直徑為 5 公分，螺距為 1.3 公分，把手長度為 80 公分，今以 12 公斤之力迴轉之，則能上升頂起之重量為若干？(設螺旋與帽間之摩擦係數為 0.20) |

解

$$\frac{W}{F} = \frac{R}{r\tan(\beta+\phi)}，R = 80\,\text{cm}$$

$$\tan\beta = \frac{L}{\pi D} = \frac{1.3}{3.14 \times 5}$$

$r = 2.5\,\text{cm}$，$\tan\phi = \mu = 0.2$，帶入得 $W = 1335\,(\text{kg})$

六、差動螺旋及複式螺旋

1. 差動螺旋

如圖 9-28 所示，其導程不同，但相差極微，其螺紋方向相同，當螺桿旋轉一周時，所得滑行螺帽之行程為兩個螺紋導程值之差，此謂之差動螺旋機構(Differential screw)。

其輸出較輸入為小，此種機構可不必藉導程甚小之螺紋，即可獲得極微行程之移動。舉例說 $L_1 = 1/2"$，$L_2 = 15/32"$，且均為右螺紋。則把手順時方向轉一周，螺母向右移動的距離為 $L_1-L_2=1/32"$，再者如圖 9-29 所示，為應用差動螺旋之手動釘書機，F 是兩雙手旋於轉柄上之力，兩差動螺旋同心套裝，用手柄轉動一圈，旋力於螺桿的功為 $2\pi D \cdot F$，同時壓書器 H 下行(L_1-L_2)施於書之平均壓力為 W，壓書器的功為 $W(L_1-L_2)$，根據動量不滅及不計一切摩擦損失，則可表示如下：

$$W(L_1-L_2)= 2\pi D \cdot F$$

即 $\dfrac{W}{F}=\dfrac{2\pi D}{L_1-L_2}$，$\dfrac{W}{2F}$ 之比值即為機械利益，從上式可看出，當 L_1-L_2 愈小，機械利益便愈大，用小的力量可得較大的功力，這就是差動螺旋之最大優點，也就是採用差動螺旋的目的。

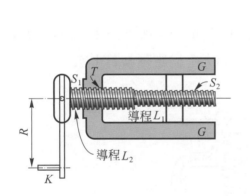

圖 9-28　差動螺旋

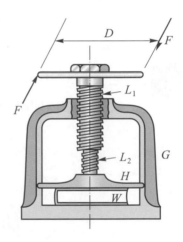

圖 9-29　手壓釘書機

2. 複式螺旋

　　如圖 9-30 所示，螺桿上之兩螺紋，其方向相反，而有相等或不相等之導程。當主動螺旋桿轉動時，從動螺桿運作迅速(為兩螺旋導程之和)，此種組合謂之複式螺旋(Compound screw)。

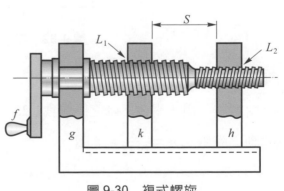

圖 9-30　複式螺旋

若 $L_1 =$ 1/2 吋右紋，$L_2 =$ 15/32 吋左紋，當把手柄順時針方向轉一周時，則螺母向右移動的距離為 $L_1 + L_2 =$ 31/32 吋，複式螺旋可由較小導程之螺紋獲得較大移動距離。這是複式螺旋之最大優點，此種螺旋適於快速傳動機構，如圖 9-31(a)(b) 所示。

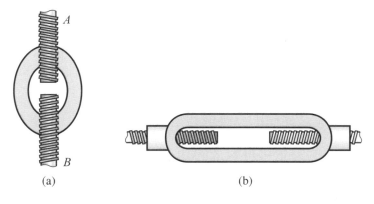

(a)　　　　　　　　　　　(b)

圖 9-31　複式螺旋

例題 7　如圖 9-32 中，L_1 導程為 1.25cm 之右螺紋，L_2 為導程 1cm 之右螺紋，試求欲使壓板下降 2cm，手輪應轉動若干次，其方向為何？

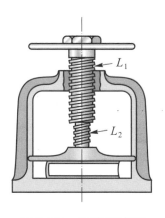

圖 9-32　手壓訂書機

解

手輪向右旋一周，滑皮下降之距離為 $1.25 - 1 = 0.25\text{cm}$，欲使滑板下降 2cm，手柄應轉動之圈數為 $n = \dfrac{2}{0.25} = 8$ 圈。

例題 8

設 $L_1 = 2$ cm，$L_2 = 1$ cm，爲同向左螺旋，以手柄向右移動旋轉一週時，其實際向右移動之距離爲何？

解

因兩螺旋爲同向，故爲差動螺旋，手柄旋轉一週時，螺桿向右移動之距離爲兩螺旋導程之差，因此 $S = N(L_1 - L_2) = 1(2-1) = 1$ (cm)

3. 車床切削螺旋(Screw cutting in a lathe)

車床切削螺旋，工件的轉速，必須按工具機所規定的標準，才能得到所需的精度。當工件轉一圈，其刀具要依導程的距離，圖 9-33 爲最普通的螺紋切削方法，圖 9-34 爲車床左端面齒輪輪系配置圖。

圖 9-33 中，W 爲欲車螺紋之胚料，左端用一雞心夾頭連動在主軸上的面盤上。面盤固定在心軸上，心軸可由塔輪或後列齒輪(Back gears)帶動。圖 9-34 中，心軸左端有 A 齒輪，經過換向齒輪(惰輪) M 與 N(車左螺旋或右螺旋之用)。傳動到 B 齒輪。C 輪與 B 輪連在同一軸上，再經過惰輪 E 而帶動 D 齒輪。D 輪與

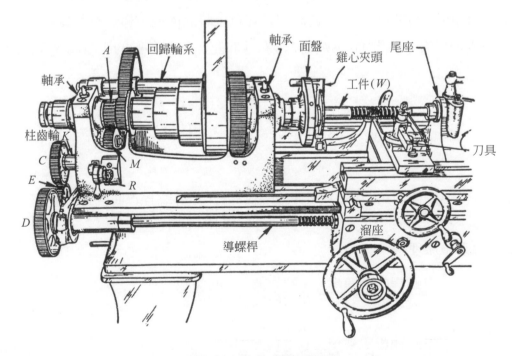

圖 9-33　車床車螺紋機構

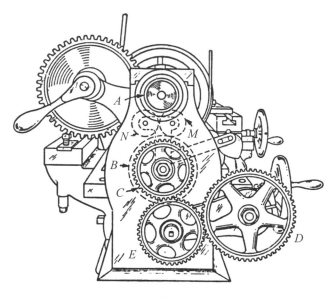

圖 9-34

導螺桿固定，而溜座(Carriage)上的開合螺帽嚙合在導螺桿上。所以當車床心軸帶動工件轉動時，則固定在溜座上的刀具，可沿車床導螺桿一右縱向運動。

　　設欲被切削的工件導程爲 1/T 公分，而導螺桿的導程爲 1/t 公分，若工件在單位時間內的轉數爲 N_w 轉。此時刀具在單位時間內向左縱向移動距離爲 N_w/T，若導螺桿在單位時間內的轉數爲 N_s 轉，則溜座(刀具)移動的距離爲 N_s/t 公分，因此

$$N_w \times \frac{1}{T} = N_s \times \frac{1}{t} \text{，則 } \frac{N_s}{N_w} = \frac{\dfrac{1}{T}}{\dfrac{1}{t}} = \frac{t}{T}\left(\begin{array}{l}t \text{ 爲導螺桿每吋牙數}\\ T \text{ 爲工件每吋牙數}\end{array}\right) \tag{9.3}$$

即　　　$\dfrac{\text{導螺桿的角速率}}{\text{工件的角速率}} = \dfrac{\text{工件的螺紋導程}}{\text{導螺桿的螺紋導程}} = \dfrac{\text{導螺桿每吋牙數}}{\text{工件每吋牙數}}$

根據輪系值原理：

$$\frac{\text{導螺桿的角速率}}{\text{工件的角速率}} = \frac{A \text{ 的齒數}}{B \text{ 的齒數}} \times \frac{C \text{ 的齒數}}{D \text{ 的齒數}}$$

於是　　　$\dfrac{\text{主動輪齒數乘積}}{\text{從動輪齒數乘積}} = \dfrac{T_a \times T_c}{T_b \times T_d} = \dfrac{\text{工件的導程}}{\text{導螺桿的導程}}$ 　　　(9.4)

因為 A 與 B 的齒數均為已知，不予更換。導螺桿導程也是已知，只要變更 C 與 D 的齒數，以得到導螺桿所需要的角速率，惰輪 E 可以隨時調整其距離，保持良好的接觸。

　　若導螺桿的螺紋與工件的螺紋皆為右旋，則兩者轉向相同，若兩螺紋相反，如工件螺紋為左旋，導螺桿螺紋為右旋，則兩者的轉向相反。此時，只須調整惰輪 M 與 N 轉可以決定其轉向相同或相反。

例題 9 若導螺桿螺紋的導程為 1 公分左旋，A 有 20 齒，B 有 30 齒，C 有 40 齒，D 有 60 齒，求工件螺紋的導程。

解

$$\frac{工件的導程}{導螺桿的導程} = \frac{T_a \times T_c}{T_b \times T_d}$$

$$工件導程 = \frac{20 \times 40}{30 \times 60} = \frac{4}{9}$$

$$工件導程 = \frac{4}{9} 公分$$

例題 10 欲車 M12×1.75 的螺紋，右導螺桿每吋 4 牙，A 有 20 齒，B 有 30 齒，求 C 與 D 的齒數。

解

$$\frac{T_a \times T_c}{T_b \times T_d} = \frac{工件導程}{導螺桿導程}$$

$$\frac{20 \times T_c}{30 \times T_d} = \frac{1.75}{25.4} = \frac{7}{25.4}$$

$$\frac{T_c}{T_d} = \frac{7}{25.4} \times \frac{3}{2} = \frac{21}{50.8} = \frac{10.5}{25.4} = \frac{105}{254}$$

即 C 有 105 齒，D 有 254 齒。

9-2 摩擦輪傳動機構

一、摩擦輪與摩擦力

1. 摩擦輪定義

　　一軸之迴轉運動，常須藉由兩輪之滾動接觸直接傳達於另一軸，使之發生迴轉運動。此種直接由滾動接觸，將一軸之迴轉運動傳達於他一軸之兩輪，謂之摩擦輪。因運動所以能傳達，全賴兩輪間之摩擦力。而摩擦力又非壓力不能產生，故兩輪接觸處，若僅係彼此相切，毫無壓力，則摩擦力無由產生，但採用摩擦輪時，若從動軸之抵抗力超過一定限度時，則接觸處易生滑動現象，故凡載荷甚輕，速度甚高之運動，採用摩擦輪較適宜。

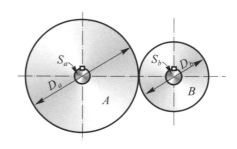

圖 9-35　摩擦輪

2. 摩擦輪傳達動力之公式

　　如圖 9-35 所示，兩外切圓柱形摩擦輪，正壓力為 p，摩擦係數為 μ，外徑為 D 則依功及功率之公式，得下列方程式：

$$W(功)= F \cdot S(F \text{ 表作用力，} S \text{ 表沿力之方向所作的位移})$$

$$P(功率)=\frac{W}{t}=\frac{F \cdot S}{t}= F \cdot V(\text{力乘速度})$$

1 馬力 = 550 呎磅／秒 = 33000 呎磅／分

1 公制馬力 = 75 公斤·公尺／秒 = 4500 公斤·公尺／分

⑴　公制

$$PS(公制馬力)=\frac{\pi DN \cdot \mu \cdot p}{4500}$$

D：直徑(公尺)，N：rpm，μ：摩擦係數，p：正壓力(kg)

$$PS(公制馬力)=\frac{\pi DN \cdot \mu \cdot p}{75} \qquad \left(\begin{array}{l} N：每秒鐘之迴轉數 \text{ rps} \\ p：正壓力 \end{array}\right)$$

(2) 英制

$$HP = \frac{\pi DN \cdot \mu \cdot p}{33000}$$

D：表摩擦輪直徑(呎)，N：每分鐘之迴轉數(rpm)，

μ：表接觸處之摩擦係數，p：表接觸處之壓力(磅)。

$$HP = \frac{\pi DN \cdot \mu \cdot p}{550}(N \text{ 表每秒鐘之迴轉數 rps})$$

(3) 公制英制換算

1 英制馬力＝ 550 呎磅／秒＝ 33000 呎磅／分＝ 1.014 公制馬力

1 公制馬力＝ 75 公斤・公尺／秒＝ 4500 公斤・公尺／分

　　　　　　＝ 0.986 英制馬力

例題 11

一摩擦輪之直徑為 16 吋，其每分鐘之迴轉數為 300 次，周邊材料若用皮革纖維，若接觸處之摩擦係數為 0.16 時，其所傳達之馬力為若干？(接觸處壓力為 240 磅)

解

$$HP = \frac{\pi DN \cdot \mu \cdot p}{33000} = \frac{3.14 \times \frac{16}{12} \times 300 \times 0.16 \times 240}{33000} = 1.46 \text{ 馬力}$$

例題 12

若有直徑為 50 公分之圓柱形摩擦輪，其每分鐘之迴轉數為 250 次，接觸處之摩擦係數為 0.15，若欲傳達 5 匹馬力，則其壓力應為若干？

解

$$PS = \frac{\pi DN \cdot \mu \cdot p}{4500} = \frac{3.14 \times 0.5 \times 250 \times p \times 0.15}{4500} = 5$$

$p = 383 \, (\text{kg})$

3. **摩擦輪的種類、構造**

　　摩擦輪因兩輪軸的裝置位置的不同，或因速度性質的不同而有各種不同的形狀和設計，常見的圓柱形、圓錐形、圓盤與滾子、橢圓形、圓球與圓球、圓球與滾柱等數種，茲分述如下。

二、外切圓柱形摩擦輪

　　當兩輪軸中心線在同一平面而且互相平行時，則可利用圓柱形摩擦輪來傳達運動。若兩輪的迴轉方向相反，則採用外切(External contact)圓柱形摩擦輪。如圖 9-36 所示。若兩軸迴轉方向相同，則採用內切(Internal contact)圓柱形摩擦輪來傳動，如圖 9-37 所示。

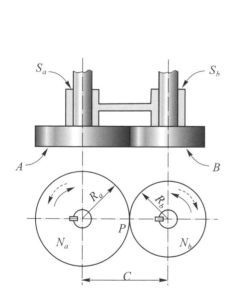

圖 9-36　外切圓柱摩擦輪

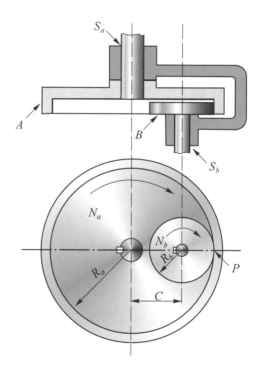

圖 9-37　內切圓柱摩擦輪

　　外切圓柱形摩擦輪，如圖 9-36 所示，A、B 兩輪分別以鍵固定於軸上，軸則裝置於固定機架之軸承內，兩輪中心距離設為 C，亦為兩輪半徑之和。因 A，B 兩輪在接觸點 P 之速度相同，因此圖中 $V_a = \pi D_a N_a$，$V_b = \pi D_b N_b$，$V_a = V_b$，$D_a N_a = D_b N_b$，$e(速比) = \dfrac{N_a}{N_b} = \dfrac{D_b}{D_a}$(設 A 為主動輪，其迴轉數與輪直徑成反比)。通常解外切圓柱形摩擦輪時

$$\frac{N_a}{N_b} = \frac{D_b}{D_a} = \frac{R_b}{R_a} \tag{9.5}$$

$$C = R_a + R_b \tag{9.6}$$

若 $\dfrac{N_a}{N_b} = e$，則 $R_b = eR_a$ 代入(9.6)

$$R_a = \frac{C}{1+e} = \frac{C}{1+\dfrac{N_a}{N_b}} \qquad D_a = \frac{2C}{1+e} = \frac{2C}{1+\dfrac{N_a}{N_b}} \tag{9.7}$$

$$R_b = C - R_a = \frac{C}{1+\dfrac{N_a}{N_b}} \qquad D_b = \frac{2C}{1+\dfrac{1}{e}} = \frac{2C}{1+\dfrac{N_b}{N_a}} \tag{9.8}$$

例題 13

二圓柱形摩擦輪傳達運動，其中心距爲 39cm 若原動輪爲 90rpm，要使從動輪爲 40rpm，兩輪外切時，其直徑各爲若干？

解

方法(1) $C = R_小 + R_大 = 39$ ①

$\dfrac{N_小}{N_大} = \dfrac{R_大}{R_小} = \dfrac{90}{40}$ ②

由②式 $R_大 = \dfrac{9}{4}R_小$ 代入①，則 $\dfrac{13}{4}R_小 = 39$，$R_小 = 39$，

$R_小 = 12\text{cm}$

$R_大 = C - R_小 = 27\,\text{cm}$ 由此得知 $D_小 = 24\,\text{cm}$，$D_大 = 54\,\text{cm}$

方法(2) $D_大 = \dfrac{2C}{1+\dfrac{N_小}{N_大}} = \dfrac{78}{1+\dfrac{40}{90}} = \dfrac{78}{\dfrac{13}{9}} = 54\,(\text{cm})$

$D_小 = \dfrac{2C}{1+\dfrac{N_小}{N_大}} = \dfrac{78}{1+\dfrac{90}{40}} = \dfrac{78 \times 4}{13} = 24\,(\text{cm})$

三、內切圓柱形摩擦輪 (Internal contact)

內切圓柱形摩擦輪，兩輪轉向相同，如圖 9-37 所示，依接觸點 P 處 $V_a = V_b$，則

$$\frac{N_a}{N_b} = \frac{D_b}{D_a} = \frac{R_b}{R_a} \tag{9.9}$$

$$C = R_a - R_b = \frac{D_a - D_b}{2} \text{（中心距爲兩輪半徑之差）} \tag{9.10}$$

此爲內切和外切不同之處，若 $\frac{N_a}{N_b} = e$ 表示，$R_b = eR_a$ 代入(9.7)式，簡化得

$$R_a = \frac{C}{\left|1 - \frac{N_a}{N_b}\right|} \ , \quad D_a = \frac{2C}{\left|1 - \frac{N_a}{N_b}\right|} \tag{9.11}$$

$$R_b = R_a - C = \frac{C}{\left|1 - \frac{N_b}{N_a}\right|} \quad N_b = \frac{2C}{\left|1 - \frac{N_b}{N_a}\right|} \tag{9.12}$$

例題 14

二軸平行之內切圓盤輪，AB 相距 400mm，$A = 36$ rpm，$B = 108$ rpm，內切 A，B 兩圓盤半徑爲若干？

解

方法(1) $R_a = \dfrac{C}{1 - \dfrac{N_a}{N_b}} = \dfrac{400}{1 - \dfrac{36}{108}} = 600\,(\text{mm})$

$R_b = R_a - C = 600 - 400 = 200\,(\text{mm})$

方法(2)因 $C = R_a - R_b$ ①

$\quad\quad \dfrac{N_a}{N_b} = \dfrac{R_b}{R_a}$ ， $\dfrac{36}{108} = \dfrac{R_b}{R_a}$ ②

由②式得 $R_a = 3R_b$ 代入①式得 $400 = 3R_b - R_b$，

$R_b = 200\,\text{mm} = R_{小}$，$R_{大} = R_a = 3R_b = 600(\text{mm})$

四、圓錐形摩擦輪

當兩軸之中心線在同一平面內，但兩軸並不平行，而係互成一定角度時，可用兩整圓錐體，或有共同頂點之兩截圓錐體傳動，前者如 9-38 所示，後者如圖 9-39 所示。

外切接觸時，如圖 9-38 所示，θ 爲兩輪軸所成之角度，設兩圓錐角之半分別爲 α 及 β，兩軸間之夾角爲 θ，若兩輪在 P 點成滾動接觸，則 $V_a = V_b$，又可得

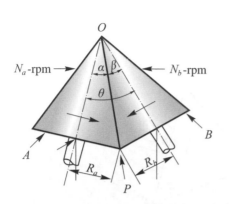

圖 9-38　圓錐體摩擦輪

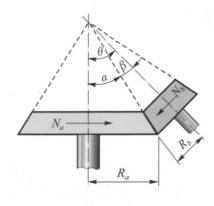

圖 9-39　外切圓錐形摩擦輪

$$\frac{N_a}{N_b}=\frac{R_b}{R_a}=\frac{D_b}{D_a}\cdots\cdots①$$

$$\alpha+\beta=\theta\cdots\cdots\cdots\cdots②$$

若將 $R_a=\overline{OP}\sin\alpha$，$R_b=\overline{OP}\sin\beta$ 代入①式則

$$\frac{N_a}{N_b}=\frac{\overline{OP}\sin\beta}{\overline{OP}\sin\alpha}=\frac{\sin\beta}{\sin\alpha}(轉速與半頂角之正弦成反比) \tag{9.13}$$

$\beta=\theta-\alpha$ 代入(9.13)式

$$\frac{N_a}{N_b}=\frac{\sin\theta-\alpha}{\sin\alpha}=\frac{\sin\theta\cos\alpha-\cos\theta\sin\alpha}{\sin\alpha} \tag{9.14}$$

(9.14)式分子分母同除 $\cos\alpha$ 則

$$e=\frac{N_a}{N_b}=\frac{\sin\theta-\cos\theta\tan\alpha}{\tan\alpha}$$

$$\frac{N_a}{N_b}\tan\alpha=\sin\theta-\cos\theta\tan\alpha$$

移項，則

$$\tan\alpha=\frac{\sin\theta}{\dfrac{N_a}{N_b}+\cos\theta} \tag{9.15}$$

$$\tan\beta=\frac{\sin\theta}{\dfrac{N_b}{N_a}+\cos\theta}或\beta=\theta-\alpha \tag{9.16}$$

例題 15　如何用圖解法,畫外切圓錐形摩擦輪?

如圖 9-40 所示,S_a 與 S_b 為兩旋轉軸,轉向如箭頭所示 S_a 每分 N_a 轉,S_b 每分 N_b 轉,求兩圓錐形摩擦輪的接觸線以及其外形。

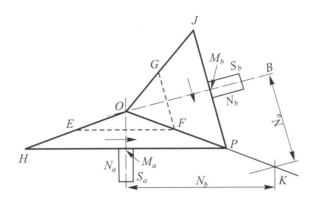

圖 9-40　外切圓錐摩擦輪

解

(1) 在 S_a 軸的右側距離 $\overline{OA}$ 取 N_b 個單位(如 $N_b = 10\,\text{rpm}$,則 N_b 個單位就是 10)處,畫 $\overline{OA}$ 的平行線,又在 S_b 軸的左下方,距離 OB 有 N_a 個單位處,畫 $\overline{OB}$ 的平行線。這兩條分別平行 $\overline{OA}$ 與 $\overline{OB}$ 的直線,必相交於 K 點(因轉速與半徑成反比,所以 S_a 軸取 N_b 的單位,S_b 軸取 N_a 單位)。

(2) 連結 $\overline{OK}$ 直線,$\overline{OK}$ 為兩圓錐摩擦輪之接觸線。

(3) 在 $\overline{OK}$ 上,任取一點 P,經過 P 點,畫 $\overline{PM_a}$ 垂直 $\overline{OA}$,畫 $\overline{PM_b}$ 垂直 BO。

(4) 延長 $\overline{PM_a}$,取 $\overline{M_aH} = \overline{M_aP}$,延長 $\overline{PM_b}$,令 $\overline{M_bJ} = \overline{PM_b}$。

(5) 連結 $\overline{HO}$ 及 $\overline{JO}$,OPH 及 OPJ 就是所欲求的圓錐體,而其角速率正是 N_a 與 N_b。

(6) P 點之選擇,須依材料強度,空間大小而定。然後再畫 $\overline{EF}$ 垂直 $\overline{OA}$,$\overline{FG}$ 垂直 $\overline{OB}$,(E 點之選擇同 P 點一樣,視實際需要而定)。

(7) 將 $\overline{EF}$ 與 $\overline{FG}$ 上部切除,即得截錐滾動摩擦輪。

　　圖 9-40 中,若 θ 角增加,但角速率之比不變,若將 α 增到 90° 則一輪變成圓盤,轉向相反如圖 9-41 所示。若將 θ 角再增加,當 $\alpha > 90°$ 則兩輪由外切轉成內切,但轉向仍相反。如圖 9-42 所示。

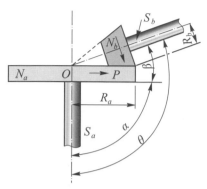
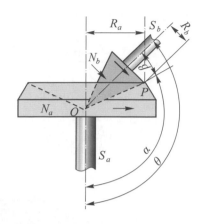

圖 9-41 外切圓錐摩擦輪	圖 9-42 由外切轉成內切圓錐摩擦輪

例題 16

設同一平面內之兩軸 S_1 及 S_2 之夾角爲 105 度，S_1 軸以 30rpm 之轉速順時迴轉，S_2 軸以 90rpm 逆時迴轉，S_1 軸之圓錐形摩擦輪，其底圓直徑爲 20mm，求兩圓錐形摩擦輪之頂角。(兩輪轉向相反)

解

$$\tan\alpha=\frac{\sin\theta}{\dfrac{N_1}{N_2}+\cos\theta}=\frac{\sin105}{\dfrac{30}{90}+\cos105°}=\frac{0.9656}{\dfrac{1}{3}-0.2588}=12.95$$

查函數表得 $\alpha=85°35'$　　　$2\alpha=171°10'$

　　　　$\beta=\theta-\alpha=19°25'$　$2\beta=38°50'$

答：S_1 軸之頂角爲 171°10，S_2 軸之頂角爲 38°50'

內切接觸時，如圖 9-43 所示，因

$$\theta=\alpha-\beta \tag{9.17}$$

$$\frac{N_a}{N_b}=\frac{R_b}{R_a}=\frac{D_b}{D_a}=\frac{\sin\beta}{\sin\alpha} \tag{9.18}$$

由(9.17)、(9.18)式聯立

$$R_b=\overline{OP}\sin\beta$$

$$R_b=\overline{OP}\sin\alpha$$

由(9.17)中將$\beta = \alpha - \theta$代入(9.18)中，依(9.14)式的方法則得

$$\tan \alpha = \frac{\sin \theta}{\left| \dfrac{N_a}{N_b} - \cos \theta \right|} \tag{9.19}$$

$$\tan \beta = \frac{\sin \theta}{\left| \dfrac{N_b}{N_a} - \cos \theta \right|} \tag{9.20}$$

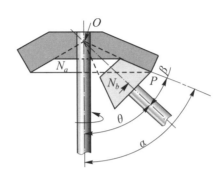

圖 9-43　內切圓錐摩擦輪

圖 9-44 與圖 9-41 相當，只是圖 9-44 兩輪轉向相同。

圖 9-45 與圖 9-42 相當，即兩內切圓錐形摩擦輪，當一輪之半頂角大於 90°時，兩輪反成外切，但轉向仍相同。

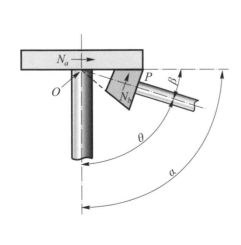

圖 9-44　內切圓錐摩擦輪

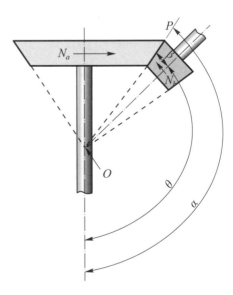

圖 9-45　由內切變成外切摩擦輪

例題 17 求兩成滾動接觸之圓錐摩擦輪之頂角,其中心夾角為 30°,速比為 0.366,轉向相同。

解

α 為大輪之半頂角,β 為小輪之半頂角

$$\tan \alpha = \frac{\sin\theta}{e-\cos\theta} = \frac{\sin 30°}{0.366-\cos 30°} \;,\; \alpha = 45°$$

$\beta = \alpha - \theta = 45° - 30° = 15°$,$2\alpha = 90°$,

$2\beta = 30°$

兩輪頂角為 90° 及 30°。

例題 18 兩外切圓錐形摩擦輪 A 與 B,A 之頂角為 90°,$N_a = 120\,\text{rpm}$,B 的半頂角為 30°,則 B 輪轉速為何?

解

$$\frac{N_a}{N_b} = \frac{\sin\beta}{\sin\alpha}$$

$$\frac{120}{N_b} = \frac{\sin 30°}{\sin 45°} = \frac{\dfrac{1}{2}}{\dfrac{\sqrt{2}}{2}} = \frac{1}{2}$$

$N_b = 240 \times 0.707 = 169.7\,\text{rpm}$

五、變速摩擦輪傳動機構

1. 盤形摩擦輪(平盤與滾子 Disk and Roller)

當兩圓錐形摩擦輪之半頂角皆增大為 90°,那麼此二軸中心線係在同一平面上正交,而兩摩擦輪則變成兩圓輪了。如圖 9-46(a)及(b)所示,大圓輪 A 叫做圓盤,小圓輪 B 叫做滾子,在實用上常以滾子 B 為主動,圓盤 A 為從動,因此滾子 B 之質料必須為軟性材料,通常為橡膠及皮革、及纖維等物質,並以高壓製成,俾保持一點 P 與圓盤接觸而得到純粹滾動接觸,如圖 9-46(a)所示,操作時撥移 G,使滾子漸近於軸的中心線,則 R_b 不變,但 R_a 減小,其結果使 S 軸轉速增加,

所以撥移 G，增減 R_a 之距離，可獲得 S 轉速之變更。若滾子超過 S 軸中心線後，則滾子能保持原來轉向，而圓盤 A 就變成反向迴轉了，速比

$$e = \frac{N_b}{N_a} = \frac{R_a}{R_b} \quad (R_b：半徑一定，R_a 可以改變) \tag{9.21}$$

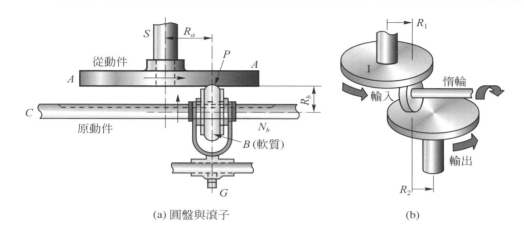

(a) 圓盤與滾子　　　　　(b)

圖 9-46　盤形摩擦輪

2. 聯動兩相交軸線的球面與圓柱面

如圖 9-47(a)及(b)所示，一球 A 與一圓柱 B(滾子)在 P 點相接觸，其半徑各為 R_a 與 R_b，B 的旋轉軸線可以圍繞 A 的球心擺動。由於 B 的軸線位置之不同，P 點的位置也不同。A 上的 P 點所在的大圓半徑 R 也不同，如此可以得到不同之角速比

$$\frac{\omega_b}{\omega_a} = \frac{N_b}{N_a} = \frac{R}{R_b} = \frac{R_a \cos\theta}{R_b} \quad (\theta 表兩輪軸之夾角) \tag{9.22}$$

圖 9-47(a)中 a 點是 A 輪的中心點，B 輪的旋轉軸心線與 A 輪的中心軸線 ac 相交。圖 9-47(b)中 B 輪由支架托體，支點 e 有彈簧與機器相連，所以 e 點可以活動。活動時，保持 B 輪與 A 軸在同一平面上。圖 9-47(a)中當 B 輪在實線位置時，B 輪正好垂直 ac，當 A 輪轉動時，則 B 是靜止的。當 B 輪移動至虛線位置時，則如公式(9-2.18)所示 $\frac{\omega_b}{\omega_a} = \frac{R_a \cos\theta}{R_b}$。當 B 輪與 A 輪的接觸點，在 ac 之右側(圖中虛線部份 B 輪是在 A 輪的左側)，則 B 輪的旋轉方向，正好與左側者相反。這種傳動的摩擦輪，只能適於小的力量。所以，均用在精確而小型的儀器。一方面可隨時改變方向，另方面又可隨時改變速度。

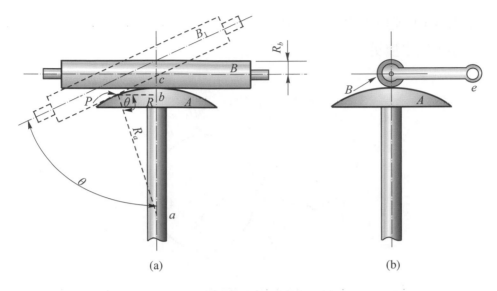

圖 9-47　圓球與圓錐摩擦輪

3. 聯動兩相交軸線的球面與球面

聯動兩相交軸線的球如圖 9-48 所示，兩個球 A 與 B 在 P 點相接觸，其半徑各為 R_a 及 R_b。其輪分別固定於 M、N 兩軸上。由於 N 的位置之不同，P 對於 M 的位置也不同，A 上的 P 點所在的小圓半徑 R 也不同，如此可以得到不同的角速比 $\dfrac{\omega_a}{\omega_b} = \dfrac{R_b}{R} = \dfrac{R_b}{R_a \cos\theta}$ (兩軸線平行時夾角為零，角速比最小)。用於兩軸相交，而須改變速比及轉向的場合。

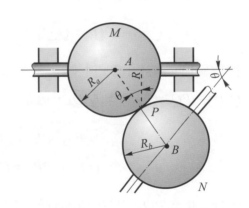

圖 9-48　圓球與圓球摩擦輪

4. 相等橢圓輪(Equal ellipses)

前第二及三節中所述之摩擦輪，其截面為圓形，兩輪接觸點 P，距其兩軸中心，恆有一定之距離，故可傳達角速比為一定之迴轉運動，本節所述之摩擦輪，其截面非為圓形，兩輪接觸點 P 非為定點，恆沿兩軸中心之聯線變更其位置，兩軸之角速比在迴轉中時時變更，且有此特性之曲線約有數種，其中最重要者，即為兩相等之橢圓，如圖 9-49 所示，各固定其兩焦點之一，則此橢圓即可發生純粹滾動接觸，此種摩擦輪謂之橢圓輪(Elliptic wheel)。圖中 Q_2、Q_4 為兩固定軸，當兩輪迴轉時，接觸點 P 即在兩軸中心聯線上移動，故在迴轉中，其角速比發生大小不同之變更。

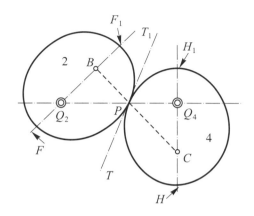

圖 9-49　橢圓輪

因為 P 點在 $\overline{Q_2Q_4}$ 的連心線上，所以

$$\overline{Q_2P} + \overline{PQ_4} = \overline{Q_2Q_4} \tag{9.23}$$

根據橢圓的特性(橢圓上任一點至兩進點的距離之和等於長軸)因此，$\overline{Q_2P} + \overline{PQ_4} = 長軸 = \overline{Q_2Q_4}$，於是

$$\overline{Q_2P} + \overline{PB} = \overline{Q_2Q_4} \tag{9.24}$$

$$即 \qquad \overline{Q_2P} + \overline{PB} = \overline{Q_2P} + \overline{PQ_4} \tag{9.25}$$

因此 $PB = PQ_4$。又根據橢圓的特性，在橢圓上任一點的切線有下列特性，即

$$\angle Q_2PT = \angle BPT_1 \tag{9.26}$$

$$\angle CPT = \angle Q_4PT_1 \tag{9.27}$$

又因 $PB = PQ_4$，所以 P 點在橢圓 2 與 4 的情況相同，即 P 點是橢圓 2 與 4 的對稱點。則

$$\angle Q_2PT = \angle Q_4PT_1 \tag{9.28}$$

因 P 是兩橢圓的共有切點，通過此點有一公切線，所以 $\overline{Q_2Q_4}$ 為任一橢圓之長軸，兩橢圓在連心線上的 P 點成滾動接觸。圖中，$\dfrac{\omega_2}{\omega_4} = \dfrac{\overline{Q_4P}}{\overline{Q_2P}}$，因 P 點隨時改變，所

以當 ω_2 爲主動時，ω_4 有二次與 ω_2 等速(當 $Q_2P = Q_4P$ 時)，有一次最快；即 $\omega_4 = \dfrac{\omega_2 \times \overline{Q_2F_1}}{Q_4H_1}$(當 F_1 與 H_1 接觸時)。有一次最慢；即 $\omega_4 = \dfrac{\omega_2 \times \overline{Q_2F}}{Q_4H}$(當 F 與 H 接觸時)。

5. **尹氏圓錐形摩擦輪**(Evans friction cones)

(1) 圖 9-50(a)中，A、B 兩圓錐體完全相同，兩輪軸互相平行，中間有一環形皮帶 C，而 A、B 兩軸以彈簧或其他機構(調整螺絲)等，使其壓緊以傳遞力量，不致於發生滑動。當皮帶 C 左右移動時，可以調節 A、B 輪的角速比。因皮帶 C 有一定的寬度與厚度，所以滑動現象難免產生。又因皮帶左右邊速率不同，因此算 A、B 角速率比時，是取皮帶 C 的中央部位，以計算 A 輪與 B 輪半徑比。圖 9-50(b)中是用皮帶製的滾子以代替皮帶 C。兩輪轉向相反。

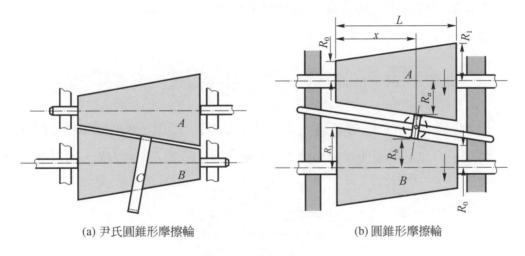

(a) 尹氏圓錐形摩擦輪　　　(b) 圓錐形摩擦輪

圖 9-50

(2) 圖 9-50(b)中，設圓錐成台形，小端半徑爲 R_0，大端半徑爲 R_1，長爲 L。滾子中心位置距左端爲 x，A 與滾子的接觸半徑爲 R_a，B 與滾子的接觸半徑爲 R_b，則

$$R_a = \frac{R_1x + R_0(L-x)}{L} \tag{9.29}$$

$$R_b = \frac{R_0x + R_1(L-x)}{L} \tag{9.30}$$

故角速比爲

$$\frac{\omega_a}{\omega_b} = \frac{R_b}{R_a} = \frac{LR_1 - (R_1 - R_0)x}{LR_0 + (R_1 - R_0)x} \tag{9.31}$$

兩軸上之扭力依功之原理爲

$$\frac{T_a}{T_b} = \frac{\omega_b}{\omega_a} = \frac{LR_0 + (R_1 - R_0)x}{LR_1 - (R_1 - R_0)x} \tag{9.32}$$

但兩輪轉向相同。

(3) 圖 9-51 中,兩滾子 C 與 D,其表面是用彈性材料製成。可增加摩擦力,將它放在兩個有空洞的盤輪 A 與 B 之內。滾子是用另一種機構來支持與控制其運動,使 C 與 D 的轉軸作對稱的移動。如圖中實線部份 C 與 D 靠近 E 軸,而下端則遠離 E 軸。B 輪以鍵使其與 E 軸連爲一體,A 軸可在 E 軸上旋轉。當 A 輪以每分 N_a 轉旋轉時,B 輪每分鐘 N_b 轉隨著滾子 C、D 的移動而改變,即

$$N_b = \frac{\overline{FG}}{\overline{HK}} \times N_a = \frac{\text{滾子下端中心線至 } E \text{ 軸距}}{\text{滾子上端中心線至 } E \text{ 軸距}} \times N_a$$

但 FG 與 HK 可以隨時調整,當 C 移至 C_1 時,即滾子的中心線平行 E 軸,此時滾子 D 也必須是使其中心線平行 E 軸。而此時的 $\overline{FG} = \overline{HK}$,所以 $N_a = N_b$。

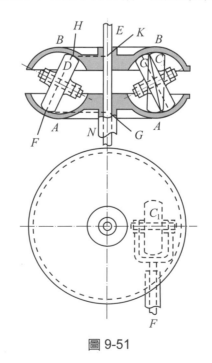

圖 9-51

六、其他摩擦輪機構

1. 凹槽摩擦輪(如圖 9-52(a)(b)所示)

　　如不欲增加兩軸間之壓力，而須使兩輪周邊之摩擦力增加，可採用一種叫凹槽摩擦輪，其形狀如圖 9-52(a)、(b)所示。由於圓柱上各裝成若干凹槽，兩槽之間則留同形之凸稜，使兩輪之槽交相嵌入，摩擦力則增加。凹槽兩邊所成之角度，大約在 30°～40° 之間，若大於 40° 則槽之效果大減，小於 30°，則彼此相嵌過緊，迴轉時動力之消耗太大，此種摩擦輪，多用生鐵製成，且接觸之情形，不能為純粹滾動，除凹槽深度中點處，仍可推想其為滾動外，其餘大部份接觸面積均彼此滑動。此種摩擦輪多用於礦廠之起重機及迴轉唧筒，其速比亦不確定。大致與兩圓柱接觸，而其半徑各等於自兩輪之中心線至兩輪凸稜中點距離者相同，$\dfrac{N_a}{N_b} = \dfrac{R_b}{R_b} = \dfrac{D_b}{D_a}$。用於正壓力不須太大而傳動力需要大之場合，其中正壓力不直接作用於摩擦輪軸上，所以可以增加轉軸之壽命。

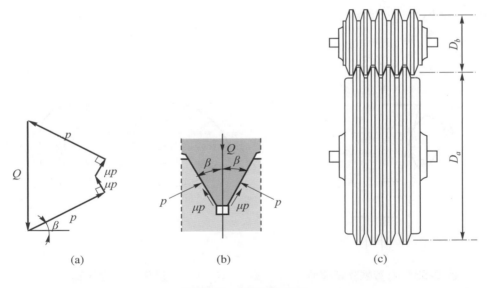

(a)　　　　　　　(b)　　　　　　　(c)

圖 9-52　凹槽摩擦輪

　　若採用凹槽摩擦輪，其接觸面的正壓力 n 不直接作用於軸上。設軸間壓力為 Q，V 形槽的夾角為 2β。當兩輪的楔與槽互相嵌合時，其兩邊接觸面上各產生正壓力 p，與摩擦力 μp，如圖 9-52(a)所示，這 5 個力其平衡圖如(c)所示，故

$$Q = 2p\sin\beta + 2\mu p\cos\beta = 2p(\sin\beta + \mu\cos\beta) \tag{9.33}$$

即
$$2p = \frac{Q}{\sin\beta + \mu\cos\beta} \tag{9.34}$$

此時兩輪之表面已非滾動接觸，為簡便計，假設楔與槽的中間線上各點在兩輪上的速度相等，中點在這中間線上，傳動的摩擦力 $F = 2\mu p$，則傳動功率

$$PS = F \cdot V = 2\mu p \cdot V = \frac{\mu QV}{\sin\beta + \mu\cos\beta} \tag{9.35}$$

但(a)圖上之摩擦阻力能否達到 μp 值，尚成疑問，根據實驗結果，一般以 $\frac{\mu p}{4}$ 計算，故實際使用時，需加以修正。

2. **對數蝸線輪機構**(Application of logarithmic spiral wheel)

如圖 9-53 所示，主動件 2 為對數蝸線的一段製成以推動滑件 4，此滑件 4 的接觸面，正是蝸線的切線，中心線 Q_2 經過 P 點至無窮遠處(因滑動件 4 的圓心在無窮遠處)，其運動方向，垂直軸心線。則二輪的角速度為 ω_2，V_4 為滑件 4 的線速度，則 $V_4 = \overline{Q_2P} \times \omega_2$。

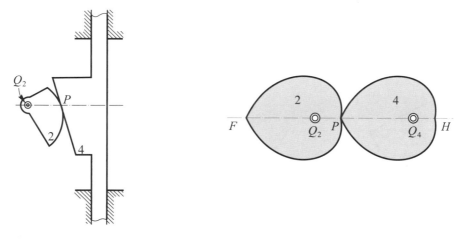

圖 9-53　對數蝸線摩擦輪　　　　　　　圖 9-54　葉子輪

3. **葉子輪**(Lobed wheel)

如圖 9-54 為利用兩條對稱的蝸線製成 2 與 4 輪。若 2 輪為主動件，圖中，輪 4 正是角速率最小的時候 $\omega_4 = \dfrac{\omega_2 \times \overline{Q_2P}}{\overline{Q_4P}}$ 當 F 與 H 接觸時，則

$$\omega_4 = \frac{\omega_2 \times \overline{Q_2F}}{\overline{Q_4H}} \quad (\omega_4 \text{最大}) \tag{9.36}$$

輪2與4稱爲單葉(Unilobed)對數蝸線輪。有時，也可將兩片重疊製成雙葉(Bilobed)對數蝸線輪，也有三片重疊者等等。如圖 9-55 所示，單葉輪與雙葉輪的中心距離爲

$$R_0' + R_1 = R_0 + R_1' \tag{9.37}$$

雙葉輪與三葉輪的中心距離爲如圖 9-55 所示。

$$R_0' + R_1'' = R_0'' + R_1' \tag{9.38}$$

單葉輪旋轉一周時，雙葉輪旋轉半周，三葉輪旋轉 $\frac{1}{4}$ 周，如此兩輪的角速比，其最大值與最小值，就會在一周的好幾處發生。葉子輪尚有如圖 9-56 所示的(a)(b)(c)(d)等四種。

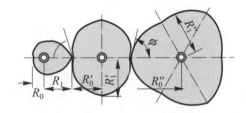

圖 9-55　葉子輪

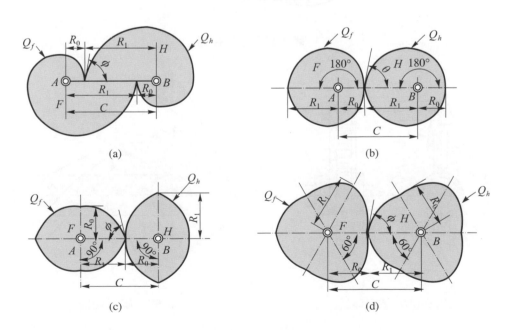

圖 9-56　葉子輪

9-3 間歇運動機構

一、棘輪(Ratchet wheel)

一個具有齒或銷子的輪，由另一個原動臂的往搖擺運動，使它產生單一轉向的間歇旋轉運動者，稱為棘輪。棘輪又名閘輪，可使往復運動或擺動變為間歇運動，如圖 9-57，9-58 及 9-59 所示。

圖 9-57 中，2 表一棘輪，繞軸 A 轉動，3 表一搖桿，其上裝一爪即 4。在 C 點與搖桿 3 固定；爪之一端在 D 點與棘輪之輪齒相嚙合，又可推動棘輪，如此周而復始，爪可利用自身的重力或藉彈簧與棘輪緊接，而爪來回搖擺之距離，須使棘輪至少向前運轉一齒。當爪向後運行時，須防止棘輪之向後迴轉，故須加裝另一爪以防止之，此爪稱為羈留爪，如圖 9-59 所示的 B 爪。

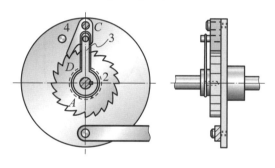

圖 9-57　單爪棘輪

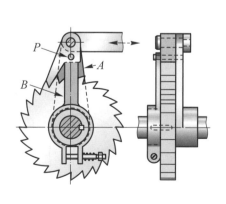

圖 9-58　單爪棘輪

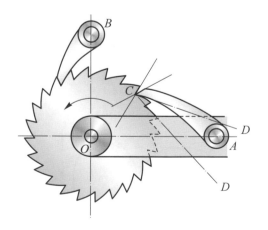

圖 9-59　單爪棘輪

1. 多爪棘輪

如圖 9-60 所示之三爪(Triple pawl)棘輪(亦稱三閘輪)的運動情形，在輪齒上長度之差各為節距的 $\frac{1}{3}$，可使棘輪的運動變化更細密。可減少無效搖擺角度，而又不減弱棘齒之強度，即針對單爪棘輪而改進的。

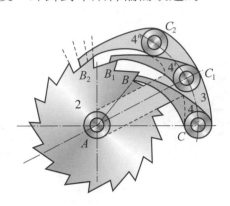

圖 9-60　三爪棘輪

2. 雙動棘輪(Double acting ratchet)

設若欲使搖桿向前進或後退方向轉動時，棘輪仍向同一方向運動，則需使用雙動棘輪，如圖 9-61 所示。A、B 分別用拉力和推力來驅動棘輪的例子，可沒有單爪棘輪回程的無效時間。

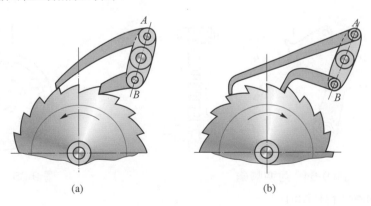

(a)　　　　　　　　(b)

圖 9-61　雙動棘輪

3. 可逆棘輪(Reversible ratchet wheel)

　　棘輪迴轉之方向有時須於一定時間後予以改變一次，如鉋床上，操縱自動進給(Feed)之棘輪即其一例，此時須用一種可逆棘輪，如圖 9-62 及 9-63 即應用於牛頭鉋床的進給裝置之例。於可逆棘輪中，爪之形狀與棘輪表面亦須兩邊均能受力。如圖 9-62 所示。

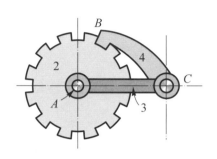

圖 9-62　可逆棘輪

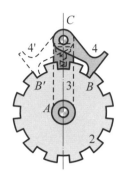

圖 9-63　可逆棘輪

　　圖 9-64 中，其也是進刀機構所用的棘輪，蓋板 5 與 A 軸固定在一起，但蓋板 5(Shield)可以移動，也可以換裝大小不同的形狀。當搖桿 3 擺動時，可帶動掣子 4 運動，由於它會受到 5 的限制，因此 4 在 B 位置時，才能推動棘輪，若在 4″位置，則掣子無法扣住棘輪，而進給量可依蓋板的大小及所在位置來決定。

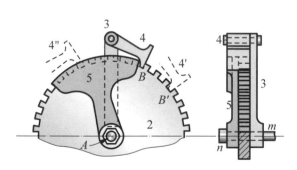

圖 9-64　可逆棘輪

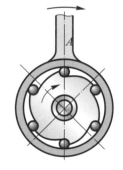

圖 9-65　無聲棘輪

4. 無聲棘輪(Silent ratchet)

　　以上所述之各種棘輪，其棘輪齒與爪間皆有一定的形式；且爪對於輪之關係位置亦各屬固定，運動時常發生相當之聲音。但有些棘輪其輪與爪之外形，起動與止動之力完全係利用摩擦力，其特性在於安靜無聲，通常利用摩擦力由原動臂之往復運動而產生單一轉向之迴轉運動者，稱為摩擦棘輪(Friction ratchet)，且於運動時不發生噪音，故常稱為無聲棘輪。如圖 9-65 所示。

如圖 9-66(a)及(b)所示，圖(a)為利用摩擦輪 4 在 V 槽內作用(如 2 與 4)，當搖臂 3 逆時擺動時，機件 4 在輪 2 的 V 型槽內，利用摩擦力以帶動輪 2 逆時轉動。但輪 2 無法順時轉動，因機件 4 的圓心在 D 點，當輪 2 要順時轉動時，機件 4 的曲線深入輪 2 周緣的 V 槽內，因而可阻止輪 2 順轉。

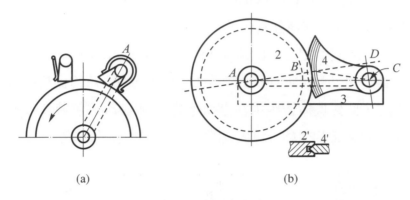

(a)　　　　　　　　　　(b)

圖 9-66　摩擦棘輪

圖 9-67 中，輪葉 4(Catch)可以推動環輪 2(Annular ring)轉動，當機件 3 順轉時，則 4 抵住 b，以推動環輪順轉，當機件 3 停止時，環輪 2 仍可些微轉動，因 4 的右端有彈簧，2 雖再多轉一點，仍可與 4 保持接觸，3 的動作雖是間歇的，但環輪 2 可不停的轉動，但環輪 2 不能逆轉，2 與 A 連在一起，3 只能在 A 軸上轉動。

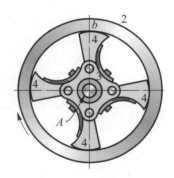

圖 9-67　摩擦棘輪

圖 9-68 為一縫紉機的應用，以代替普通的曲柄，其旋轉方向如箭頭所示。圖 9-69 為另一無聲棘輪機構之應用。

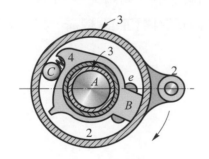

圖 9-68　無聲棘輪

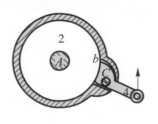

圖 9-69　無聲棘輪

二、間歇運動機構

1. 間歇運動機構之定義

當一機構之原件作速運動時,其從動件則有時靜止,有時運動,此運動機構稱為間歇運動機構。在實際機構中,發生間歇運動者,乃是一個整件的剛體,此剛體作旋轉或平移,在運動當中,以若干靜止的階段,剛體不斷地重複作運動及靜止,這就是所謂剛體之間歇運動(Intermittent motion)。

間歇運動可由凸輪(Cam)、擒縱器(Escapement)、棘輪機構(Ratchet)及間歇齒輪等發生之,此類機構皆應用在自動化機械(如製罐、包裝及各種自動進料、裝配等機器)或記錄儀表內(如計算機或碼錶等之自動進位機構等)。如圖9-70所示。

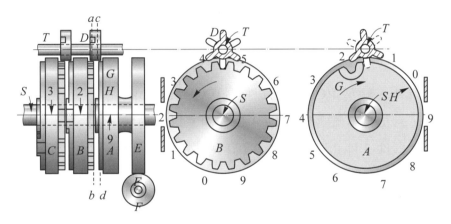

圖9-70 速率表

2. 產生間歇運動的機構

產生間歇運動的機構有二類:

(1) 由搖運動產生間歇旋轉運動:棘輪和擒縱器,如圖9-71所示。

(2) 由旋轉運動產生間歇旋轉運動:如日內瓦機構和間歇機構,如圖9-72及9-73所示。

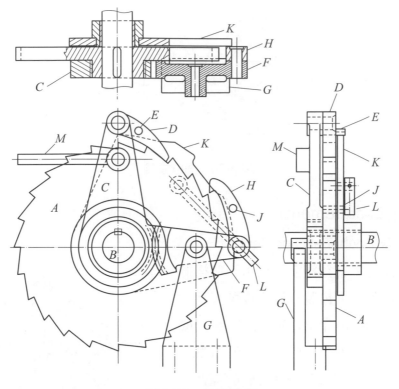

圖 9-71　棘輪機構

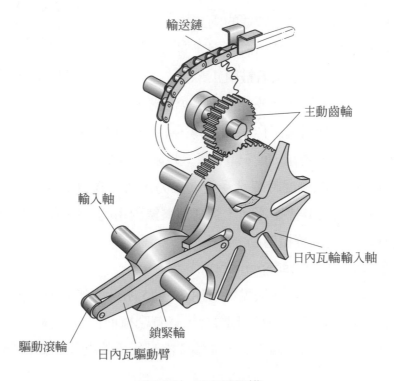

輸送鏈

主動齒輪

日內瓦輪輸入軸

輸入軸

鎖緊輪

驅動滾輪

日內瓦驅動臂

圖 9-72　日內瓦機構

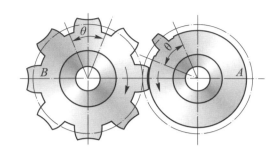

圖 9-73　間歇齒輪

三、擒縱輪(Escapement)

1. 錨形擒縱器(Anchor escapement)

擒縱器是用在鐘錶上，利用一個搖擺件有節奏地阻止與縱脫一個的旋轉運動，使鐘錶上的指針能指出正確的時間來。機件的能源通常不外是一個吊起來的重量位能，如圖 9-74 所示或是一個旋緊的彈簧。有齒的輪稱為被縱輪(Escape wheel)由能源到擒縱器與到指針是互相關連的兩套輪系，被動輪受能源的力有被迫向一定方向旋轉的趨勢，它的旋轉運動若被阻止，全

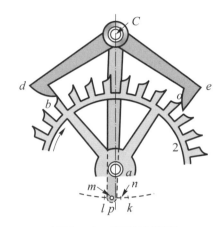

圖 9-74　錨形擒縱器

部輪系的運動也將被阻止而不能活動。擒縱器以 C 為主軸，作左右擺動，de 兩搖臂交互運作，以使齒輪工作間歇迴轉，當螯端 d 推動 b 齒運動時，則 e 離開 o 齒。又因擺錘的搖擺動作，使 e 臂下降，以阻止輪 2 旋轉，於是 2 以間歇運動在轉動。這種擒縱器的懸擺時時承受逆向之力，所以擺動的週期難以保持精確不變。用地心引力保持其搖擺運動，腕錶與懷錶內用的是擺輪(Balance wheel)及游絲(Hair spring)保持其搖擺運動。

2. 無幌擒縱器(Dead-beat escapement)

前面所述的錨形縱器的缺點，可用圖 9-75 所示的無幌擒縱器來改進。將輪 2 的齒形改良後；使搖臂 e 與齒形吻合，只有摩擦而沒有反撞動作，因此擒縱器的所有動力，完全作用在輪 2 上，而輪 2 沒有反撞的動作給擒縱器。

因被縱輪 2 與秒針相連，因此用這種擒縱器的秒針不會有反向幌動，故稱無幌擒縱器。

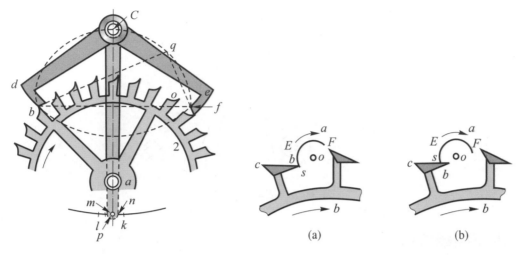

圖 9-75　無幌擒縱器　　　　　　　圖 9-76　圓筒形擒縱器

3. **圓筒形擒縱器**(Cylinder escapement)

如圖 9-76 所示，a 是一個半圓筒形的擺輪與一根游絲相連，b 是被縱輪，齒作斜面形，前低後高。假設擒縱輪會向右旋轉的話，當圓柱體的右端接近斜面右邊時，圓柱體就會向左擺動而離開斜面，如此擒縱輪就會突然向右邊，繼則圓柱體之左端就接近下一個斜面，圓柱體就向與前相反的右轉向轉動。於是圓柱體就向左右擺動，使擒縱輪行間歇性的運動。如圖(a)中 b 的一個齒被阻在 a 的左側 E 之外面。當 a 作順轉(擺動)時，E 的下端滑出齒外，這個齒就被縱脫，b 輪順轉，同時齒的斜面就趁勢推動 E 的下端助 a 順轉如圖(b)，此後這個齒又被阻在 a 的右側 F 的內面，直到 a 再折回作反轉，F 的下端滑出齒外，這個這又被縱脫，它的斜面又趁勢推動 F 的下端助 a 作反向搖擺轉動，到下一齒被阻止在 E 的外面，仍如圖(a)位置時，於是 a 就完成了一個循環。這種擒縱器也是無幌的，因為 b 輪的齒被 a 的圓柱面阻止，a 的搖擺不致使 b 輪產生反向的幌動。

4. **精密時針擒縱器**(The chronometer escapements)

如圖 9-77 所示，當平衡輪 o 左右擺動時，其上附有掣子 n 及 d，當平衡輪逆轉時，輪 2 依箭頭方向順轉，但當平衡輪順轉時，n 及 d 均阻止了輪 2 上的齒，使輪 2 不能旋轉。

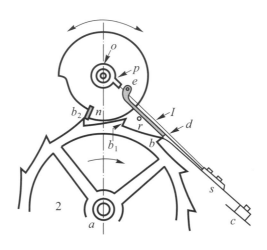

圖 9-77　精密時針擒縱器

四、間歇齒輪機構

1. 日內瓦機構(Generva mechanism)

如圖 9-78 及 9-79 所示為一日內瓦機構，其係由一機件之連續迴轉運動，造成另一件的間歇迴轉運動。圖中當 A 持續轉一周，B 轉 $\frac{1}{4}$ 周，然後靜止不動。於 B 之靜止不動期間內，A 之凸面(鎖 E)與 B 之凹面圓弧相接觸，因此可阻止 B 之轉動。圖示之速度為 4：1，但亦可有其他之速度。此機構最早用於鐘錶上，使 A 與主彈簧相聯。可避免主彈簧被旋太緊，舊式的電影放映機也採用此種機構，作送片之用。B 與捲影片之筒相聯一起迴轉，A 則作均勻等角速迴轉。

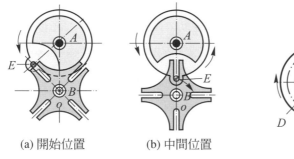

(a) 開始位置　　　　(b) 中間位置

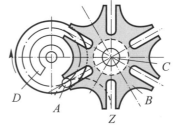

圖 9-78　日內瓦機構　　　　圖 9-79　日內瓦機構

2. 電影放映機送片機構

新式電影放映機之送片機構有很多種設計，其主要目的在於使捲片軸作高速度的間歇運動時，可減少其最大角度，如圖 9-80 所示。A 為原動件，B 為捲影片筒相連一起迴轉之從動件，A 包括兩部份，一作成環狀，另一作成凸起狀。具有凸輪之作用，此兩部份間隔以兩槽，B 上有 a、b、c 及 d 四銷，各在一正方形之一角。當 A 作順時迴轉時，B 上之 a 鎖被推出左邊之槽而至圓環之外，C 則被推出左邊之槽，而至圓環之內，B 即被推而作順時針方向迴轉。

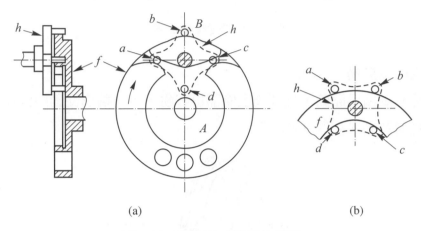

(a)   (b)

圖 9-80 電影放映機送片機構

3. 間歇正齒輪機構

此機構和日內瓦相似。如圖 9-81 所示，A 輪為原動輪，只有一齒，B 輪為從動輪共有 8 齒。A 輪齒在接觸 B 輪齒時，轉動 B 輪 $\frac{1}{8}$ 周，其餘時間 B 輪保持不動，此種 A 輪為連續運動，B 輪為間歇運動的齒輪系傳動，稱為間歇齒輪傳動。

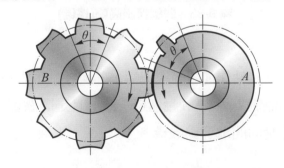

圖 9-81 間歇正齒輪

4. 間歇斜傘齒輪傳動機構

此機構原理上與上述之間歇正齒輪傳動相同。圖中轉軸 S_1 作連續運動時，從動軸 S_2 則產生不連續的間歇轉動。S_1 轉動一圈，S_2 軸轉 $\frac{1}{4}$ 圈。此類機構應用於兩軸互相垂直且相交時的間歇傳動。如圖 9-82 所示。

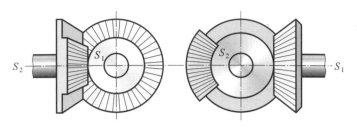

圖 9-82　間歇斜(傘)齒輪

5. 間歇螺旋齒輪機構

　　一螺旋齒輪為原動，且圓周上僅部份有齒，另一輪為從動(全齒)，如此可造成間歇迴轉運動。如圖 9-83 所示。

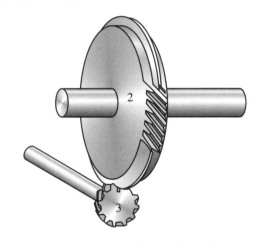

圖 9-83　間歇螺旋齒輪(螺輪)

6. 間歇凸輪齒輪機構

　　如圖 9-84 所示，C 軸作連續等速迴轉，其與 A 軸垂直不相交。C 軸上裝有特殊之凸緣 B，當 C 軸每轉一轉，A 軸僅過一齒，且是間歇旋轉的。如圖 9-85 為移用確動凸輪 E 所連動的間歇運動機構。

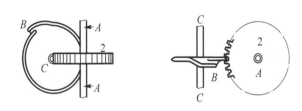

圖 9-84　間歇凸輪

7. 間歇蝸桿蝸輪機構

如圖 9-86 為蝸桿蝸輪所組成的間歇蝸桿蝸輪機構。

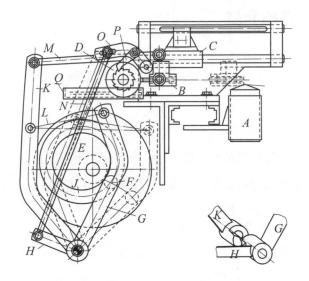

圖 9-85　間歇凸輪機構

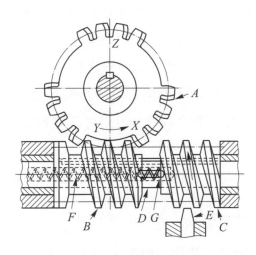

圖 9-86　間歇蝸桿蝸輪機構

9-4 槓桿及滑輪機構

一、力比、速比及機械利益

1. 力比(Force ratio)

從動件所能做功之力與加於原動件之力的比稱之為力比，此力比又稱為機械利益。

2. 速比(Velocity ratio)

當作用力施於原動件時，原動件應沿力之方向產生一速度，以帶動從動件運動，此從動件移動之線速度與原動件移動之線速度的比值，稱為速度比，符號 V，$V = \dfrac{S_w}{S_f} = \dfrac{V_w}{V_f} = \dfrac{從動件線速度}{原動件線速度}$。

任何一機械，欲使其運動必由原動件加入作用力以傳達從動件，此時必生阻力，基於此理，其阻力對於作用力比值，謂之機械之力比(Force ratio)亦稱為機械利益，設阻力以 W 表之，作用力以 F 表之，則機械利益 $M = \dfrac{阻力}{作用力} = \dfrac{W}{F}$，機械利益常大於 1，即阻力常大於作用力，然機械之機械利益與速度比，常可大可小，常視使用之目的而定。設若 $M > 1$，必 $V < 1$，必得之於力而失之於時，反之如 $M < 1$，必 $V > 1$，則必失之於力而得之於時。使用機械之目的，不外乎以小力來產生大力或以爭取時間。但兩者不可兼得。有一得必有一失，至於 $M = 1$ 即 $V = 1$，則表不能省力亦不能省時，但尚可改變力之方向，使施力方便，機械中亦常用之。

若由數個機器組合時，總機械利益為各分機械利益之乘積。即

$$M = M_1 \cdot M_2 \cdot M_3 \cdots\cdots M_n \tag{9.39}$$

若無摩擦及位能之改變時，依功之原理，輸入＝輸出

$$F \cdot S_f = W \cdot S_w，M = \frac{W}{F} = \frac{S_f}{S_w} = \frac{V_f}{V_w} = \frac{1}{V} \tag{9.40}$$

二、機械效率(Mechanical efficiency)

機械之主要目的在作功，此功之形成，有賴加入之能量，表示功與能量之間的大小，通常以機械效率(η)表之，即

$$\eta = \frac{\text{輸出之有用功}}{\text{輸入之能量}} = \frac{W_o}{W_i} \times 100\% \tag{9.41}$$

機械中作相對運動的各機件，一般均有摩擦，依「功能不滅原理」知，輸入能＝輸出之有用功＋使機械本身運動所需的功＋抵抗摩擦所需之功。即

$$W_f = W_o + W_e + W_f \tag{9.42}$$

因功之輸入與輸出，其作用時間相等，故機械效率等於輸出功率(P_o)與輸入功率(P_i)之比。即$\eta = \frac{P_o}{P_i} \times 100\%$。

若有數個機械組合時，總機械效率η，等於各分機械效率的乘積。即

$$\eta = \eta_1 \times \eta_2 \times \eta_3 \times \cdots\cdots \times \eta_n \tag{9.43}$$

機械效率恆小於 100%，因任何一部機械其作功之能力永遠比加入之能量小。

三、槓桿及其種類

1. 槓桿(Lever)之定義與原理

如圖 9-87 所示，它為一能繞定點轉動之剛體，且為一最簡單之作功用機械，圖中$\overline{AB}$為一槓桿，當施力F作用於槓桿之一端A時，能使另一端B的抗力W繞支點O轉動。其中，$\overline{AO}$稱為施力臂，$\overline{BO}$稱為抗力臂。A點稱為施力點，B點稱為抗力點。施力臂與抗力臂統稱為槓桿臂(Arms of lever)。

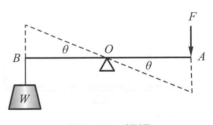

圖 9-87　槓桿

假若槓桿轉動一小角度θ，則$F \times \overline{AO} \cdot \theta = W \times \overline{BO} \cdot \theta$或$F \times \overline{AO} = W \times \overline{BO}$，即槓桿平衡時，施力與抗力對支點所成之力矩，大小相等，方向相反，則稱為槓桿原理(Principle of lever)。

$$\text{機械利益 } M = \frac{W}{F} = \frac{\overline{AO}}{\overline{BO}}$$

(則槓桿之機械利益為施力臂與抗力臂之比)

2. 槓桿之種類

槓桿之種類，依施力點、抗力點和支點在槓桿上的相對位置之不同而分成下列三種：

(1) 第一種槓桿：支點居中，機械利益可大於 1，小於 1 或等於 1，如用於剪力、桿秤等，如圖 9-88 所示。

$$機械利益\ M = \frac{W}{F} = \frac{\overline{AO}}{\overline{BO}} \gtreqless 1 (因\overline{AO} \gtreqless \overline{BO})$$

(2) 第二種槓桿：抗力點居中，機械利益永遠大於 1，如用於破果鉗及側刀(剪藥草刀等)，如圖 9-89 所示。

$$機械利益\ M = \frac{M}{F} = \frac{\overline{AO}}{\overline{BO}} > 1 (因\overline{AO}永遠大於\overline{BO})$$

(3) 第三種槓桿：施力點居中，機械利益永遠小於 1，如用於鑷子夾、筷子及麵包夾等。如圖 9-90 所示。

$$機械利益\ M = \frac{W}{F} = \frac{\overline{AO}}{\overline{BO}} < 1 (因\overline{AO}永遠小於\overline{BO})$$

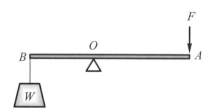

圖 9-88　第一種槓桿

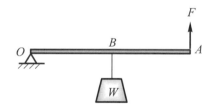

圖 9-89　第二種槓桿

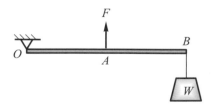

圖 9-90　第三種槓桿

四、定滑輪與動滑輪

　　周圍具有溝或凹槽之輪，裝置於輪架上，可繞固定軸極易施轉者，稱爲滑輪。通常由滑輪及其輪軸與支架等合稱爲滑車。起重滑車是利用虛功原理來得到大的機械利益的一種滑車裝置，滑車相當於槓桿的延伸，依支點的不同，主要分爲動滑車與定滑車。

1. 定滑車

　　如圖 9-91 所示一個滑車固定在 C 點，其上繞一條繩，加於繩之一端的作用力是 F，吊在繩的另一端的重力是 W，這種滑車稱爲定滑車(Fixed or standing pulley)。在任何情形下，設繩在 F 端的速度是 V_f，在 W 端的速度是 V_w，若不計摩擦力，則可得到 $F \cdot V_f = W \cdot V_w$。圖中，$V_f = V_w$，故 $W = F$，機械利益是 1。故可改變施力之方向而不改變其作用力對大小。

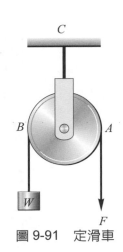

圖 9-91　定滑車

2. 動滑車

　　圖 9-92，繩的一端固定，另一端上所加的作用力是 F，重力 W 吊在滑車的中心，因爲滑車中心也在運動，此滑車稱爲動滑車(Movable pulley)圖中，$V_f = 2V_w$，故 $W = 2F$，機械利益爲 2，但圖 9-93 中，W 固定在滑車中心上運動，如此 $2V_f = V_w$，即 $F = 2W$，則得到機械利益爲 1/2。

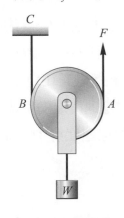

圖 9-92　動滑車

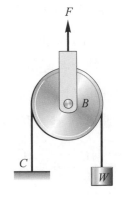

圖 9-93　動滑車

五、滑輪機構

1. 起重用滑車(Pulley blocks for hoisting)

　　如圖 9-94 所示，為一最簡單的起重滑車(hositing tackle)，槽輪 4 與 5 在一固定軸上旋轉，槽輪 2、3 上吊一重物W，並繞一軸承上旋轉。

　　圖 9-95 所示者與圖 9-94 所示者相同，但較易分析其線速度比。

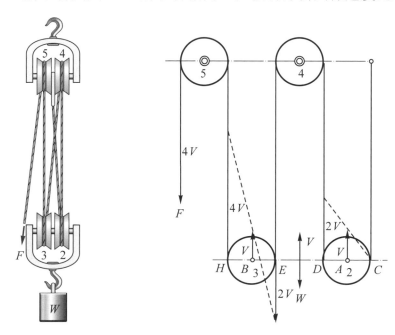

圖 9-94　動滑車　　　　　　　圖 9-95　動滑車速比

　　設支架AB與槽輪 2、3 以及重物W有一向上的速度V。若槽輪 2 的C點當做固定支點，當輪 2 的軸A以V的速度大小上升時，則在另一端D點的速度為$2V$(相當於以C為圓心，半徑上各點的線速度與C點的距離成正比)，槽輪有一向下的速度$2V$，而軸心B以速度V上升，則將E點與B點的線速度端點相連，延長之，得另一端H點的上升線速度為$4V$。所以F點有向下的線速度為$4V$，於是

$$\frac{V_f}{V_w} = \frac{4V}{V} = 4 = \frac{W(公斤)}{F(公斤)} \tag{9.44}$$

即用 1kgf 的力可以拉動 4kgf 的重物。許多吊車或電梯的起重設備，就是利用這種起重滑輪。

2. **單槽滑車**(Hoist with two single sheave bolcks)

例題 19

如圖 9-96 所示，護蓋*A*固定在支架*H*上。其內有一單槽的槽輪*P*，不能上下移動，只能繞*S*軸轉動。若一纜繩固定在支架*H*上，繞過下端槽輪*B*，再經過槽輪*P*而受拉力*F*。若$W = 120$kg，則拉力*F*為若干？

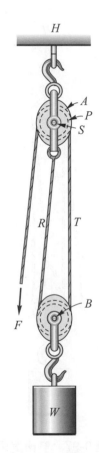

圖 9-96 單槽動滑車

解

若*W*上升 1 公尺，如果令*F*點不移動，則*R*端有 1 公尺的繩是鬆的。

*T*也有 1 公尺的繩是鬆的。若要使*R*與*T*呈緊張狀態，則*F*必須向下拉 2 公尺，所以

$\dfrac{V_f}{V_w} = \dfrac{2}{1} = \dfrac{W}{F}$，即 $\dfrac{W}{F} = 2 = \dfrac{120}{F}$，$F = 60$ kgf。

3. **雙槽滑車**(Hoist with one single block and one double block)

例題 20

如圖 9-97 所示，滑車上端有一個雙槽的槽輪，下端有一個單槽的槽輪，繩的T端固定在支架H上，再經上端槽輪，稱為R，再經下端槽輪，稱為P，第二次經過上端槽輪，至F，試問此種機構之機械利益(Mechanical advantage)若干？

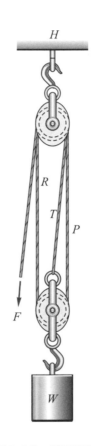

圖 9-97　雙槽滑車

解

圖W上升 1 公尺，則R，T，P各呈現 1 公尺的鬆繩，因此F必須拉動 3 公尺，才能使R，T，P呈拉緊狀態，所以機械利益。

$\dfrac{W}{F} = \dfrac{3}{1}$，即若$W = 30\text{kg}$，則只須 10 公斤的力即可拉動。

4. 雙組滑車(Luff on luff)

例題 21　如圖 9-98 所示，為雙組滑車之利用，求其機械利益。

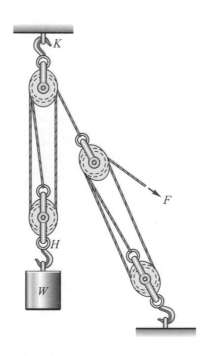

圖 9-98　雙組滑車

解

雙組滑車求解時，只要分別求其機械利益，然後相乘即得。

圖中，左邊的滑車組其機械利益為 3，右邊的滑車，其機械利益為 4，因此，總機械利益為 3×4 = 12，即 F = 1kg 即可拉起 12 公斤的重物。

若將此雙組滑車顛倒使用，即 H 端固定在牆上，W 放在掛物 K 處，此時，兩組滑車的機械利益均為 4，則全部機械利益為 4×4 = 16，即用 1Kg 之力即可拉動 16 公斤的重物。

5. 西班牙滑車(Spanish burton)

　　如圖 9-99 所示，當 W 上升 1 公尺，則 R 與 P 應拉上 1 公尺，R 拉上 1 公尺使 F 下降 1 公尺，P 拉上 1 公尺，使 T 下降 1 公尺，T 下降 1 公尺，使得 F 又下降 2 公尺，所以 F 共下降 3 公尺，全部的機械利益為 3，即 F 處施力 1 公斤，則 $W = 3$ 公斤。

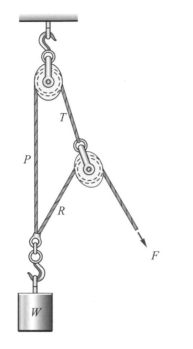

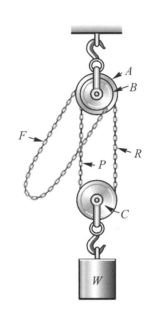

圖 9-99　西班牙滑車　　　　　圖 9-100　惠斯登滑車

六、惠斯登差動滑車(Weston differential pulley block)

　　圖 9-100 所示，為一鏈條起重設備，即惠斯登差動滑車，上端有兩個定槽輪 A 與 B，共同繞一個軸旋轉，A 輪的直徑比 B 輪為大。下端槽輪 C 的直徑為 A 與 B 的平均值。A 與 B 的直徑對機械利益有影響，C 輪直徑的大小只是確保鏈條保持垂直狀態而已。

　　鏈條無接頭，也無頭尾之分。圖 9-100 中鏈條由 F 端→A 端→R 端→C 端→P 端→B 輪。手拉 F 時，W 上升，槽輪與鏈條互相配合，即槽輪的表面有鏈條的形狀，以便使鏈條嵌入，以防止鏈條滑動。

　　圖 9-100 中若 F 施力於繩之一端，使滑輪旋轉一圈，則重物 W 之右邊繩上升 $\dfrac{\pi D_a}{2}$，而左邊繩下降 $\dfrac{\pi D_b}{2}$，實際上 W 上升之距離只有 $\dfrac{\pi D_a}{2} - \dfrac{\pi D_b}{2}$，而 F 拉下之繩長為 πD_a，因

此依工作原理 $F \times \pi D_a = W \times \left(\dfrac{\pi D_a}{2} - \dfrac{\pi D_b}{2} \right)$ 。

$$即 \quad \frac{W}{F} = \frac{\pi D_a}{\dfrac{\pi D_a}{2} - \dfrac{\pi D_b}{2}} = \frac{2D_a}{D_a - D_b} \tag{9.45}$$

速度比分析，如圖 9-101 所示。由 E 點畫鏈條在 E 點的速率 V，連虛線 OF，交 E_1 點所作切線速度線於 G 點，則 E_1G_1 即鏈條在 E_1 點的速率。$V_2 = \dfrac{V_1}{2}$ 向上，$V_3 = \dfrac{V}{2}$ 向下，$V_4 = V_2 - V_3$ 向上，從圖中量得 V 為 V_4 的 9 倍，即可用 1 公斤之力，以拉動 9 公斤的重物。

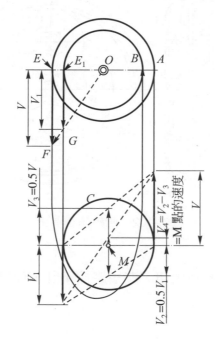

圖 9-101　惠斯登滑車

七、三重滑車(周轉輪系滑車)

周轉輪系滑車：如圖 9-102 中，其機械利益依輪系值之大小而定。圖中輪系值 $i_{37} = \dfrac{N_7 - N_a}{N_3 - N_a} = \dfrac{0 - N_a}{N_3 - N_a} = \dfrac{-T_3 \times T_6}{T_4 \times T_7}$，若首輪 $N_2 = 1$ 轉時(N_3 同軸亦為一轉)，則

$\dfrac{0 - N_a}{1 - N_a} = \dfrac{-T_3 \times T_6}{T_4 \times T_7}$，交叉相乘得 $-T_3 \times T_6 + N_A(T_3 \times T_6) = -N_a(T_4 \times T_7)$，

$T_3 \times T_6 = N_A(T_3\,T_6 + T_4\,T_7)$，$N_a = \dfrac{T_3\,T_6}{T_3\,T_6 + T_4\,T_7} = N_5$，因此

$$F\times\pi D_2\,N_2 = W\times\pi D_5\,N_5 \text{，} F\times\pi D_2 = W\times\pi D_5\times\frac{T_3\,T_6}{T_3\,T_6 + T_4\,T_7}$$

$$\frac{W}{F}=\frac{D_2(T_3\,T_6 + T_4\,T_7)}{D_5\,T_3\,T_6}= M \tag{9.46}$$

F為施力鏈輪 2 之外力；W為鏈輪 5 舉起之重量，D_2為鏈輪 2 之節徑；D_5為鏈輪 5 之節徑。

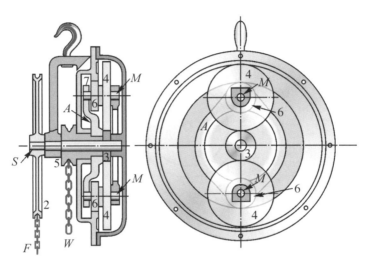

圖 9-102　周轉輪系滑車

例題 22　一西班牙起重滑車，略去摩擦不計，作用力為 150kg 時，則可吊起重物為若干？

解

$M=\dfrac{W}{F}= 3$，即 $W = 3F = 450$kg。因 $W = R + P = F + 2F = 3F$

$\because R = F$

$\quad T = R + F = 2F$

$\quad P = T$

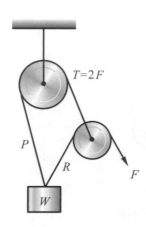

圖 9-103 西班牙滑車

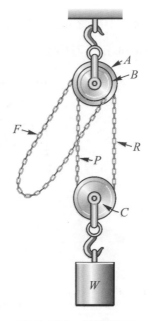

圖 9-104 差動滑車

例題 23

差動起重滑車組，以 15kg 起重 600kg 之負荷，求上方槽輪之大輪直徑與小輪直徑之比。

解

$$M = \frac{W}{F} = \frac{2D_a}{D_a - D_b} = \frac{600}{15} = 40$$

$$D_a = 20(D_a - D_b)$$

$$19D_a = 20D_b \quad 即 \frac{D_a}{D_b} = \frac{20}{19}$$

例題 24

差動滑車，若兩輪之直徑分別為 16.5 及 15.5 公分，今欲吊升 1650kg 之重物時，略去摩擦不計，則須作用力若干？

解

$$M = \frac{W}{F} = \frac{2D}{D-d} \text{,} \quad F = \frac{16.5 - 15.5}{2 \times 16.5} \times 1650kg = 50kg$$

例題 25

圖 9-105 之滑車組,設摩擦損失為 20%,問欲吊起 240kg 之重物,試問須加力F為若干?

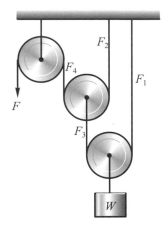

圖 9-105　動滑車組

解

$W_t = 240\text{kg} = W(1-20\%)$,$W = 300\text{kg}$

$\because M = 4$　即$W = F_1 + F_3 = 4F$

$F = F_4 = F_2$,$F_3 = F_2 + F_4 = 2F$,$F_1 = 2F$

$W = F_1 + F_3 = 2F + 2F = 4F$,$F = \dfrac{300}{4}\text{kg} = 75\text{kg}$

例題 26

一差動滑車,上方槽輪小的直徑為 28 公分,拉繩之一段 3.6 公尺則可使重物上升 12 公分,試問大輪外徑為多少?若施力為 20Kg,效率 90%,則可舉起物重為多少?

解

$\because M = \dfrac{W}{F} = \dfrac{S_f}{S_w} = \dfrac{360}{12} = 30$

又因$M = \dfrac{2D_1}{D_1 - D_2} = 30$；$\dfrac{2D_1}{D_1 - 28} = 30$,求得$D_1 = 30\text{cm}$

$F = 20\text{kg}$,$\eta = 90\%$,則$\dfrac{W}{20} = 30$　$W = 600\text{kg}$

$\eta = 90\%$,$W_t = 600 \times 90\% = 540\text{kg}$

八 中國式滑車

圖 9-106 中的中國式滑車,當手柄端 F 轉一圈時,物重 W 左端上升 πD_a,右端下降 πD_b,依功能不變原理 $F \times 2\pi R = \dfrac{W}{2}(\pi D_a - \pi D_b)$

$$機械利益 \quad M = \frac{W}{F} = \frac{2\pi R \times 2}{\pi D_a - \pi D_b} = \frac{4R}{D_a - D_b} = \frac{V_f}{V_b} = \frac{S_f}{S_w} \qquad (9.47)$$

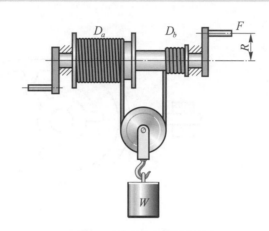

圖 9-106 中國式滑車

9-5 反向運動機構

1. 反向運動機構的定義

當一機構之原動件作一定方向之等速迴轉運動,而從動件則作往復運動或正反向之迴轉運動,則此種機構稱為反向運動機構。

2. 反向運動機構的種類

反向運動機構的種類繁多,視其作用原理及目的與控制方法而異。茲列舉如下:

(1) 由迴轉運動產生間歇直線運動者:如圖 9-107 有一小齒輪上只有部份輪齒,可與左右之齒條交替嚙合。當小輪反向運動時與上齒條相嚙合,齒條支架先向左端移動 ,待

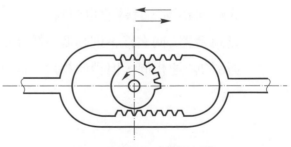

圖 9-107 反向運動機構

小齒輪與下齒條相嚙合時齒條架往右端移轉。如此齒條作左右往復之直線運動，當小輪轉一圈時，齒條往復運動一次。圖 9-108(a)為小齒輪迴轉運動時，使齒條之從動件上下往復運動。

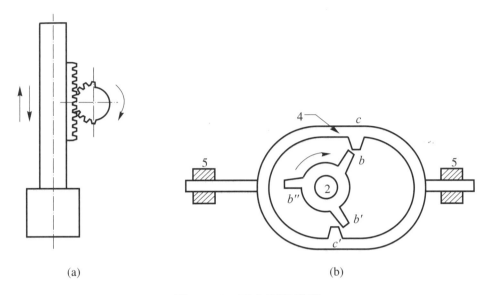

(a)　　　　　　　　　　　　(b)

圖 9-108　反向運動機構

(2)　利用離合器原理之反向機構：如圖 9-109(a)所示，利用中間之離合器使其與左右齒輪B及D相嚙合，當離合器與B齒輪連接時，S有一個旋轉方向，但當與D齒輪連接時，亦有另一個轉向。

圖中，齒輪A為主動輪，B、I與D為斜(傘)齒輪，但I為惰輪，可使B與D輪的轉向相反。在B與D輪的內側，均有凸出銷P_1與P。C為離合器，用鍵及銷使其與S軸相連，並可在S軸上滑動，且與S軸同為一體而轉動，在C的左右外側，皆有凸出銷T_1與T。A，B及D輪均在S軸上，可自由的在S軸上轉動。

(3)　當離合器C向左移，則動力傳遞順序為：$A \rightarrow B \rightarrow P_1 \rightarrow C \rightarrow S \rightarrow E$，即齒輪A與E的轉向相同，且轉速也相同。

當離合器C向右移，則動傳遞順序為：$A \rightarrow B \rightarrow I \rightarrow D \rightarrow P \rightarrow T \rightarrow C \rightarrow S \rightarrow E$，此時E與A的轉速相同，但轉向相反。圖 9-109(b)亦為反向離合器機構之應用。

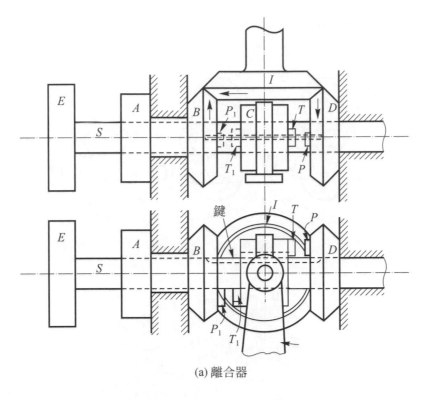

(a) 離合器

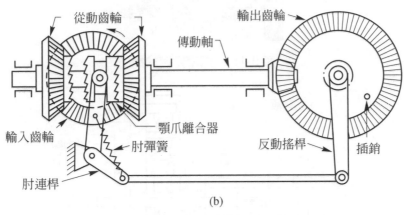

(b)

圖 9-109　離合器與反向機構

(4)　利用開口帶及交叉帶並附離合器控制從動軸運動之機構：如圖 9-112(a)(b)所示，此種機構可任意變換從動軸之迴轉方向。圖(a)中若 S 為原動軸，以等速正轉，當離合器移向下邊與交叉帶輪 B' 連接時，從動軸 S_1 與原動軸轉向相反

(即反轉)，如C移向上邊與開口帶輪B連接時，則從動軸與原動軸與原動軸轉
向相同。

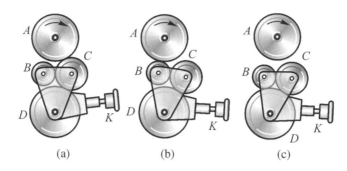

(a) (b) (c)

圖 9-110 換向機構

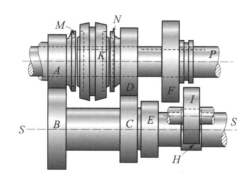

圖 9-111 汽車變速機構

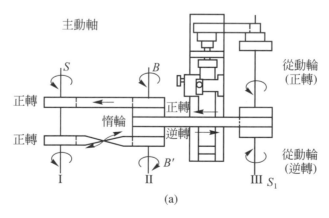

(a)

圖 9-112 反向機構

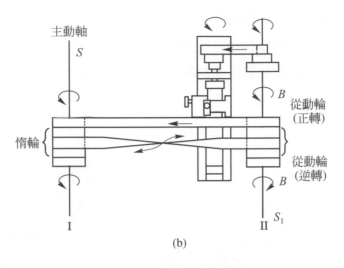

(b)

圖 9-112　反向機構(續)

(5) 利用油壓之機構：如圖 9-113，圖中的機構主要有齒輪泵、調節閥及控制閥的活塞桿……等，由泵打出之液體能使上部活塞連同機件工作台左右交替運動。許多油壓式的牛頭鉋床或平面磨床都採用此種方式而達成左右往復運動。

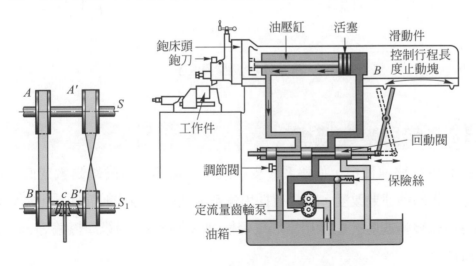

圖 9-113　利用油壓機構之反向運動機構

(6) 利用摩擦輪的機構：如圖 9-114 所示，若 B 為主動輪，A 為從動輪，當 B 軸在右邊向下轉時，A 輪向右轉，當移動 B 輪至圓盤左邊時，則 B 輪向下轉，而 A 軸為向左轉。如此祇要移動 B 輪，即可任意改變 A 輪之轉速及方向。

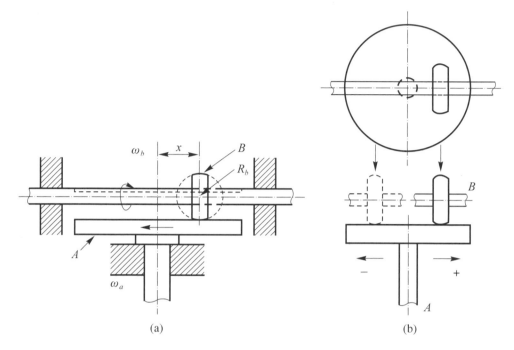

(a)　　　　　　　　　　　　　(b)

圖 9-114　圓盤與滾子

9-6　無段變速機構

前述的各種變速機構，如輪系、皮帶或摩擦輪等，當齒輪齒數或直徑已固定時，則輸出軸的轉速要改變，則只有採用輪系或階段塔輪才較簡便，但若輸出軸欲達到隨時可改變轉速時，則採用錐形皮帶輪(速率圓錐)、圓錐摩擦輪等，不失為一可行的辦法。

1. 拜爾(Bayer)無段變速機

這種變速機是由奧國工程師拜爾(Bayer)所創造的，如圖 9-115 所示，它是把摩擦板夾進圓錐狀的薄板中間，將摩擦板進出其間以達變速的目的。

原動軸(入力軸)上裝有圓錐形薄板，其中心附近的轉速較慢，圓周附近的轉速較快。而惰輪軸上裝有錐形摩擦板，當惰輪軸移位時，其上的摩擦板可深入主動軸的摩擦板，但摩擦面積可變大或變小，如此隨著摩擦面積的大小可改變從動軸(出力軸)的轉速。

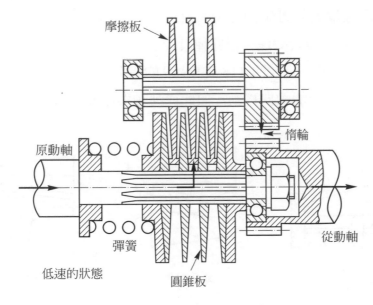

圖 9-115　拜爾無段變速機構(彈簧式)

圖 9-116 中，它是利用連桿裝置，並將惰輪軸上的摩擦板置於主動軸 3 等分位置，以保持傳動力的平衡。

此種無段變速機也常為齒輪減速機所採用。

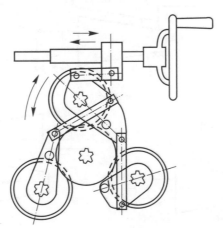

圖 9-116　摩擦板以連桿裝置轉動

2. 環錐體無段變速機

此種變速機主要是利用圓環(Ring)和圓錐體(Cone)的變速機。如圖 9-117 所示，將一個摩擦輪做成圓錐形(如A)，而另一滾輪可軸向移動(如B)，如此可因移動B輪而達成A軸的無段變速。但此種設計，將造成兩軸相交，帶來不便。若欲避免此種不便，可改成如圖 9-118 或 9-119 的構造，圖中做兩個圓錐體，中間放置圓筒輪或圓環，並能軸向移動，如此從動軸與原動軸互相平行，如此可達成無段變速。

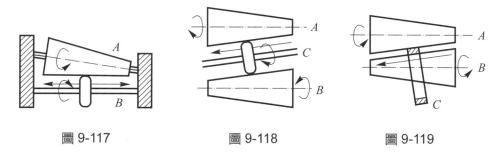

圖 9-117　　　　　　圖 9-118　　　　　　圖 9-119

若將圖 9-118 及 9-119 的圓環改成兩圓錐輪內切，然後將此圓環移動，如此也可以達成無段變速，如圖 9-120(a)(b)(c)所示。

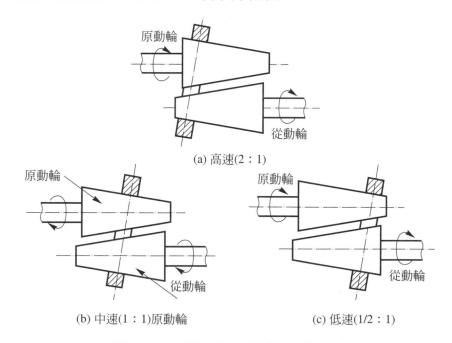

(a) 高速(2：1)

(b) 中速(1：1)原動輪　　　　　(c) 低速(1/2：1)

圖 9-120　最簡單的環錐體無段變速機

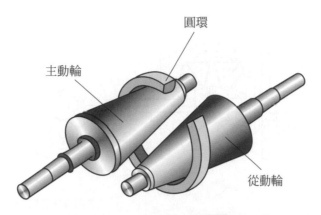

圖 9-121　環錐體無段變速機

　　圖 9-122(a)(b)(c)為利用圓環和圓錐體組成的行星輪機構，圖中，當原動軸的太陽輪轉動時，將動力傳給行星輪，因為行星輪內接於圓環，所以它一面自轉，一面繞太陽輪圓周公轉，因此只要移動圓環即可改變從動軸的轉速。

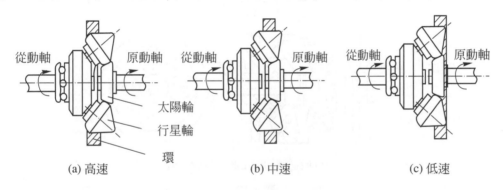

圖 9-122　行星式圓錐摩擦輪

　　圖 9-123(a)(b)(c)為另一種新型的設計，此種方式可使圖 9-122 的從動軸停止，也可正轉或反轉。其構造是在行星輪的相對地方加裝固定輪，而固定輪也同樣接觸太陽輪，並在固定位置迴轉，因此此種機構可做正轉→停止→逆轉之間做無段變速。

　　圖 9-124 又是另一種不同的機構，若從動軸與原動軸是在同心位置時，就變成摩擦端點而無變速作用與原動軸同速。若把原動軸移動，使圓環接觸到原動輪錐體中心附近時就能減速。當原動輪不接觸到從動輪圓環時，則從動軸不轉。此種設計可以在停止→減速→同速之間做無段變速。不過此種機構的缺點是，要移動原動軸比較困難。

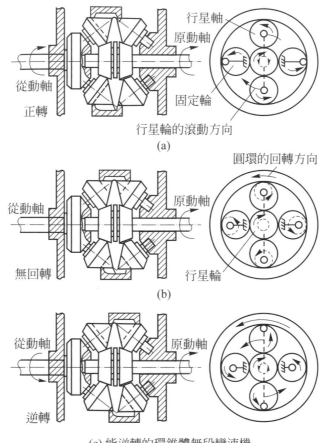

(a)

(b)

(c) 能逆轉的環錐體無段變速機

圖 9-123

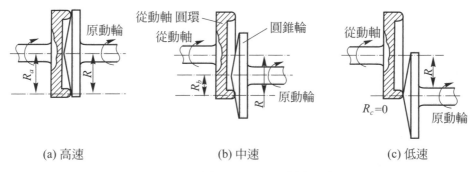

(a) 高速   (b) 中速   (c) 低速

圖 9-124   能減速←→0 的環錐體無段變速機

3. 克普氏無段變速機

此種變速機為瑞士 J.E.克普氏所發明的。其與前述的行星圓錐輪的構造類似，只是將圓錐輪改成球體。如圖 9-125(a)(b)(c)(d)所示。

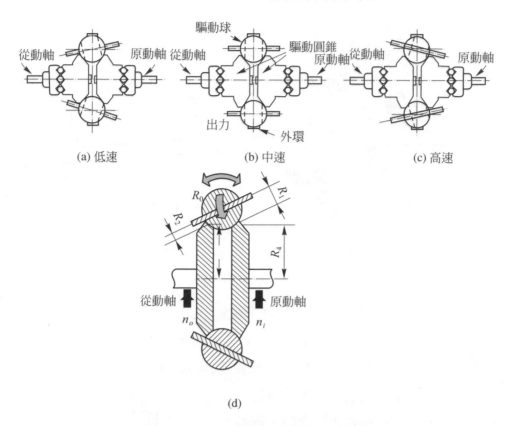

(a) 低速　　　　　　(b) 中速　　　　　　(c) 高速

(d)

圖 9-125　克普氏無段變速機的原理圖

它的變速方式是從原動軸的圓錐體將動力傳到圓球，再從圓球傳到從動軸的圓錐體。所有的旋轉都由摩擦來傳達。如果圓球的旋轉軸和原動軸與從動軸平行時，圓球與原動輪圓錐體及從動輪圓錐體的接觸部份 ，其直徑相同，此時從動軸無變速作用。如果將圓球的轉軸隨便向一方傾斜，則圓球和其兩側圓錐輪的接觸部份，一方變小，另一方則變大。如此就可做減速，等速及加速等的變化。因為是球形，圓球無論向那一個方向傾斜，其與兩圓錐輪的接觸距離皆不同。因此可以做無段變速。這種結構的變速範圍，能夠從 1/3 減速至 3 倍加速，也就是 1 比 9 的變速比。

圖 9-126 爲 9-125 的圓球變成類似算盤球子形狀的雙錐體形狀,並加做外環
爲從動軸的方式。雙錐輪連帶其旋轉軸,當向左或向右移動時 ,則可獲得 1.7 倍
的增速至 1/3 的減速,即能實現 1 比 12 的變速比。

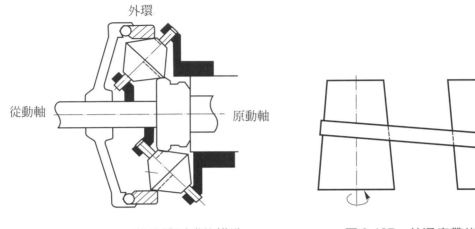

圖 9-126　雙錐體形式的構造 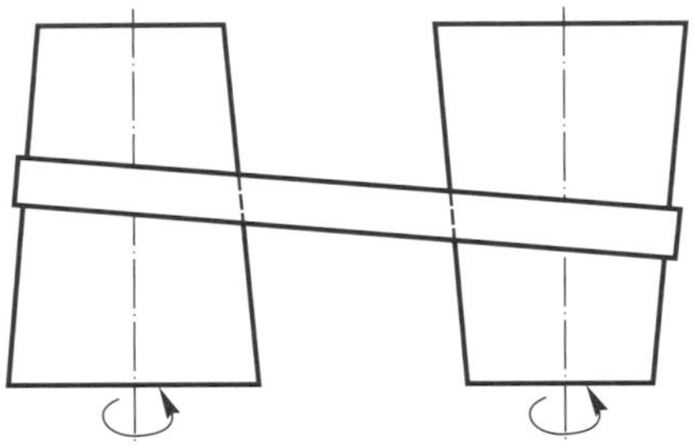　　　圖 9-127　普通皮帶的錐體

4. 皮帶式無段變速機

　　這種結構是利用普通皮帶和圓錐滑輪的方式,來達成無段變速的目的。如
圖 9-127 所示,將滑輪放在平行方向,以普通皮帶捲掛在兩方向上,然後使皮帶
向左移動,即可做無段變速,但是此種變速方式並不實用。

　　若利用擴大或縮小滑輪的 V 型槽寬度,
以改變滑輪直徑或作爲變化速之用,則較
具實用性。其使用原理爲三角皮帶斷面積
不變,槽輪角度也不變,當擴大滑輪槽寬
度時,三角皮帶就會嵌進靠中心直徑較小
的位置中。相反時,如果縮小滑輪槽的寬
度,三角皮帶就只能捲掛在外周附近。如
此利用這種關係,操作手輪,使滑輪槽直
徑的大小加以改變,那麼雖然另一槽輪是
固定不變的,但可用來做無段變速,如圖
9-128 所示。

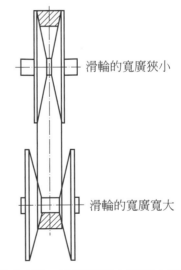

滑輪的寬廣狹小

滑輪的寬廣寬大

圖 9-128　V 型槽擴大或縮小變速

習題九

1. 一支三螺紋螺絲，放進 0.9 公分／次，則此螺紋之螺距為多少公分？

2. 曲柄每分鐘 40 轉，如螺帽在 45 秒內上升 9 公分，則導程為多少 mm？

3. 圖(a)中轉輪在依圖示方向角速為 40rpm，欲使螺帽在 30 秒內上升 10 公分，則螺絲的導程(Lead)為多少 mm？螺絲為左旋或右旋？

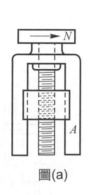

圖(a)

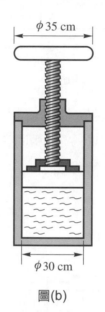

圖(b)

4. 設一螺旋導程為 $\frac{1}{2}$ 吋，若加於手柄之力為 60 磅，且手柄直徑 $R = 20$ 吋，摩擦損失為 40%，則承受之負載 W 為多少磅？

5. 圖(b)中手輪邊上用 18 公斤之力旋轉，則活塞下之壓力為多少公斤／平方公分？已知螺絲的節距(Pitch)為 6mm 雙線效率為 20%。

6. 設有螺旋千斤頂，其在螺旋頂部所測螺旋棒之直徑為 5 公分，螺距為 1.3 公分，把手之長為 80 公分，今以 12kg 之力迴轉之，摩擦係數 0.02，則能舉起之重量為多少公斤？

7. 圖(c)中用 30kgf 的拉力在槽輪 D 上，可產生 2000kgf 之力於 W 上，若 D 輪的有效槽徑為 10 公分，效率為 25%，則螺絲之節距(Pitch)為多少 mm？

8. 圖(d)中主動滑輪 D 的轉速為 300rpm，則所舉滑軌的滑動速率為多少 mm／分？

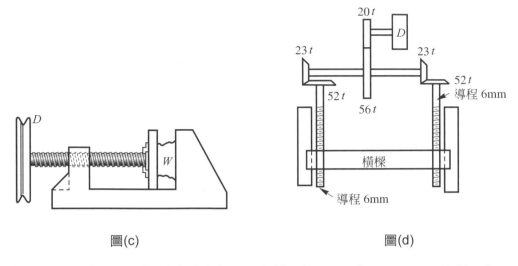

圖(c)   圖(d)

9. 圖(e)中差動螺旋若螺紋桿固定，S 之節距(Pitch)爲 2mm，S_1 的節距(Pitch)爲 2.5mm，螺帽 M，N 用相同速率在相同方向旋轉(均爲右轉)，欲使 A 縮短 2.5 公分，則螺桿要轉幾圈？

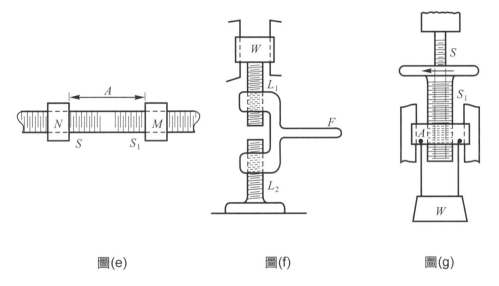

圖(e)   圖(f)   圖(g)

10. 圖(f)中，F 手柄用 20 轉以使 W 上舉 13 公分，$L_1 =$ 12.5 mm(右旋)，L_2 仍爲右旋，L_2 之節距(Pitch)爲多少 mm？從上看下手柄順轉或逆轉？(有兩種答案)

11. 圖(g)中，螺絲 S 爲 $M10 \times 1.5$，右旋且固定，螺帽 A 可滑動但不可轉動，若手輪在圖示方向旋轉 45 圈則 A 下降 15mm，則螺絲 S_1 的節距(Pitch)爲多少(右旋或左旋)，若手輪半徑 18cm 而 S_1 爲 $M20 \times 2.5$ 的右旋螺絲，則手柄須施力多少公斤，才可使 W 上升 8000kg？(已知效率爲 40%)

12. 圖(h)中，分度手輪 W 其軸與 $12t$ 及 $18t$ 之齒輪連成一體，再分別帶動 $120t$ 及 $200t$ 之齒輪，若手輪 W 轉一格(1/40 轉)時，則 S 軸前進或後退多少 mm？

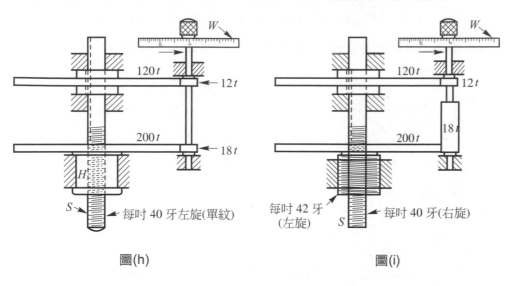

圖(h)   圖(i)

13. 圖(h)中若改成圖(i)的題目，則 S 軸前進或後退多少 mm？

14. 圖(j)的複式螺旋中，A，C 各彼此固定各帶動一 $14t$ 及 $36t$ 的齒輪，H 螺帽固定，E 左紋，節距(Pitch)為 2mm，F 節距(Pitch)為 4mm(右旋)，則當手柄轉 24 圈時，則 E 軸走多遠？

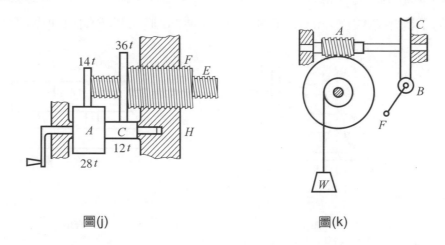

圖(j)   圖(k)

15. 圖(k)中的蝸桿蝸輪傳動，已知蝸桿 A 為雙紋 18 齒，蝸輪為 36 齒 ，B 之節距為 5mm，載荷鼓輪之節徑為 30 公分，B 螺桿上手柄半徑 40 分分，手柄端之施力為 9 公斤，W 為 10000kgf，效率為 60%，則蝸輪 C 的直徑為多少 mm？

16. 圖(l)中，F 爲雙紋蝸桿，A 輪爲 32 齒之蝸輪，與 A 同軸的齒輪 C(節徑爲 42 公分)與節徑 10 公分的齒輪 D 嚙合，D 輪上有一左旋，節距 5cm 的蝸桿 E 與節徑 25 公分的蝸輪相嚙合，圓盤 H 與蝸桿 F 連在一起，若蝸輪 B 與圓盤 H 轉到相同位置時，手柄應轉幾圈。若 B 上掛著 900 公斤的重物，則需施多少力於手柄？($\eta = 80\%$)

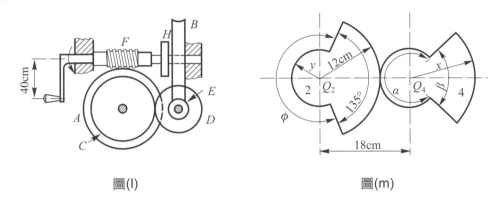

圖(l)　　　　　　　　　　　圖(m)

17. 如圖(m)兩輪由不同節線之圓弧所構成，且作滾動接觸若兩輪在圖示位置時，α、β 及 ϕ 中各爲幾度，x 及 y 各爲多少 cm？

18. 兩圓柱摩擦輪轉向相同，轉速各爲 150 及 200rpm，小輪的直徑 400mm，則兩軸的中心距爲何？

19. 如圖(n)所示，若 A 輪以每分 60 次之一定轉速迴轉時，則 B 輪之最大及最小轉速爲何？圖中單位爲 cm。當 C 軸往上(逆轉)30° 時，則 B 輪角速爲何？

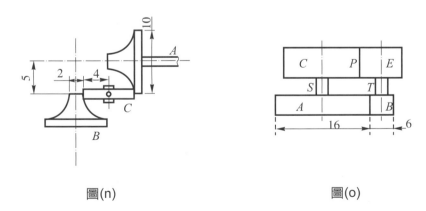

圖(n)　　　　　　　　　　　圖(o)

20. 圖(o)中若 S 軸與 T 軸中的兩摩擦輪 A 與 B 作滾動接觸，C、E 也固定於兩軸上，但互作滑動，若 E 輪的表面速度爲 C 輪的 2 倍，求 C 輪與 E 輪的直徑。單位(cm)

21. 求兩成滾動接觸之圓錐摩擦輪之頂角，其中心夾角爲 60°，速比爲 0.366，轉向相反。

22. 兩軸相距 30cm，轉速各為 75 及 300rpm 之兩圓柱形摩擦輪，當兩輪轉向相同及相反時，各輪直徑各為若干？

23. 圖(p)中 A、C 是連為一體兩輪，直徑各為 20 及 40cm，A、B 是成滾動接觸的輪，直徑 30cm，m 是可以沿水平方向滑動的平板，與 C 成滾動接觸，求 A 與 C 以角速度 30rpm 作反時針方向旋轉時，m 的滑動速度？

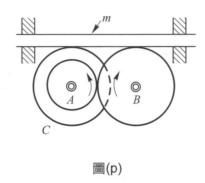

圖(p)

24. 若有直徑為 50 公分之圓柱形摩擦輪，其每分鐘之迴轉速為 250 次，接觸處之摩擦係數為 0.15，若欲傳達 5 匹馬力，則其壓力應為若干？

25. 圖(q)中，兩圓錐摩擦輪在同一平面之轉軸，傳動中心夾角為45°，各軸角速為 30 及 90rpm(反向)若小輪圓錐大端的半徑為 3 公分，求各輪的錐角(試用作圖法及計算法解答)。

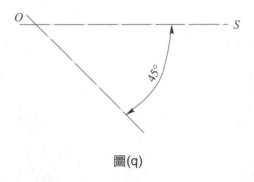

圖(q)

26. 一組摩擦輪機構，設兩輪間之摩擦係數為 0.25，正壓力 40kg，其中 A 輪外徑 400mm，B 輪外徑 250mm，若 B 輪角速度為 30rad/sec ，摩擦損失 1%，A 輪傳動力為多少馬力？

27. 直徑 40cm 之摩擦圓盤輪每分 3000rpm，欲傳達 3 馬力(PS)動力時，接觸處所加之壓力為若干公斤？($\mu = 0.3$)

28. 兩個平行軸間之距離爲 50 公分，此二軸以一對純粹滾動之甲乙兩個摩擦輪傳動之，甲輪對乙輪之角速比爲 1 比 3，則甲輪之直徑是多少公分？(兩輪轉向相反)

29. 圖(r)中若 S 軸的角速爲 T 軸的 3 倍，試問滾子 R 應置於距 T 軸多少公分處？

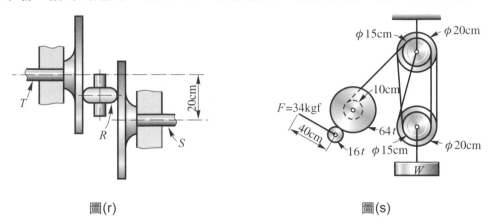

圖(r)   圖(s)

30. 兩平行軸 A 及 B，各帶動一相等的橢圓輪作滾動接觸，橢圓輪長軸爲 6 公分，短軸爲 5 公分，A 軸的角速爲 30rpm，試求兩軸的中心距及 B 軸的最大與最小的轉速。

31. 試列述三種由迴轉運動產生間歇迴轉運動機構。

32. 鐘錶所用之擒縱器爲何種運動機構，試說明其作動原理。

33. 圖(s)中的機構，若有 40%的摩擦損失，則 W 等於多少 kgf？

34. 圖(t)中的機構，若欲舉起 W = 1400kgf 的重物，則所需的 F 力爲若干？若摩擦損失忽略不計。

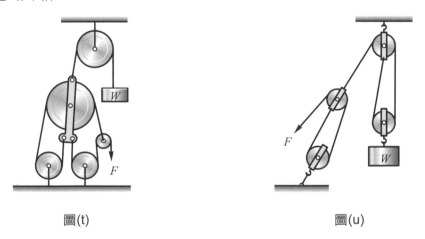

圖(t)   圖(u)

35. 圖(u)中的機構，若 W = 3000kgf，若機械效率爲 90%，則手柄拉力 F 爲多少公斤的力？

36. 惠斯登差動滑車中，施力端繩拉下 3.6 公尺；可使 1800kg 之重物上升 12 公分，若小定滑輪外徑 28 公分，則大定滑輪直徑爲多少公分？若效率爲 90%則需施力 F 若干 kgf？又下端之動滑輪直徑爲多少公分？

37. 圖(v)中，若兩個人各重 60kg，站在 W 上，且所拉之力足夠維持此負載不動，摩擦不計，求

　(1)　手柄拉力 F 爲多少公斤？

　(2)　求支持重物端繩之張力爲多少公斤？

　(3)　若此人站在地面，則繩之張力又爲多少公斤？

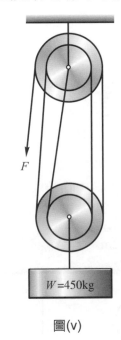

W=450kg

圖(v)

38. 圖(w)中，一物重 $W = 420$ 牛頓，以 F 力往上推動，若不計摩擦，試求當 W 被推動 10m 時(等速)所做之功爲若干？機械利益又爲若干？

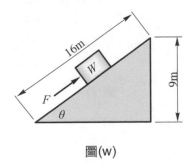

圖(w)

39. 圖(x)中，若 $W = 1200\text{kg}$，$\eta = 80\%$，則 F 力為若干 kg？

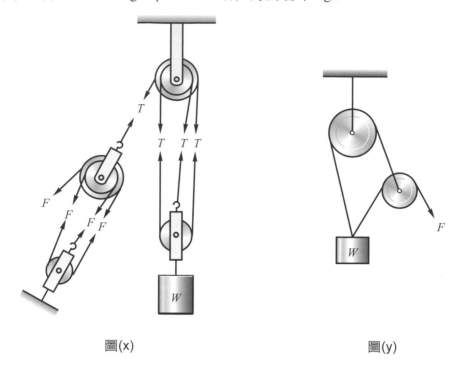

圖(x)　　　　　　　　　　　　圖(y)

40. 圖(y)輪系中，若 $W = 200\text{N}$(牛頓)，則 F 力至少應為若干，方可將此物舉升(不計摩擦)？

41. 圖(z)中 $W = 300\text{Kg}$，每秒上升 2m，若摩擦不計，則 P 力所消耗功率為多少馬力？

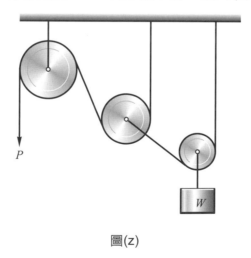

圖(z)

42. 圖(A)為惠斯登差動吊車,定滑輪 1 與 2 釘在一起。

   (1)   若不計摩擦損失,試證明機械利益M_A為$M_A = \dfrac{2D_1}{D_1 - D_2}$。

   (2)   若$D_1 = 24cm$,$D_2 = 20cm$,$W = 400kg$,問需拉力F多少 kg?

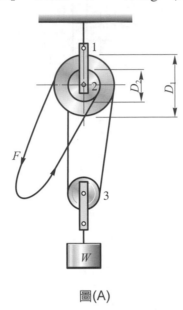

圖(A)

43. 圖(B)所示,為一無任何摩擦損失之多條繩索滑輪系統,W重 500kgf,以F力拉之,則此系統之機械利益等於多少?F力為多少 kgf(已知效率為 90%)?

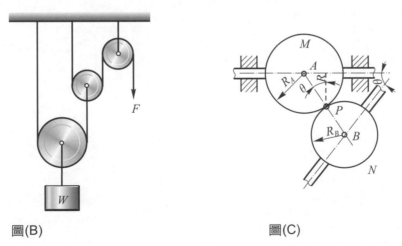

圖(B)   圖(C)

44. 如圖(C)中,若A輪直徑為 20 公分,轉速為 1200rpm,B輪直徑為 10 公分,當A、B兩軸相交成$60°$時,則B輪轉速為多少 rpm?

45. 圖(D)中，若B輪直徑為 10 公分，轉速為 1500rpm，A輪半徑為 25 公分，兩軸相交成45°，則A輪直徑為多少公分？

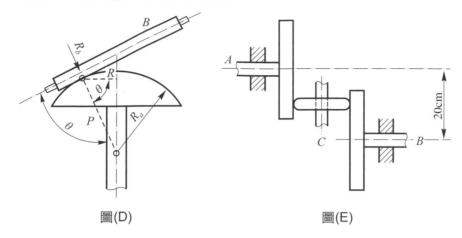

圖(D)　　　　　　　　圖(E)

46. 圖(E)中，若AB兩輪軸互相平行中心距為 20cm，若A輪角速為 1200rpm，B軸角速為 300rpm，試問滾子C的接觸點距B軸多少公分？

參考資料 ──────── Reference

1. 蔣君宏，機構學，正中書局印行，民國 66 年 10 月台 6 版
2. 張充鑫，機動學(上)，全華圖書公司，初版 10 刷，民國 88 年 5 月
3. 張充鑫，機動學(下)，全華圖書公司，再版，民國 81 年 6 月
4. 顏鴻森，機構學(Mechanisms)，東華書局，二版(二刷)，民國 88 年 10 月
5. 張充鑫，自動化概論，全華圖書公司，初版一刷，民國 102 年 10 月
6. 楊廉，機動學，大中國圖書公司，初版，民國 64 年 11 月
7. V.L. Doughtie & W. H. James 著， Element of Mechanism, John Wiley & Sons, Inc., 1975
8. 徐佳銘，生產自動化名詞彙編，機械工業雜誌(工研院機械所)，民國 74 年 10 月
9. J. A. Newell & H. L. Horton，Ingenious Mechanism for Designers and Inventors，Vol. (I, II, III and IV), Industrial press Inc., New York，民 84 年
10. 張律儀，機械原理，百利圖書公司，民國 82 年
11. 李啓鵬、任化民，機工名詞辭典，五洲出版社，民國 62 年
12. 黃維富，機動學問題詳解，曉園出版社，民國 79 年
13. 朱瑞麟、林進誠譯，機動學／George H. Martin 著，文京圖書公司，民國 80 年
14. 汪伯森譯，機動學／W. J. Patton 著，科技圖書公司，民國 74 年
15. 趙健祥、陳振山編譯，機動學，全華圖書公司，民國 80 年
16. 林信隆，創意性機構設計，全華圖書公司，民國 84 年
17. 顏智偉，產品機構設計，全華圖書公司，民國 86 年
18. 戚萬伍譯，機械系統動態學／J. M. Prentis 原著，科技圖書，民國 77 年
19. 許正和譯，原著：Lung-Wen Tsai，機構設計(Mechanism Design)，高立圖書公司，民國 92 年
20. 陳朝光等主編，CNS 機械製圖，高立圖書公司，民國 84 年
21. George H. Martin 著，陳德楨等譯，機動學，高立圖書公司，民國 86 年 6 月 9 刷

國家圖書館出版品預行編目資料

機動學 / 張充鑫編著. -- 四版. -- 新北市 : 全
　華圖書, 2016.11
　　面 ; 　公分
　　ISBN 978-986-463-410-1(平裝)
　　1.機動學

446.013　　　　　　　　　　105020566

機動學

作者 / 張充鑫

發行人 / 陳本源

執行編輯 / 葉家豪

封面設計 / 林彥彣

出版者 / 全華圖書股份有限公司

郵政帳號 / 0100836-1 號

印刷者 / 宏懋打字印刷股份有限公司

圖書編號 / 0548403

四版二刷 / 2019 年 2 月

定價 / 新台幣 480 元

ISBN / 978-986-463-410-1

全華圖書 / www.chwa.com.tw

全華網路書店 Open Tech / www.opentech.com.tw

若您對書籍內容、排版印刷有任何問題，歡迎來信指導 book@chwa.com.tw

臺北總公司(北區營業處)
地址：23671 新北市土城區忠義路 21 號
電話：(02) 2262-5666
傳真：(02) 6637-3695、6637-3696

中區營業處
地址：40256 臺中市南區樹義一巷 26 號
電話：(04) 2261-8485
傳真：(04) 3600-9806

南區營業處
地址：80769 高雄市三民區應安街 12 號
電話：(07) 381-1377
傳真：(07) 862-5562

歡迎加入 全華會員

● 會員獨享

會員享購書折扣、生日禮金、不定期優惠活動…等。

● 如何加入會員

填妥讀者回函卡直接傳真 (02) 2262-0900 或寄回，將由專人協助登入會員資料，待收到
E-MAIL 通知後即可成為會員。

如何購買 全華書籍

1. 網路購書

全華網路書店「http://www.opentech.com.tw」，加入會員購書更便利，並享有紅利積點
回饋等各式優惠。

2. 全華門市、全省書局

歡迎至全華門市（新北市土城區忠義路 21 號）或全省各大書局、連鎖書店選購。

3. 來電訂購

(1) 訂購專線：(02) 2262-5666 轉 321-324
(2) 傳真專線：(02) 6637-3696
(3) 郵局劃撥（帳號：0100836-1　戶名：全華圖書股份有限公司）
※ 購書未滿一千元者，酌收運費 70 元。

全華網路書店 www.opentech.com.tw
E-mail: service@chwa.com.tw

※ 本會員制如有變更則以最新修訂制度為準，造成不便請見諒。

全華網路書店 http://www.opentech.com.tw

客服信箱 service@chwa.com.tw

2011.03 修訂

讀 者 回 函 卡

填寫日期： ／ ／

姓名： 生日：西元 年 月 日 性別：□男 □女

電話：( ) 傳真：( ) 手機：

e-mail： (必填)

註：數字零，請用 Ø 表示，數字 1 與英文 L 請另註明並書寫端正，謝謝。

通訊處：□□□□□

學歷：□博士 □碩士 □大學 □專科 □高中・職

職業：□工程師 □教師 □學生 □軍・公 □其他

學校／公司： 科系／部門：

・需求書類：

□A. 電子 □B. 電機 □C. 計算機工程 □D. 資訊 □E. 機械 □F. 汽車 □I. 工管 □J. 土木

□K. 化工 □L. 設計 □M. 商管 □N. 日文 □O. 美容 □P. 休閒 □Q. 餐飲 □B. 其他

・本次購買圖書為： 書號：

・您對本書的評價：

封面設計：□非常滿意 □滿意 □尚可 □需改善，請說明

內容表達：□非常滿意 □滿意 □尚可 □需改善，請說明

版面編排：□非常滿意 □滿意 □尚可 □需改善，請說明

印刷品質：□非常滿意 □滿意 □尚可 □需改善，請說明

書籍定價：□非常滿意 □滿意 □尚可 □需改善，請說明

整體評價：請說明

・您在何處購買本書？

□書局 □網路書店 □書展 □團購 □其他

・您購買本書的原因？(可複選)

□個人需要 □幫公司採購 □親友推薦 □老師指定之課本 □其他

・您希望全華以何種方式提供出版訊息及特惠活動？

□電子報 □DM □廣告 (媒體名稱)

・您是否上過全華網路書店？ (www.opentech.com.tw)

□是 □否 您的建議

・您希望全華出版那方面書籍？

・您希望全華加強那些服務？

～感謝您提供寶貴意見，全華將秉持服務的熱忱，出版更多好書，以饗讀者。

親愛的讀者：

感謝您對全華圖書的支持與愛護，雖然我們很慎重的處理每一本書，但恐仍有疏漏之處，若您發現本書有任何錯誤，請填寫於勘誤表內寄回，我們將於再版時修正，您的批評與指教是我們進步的原動力，謝謝！

全華圖書 敬上

勘 誤 表

書 號	作 者

頁 數	行 數	書 名	錯誤或不當之詞句	建議修改之詞句

我有話要說：(其它之批評與建議，如封面、編排、內容、印刷品質等・・・)